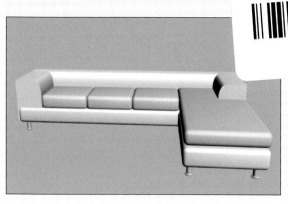

L型组合沙发效果图（单元二 任务一 P14）

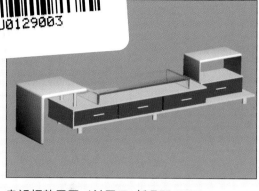

电视柜效果图（单元二 任务五 P32）

现代茶几效果图
（单元二 任务四 P29）

休闲沙发效果图（单元二 任务二 P16）

3ds Max 9.0
建模案例

餐桌餐椅效果图（单元二 任务六 P36）

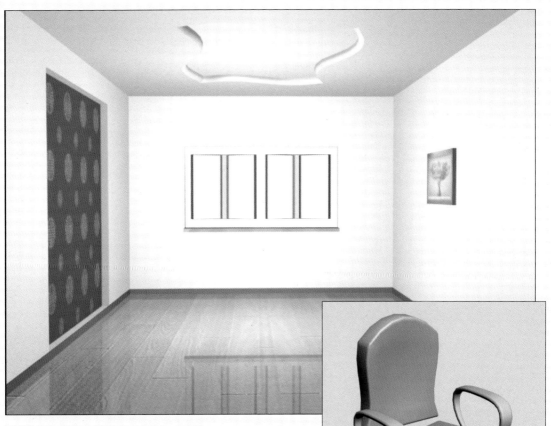

天花板效果图（单元二 任务七 P43）

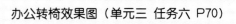

办公转椅效果图（单元三 任务六 P70）

电冰箱效果图
（单元五 任务七 P197）

立式空调机效果图
（单元五 任务九 P220）

洗衣机效果图
（单元五 任务六 P182）

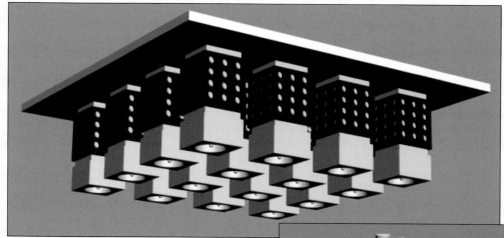

客厅水晶吸顶灯效果图（单元四 任务四 P117）

陶瓷洗脸盆效果图（单元四 任务二 P100）

餐厅水晶吊灯效果图（单元四 任务五 P128）

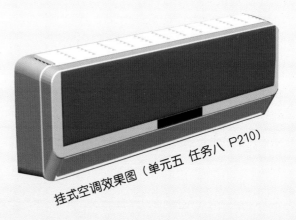

挂式空调效果图（单元五 任务八 P210）

3ds Max 9.0
建模案例

组合书桌效果图
（单元三 任务七 P79）

客厅的效果图（单元八 任务一 P282）

模拟天光效果图（单元六 任务三 P241）

洗手间制作效果图（单元八 任务三 P309）

饮水机效果图
（单元五 任务五 P169）

中等职业教育"十二五"规划课程改革创新教材

中职中专计算机动漫与游戏制作专业系列教材

3ds Max 9.0 建模案例教程

柯华坤　主　编

杨蒲菊　张彦锋　副主编

科学出版社

北京

内 容 简 介

本书以应用为主线，以3ds Max 9.0为主要工具，专门介绍室内模型的制作方法。所有实例都从实际应用出发。全书共分8个单元，分别介绍了3ds Max 9.0的基本操作，客厅、卧室、书房的建模设计，卫浴器具、灯具、室内家电的建模设计，以及灯光和V-Ray的应用，最后一个单元安排了三个综合实训，引导读者综合运用之前学习到的技能。

书中的每个单元由多个任务组成，从单元二开始每个任务都包含"任务目标"、"任务说明"、"实现步骤"、"相关知识"、"任务检测与评估"五个部分，对关键的知识点还设置了"小提示"等加以简单强调。本书配套光盘中除了包含各实例相应的源文件、渲染效果图、素材等内容外，还提供了全部实例操作的视频教程，读者学习起来直观易懂，降低了学习难度。

本书适合作为中职院校计算机动漫与游戏制作专业、艺术类专业的教材，或培训班的指导用书，也可以供3ds Max建模技术爱好者使用。

图书.在版编目(CIP)数据

3ds Max 9.0建模案例教程/柯华坤主编. —北京：科学出版社，2011.
(中等职业教育"十二五"规划课程改革创新教材·中职中专计算机动漫与游戏制作专业系列教材)
ISBN 978-7-03-031531-1

I. ①3… II. ①柯… III.①三维动画软件，3ds Max 9.0－中等专业学校－教材 IV. ①TP391.41

中国版本图书馆CIP数据核字（2011）第112795号

责任编辑：陈砺川 熊远超／责任校对：王万红
责任印制：吕春珉／封面设计：东方人华平面设计部

科 学 出 版 社 出版
北京东黄城根北街16号
邮政编码：100717
http://www.sciencep.com

骏杰印刷厂 印刷
科学出版社发行 各地新华书店经销
*

2011年8月第 一 版 开本：787×1092 1/16
2011年8月第一次印刷 印张：20 1/2 彩插：2页
印数：1—3 000 字数：380 000

定价：40.00 元（含光盘）
（如有印装质量问题，我社负责调换〈骏杰〉）
销售部电话 010-62140850 编辑部电话 010-62138978-8020

中等职业教育 "十二五"规划课程改革创新教材

中职中专计算机动漫与游戏制作专业系列教材

编写委员会

顾 问 何文生 朱志辉 陈建国

主 任 史宪美

副主任 陈佳玉 吴宇海 王铁军

审 定 何文生 史宪美

编 委（按姓名首字母拼音排序）

邓昌文 付笔闲 辜秋明 黄四清 黄雄辉 黄宇宪

姜 华 柯华坤 孔志文 李娇容 刘丹华 刘 猛

刘 武 刘永庆 鲁东晴 罗 忠 聂 莹 石河成

孙 凯 谭 武 唐晓文 唐志根 肖学华 谢淑明

张治平 郑 华

序

《国家中长期教育改革和发展规划纲要（2010—2020 年）》中明确指出，要"大力发展职业教育"，"把提高质量作为重点。以服务为宗旨，以就业为导向，推进教育教学改革"。可见，中等职业教育的改革势在必行，而且，改革应遵循自身的规律和特点。"以就业为导向，以能力为本位，以岗位需要和职业标准为依据，以促进学生的职业生涯发展为目标"成为目前呼声最高的改革方向。

实践表明，职业教育课程内容的序化与老化已成为制约职业教育课程改革的关键。但是，学历教育又有别于职业培训。在改变课程结构内容和教学方式方法的过程中，我们可以看到，经过有益尝试，"做中学，做中教"的理论实践一体化教学方式，教学与生产生活相结合、理论与实践相结合、统一性与灵活性相结合、以就业为导向与学生可持续性发展相结合等均是职业教育教学改革的宝贵经验。

基于以上职业教育改革新思路，同时，依据教育部 2010 年最新修订的《中等职业学校专业目录》和教学指导方案，并参考职业教育改革相关课题先进成果，科学出版社精心组织 20 多所国家重点中等职业学校，编写了计算机网络技术专业和计算机动漫与游戏制作专业的"中等职业教育'十二五'规划课程改革创新教材"，其中，计算机动漫与游戏制作专业是教育部新调整的专业。此套具有创新特色和课程改革先进成果的系列教材将在"十二五"规划的第一年陆续出版。

本套教材坚持科学发展观，是"以就业为导向，以能力为本位"的"任务引领"型教材。本套教材无论从课程标准的制定、体系的建立、内容的筛选、结构的设计还是素材的选择，均得到了行业专家的大力支持和指导，他们作为一线专家提出了十分有益的建议；同时，也倾注了 20 多所国家重点学校一线老师的心血，他们为这套教材提供了丰富的素材和鲜活的教学经验，力求能符合职业教育的规律和特点的教学内容和方式，努力为中国职业教育教学改革与教学实践提供高质量的教材。

本套教材在内容与形式上有以下特色：

1. 任务引领，效果驱动。以工作任务引领知识、技能和态度，关注的焦点放在通过完成工作任务所获得的成果，以激发学生的成就感；通过完成典型任务或服务，来获得工作任务所需要的综合职业能力。

2. 内容实用，突出能力。知识目标、技能目标明确，知识以"够用、实用"为原则，不强调知识的系统性，而注重内容的实用性和针对性。不少案例以及数据均来自真实的工作过程，学生通过大量的实践活动获得知识技能。整个教学过程与评价等均突出职业能力的培养，体现出职业教育课程的本质特征。做中学，做中教，实现理论与实践的一体化教学。

3. 学生为本。除以培养学生的职业能力和可持续性发展为宗旨之外，本套教材的体例设计与内容的表现形式充分考虑到学生的身心发展规律，体例新颖，版式活泼，便于阅读，重点内容突出。

4. 教学资源多元化。本套教材扩展了传统教材的界限，配套有立体化的教学资源库，包括配书教学光盘、网上教学资源包、教学课件、视频教学资源、习题答案等，均可免费提供给有需要的学校和教师。

当然，任何事物的发展都有一个过程，职业教育的改革与发展也是如此。如本套教材有不足之处，敬请各位专家、老师和广大同学不吝赐教。相信本套教材的出版，能为我国中等职业教育信息技术类专业人才的培养、探索职业教育教学改革做出贡献。

信息产业职业教育教学指导委员会　委员

中国计算机学会职业教育专业委员会　名誉主任

广东省职业技术教育学会电子信息技术专业指导委员会　主任

何文生

2011 年 1 月

前 言

三维建模的应用涉及很多领域，例如室内建模表现、电影特效、三维动画等。本书以3ds Max 9.0软件为工具，针对三维建模的方法和思路，通过各式实例来讲解室内家具、电器、场景的建模方法。3ds Max 9.0功能强大，界面友好实用，能建立起非常精细逼真的室内模型。

本书内容

本书以应用为主线，以3ds Max 9.0为主要工具，专门介绍室内模型的制作方法。所有实例都从实际应用出发。全书共分八个单元，内容安排如下。

单元	名　称	主要内容
单元一	3ds Max 9.0 基本操作	介绍了 3ds Max 9.0 的工作界面，还概括介绍了该软件的自定义视图布局与基本操作等
单元二	客厅建模设计	介绍了客厅中一些常见家具的模型设计和制作，例如沙发、茶几、电视柜等，主要涉及挤出、斜切、布尔等相关知识
单元三	卧室、书房建模设计	介绍了卧室、书房中一些常见家具的模型设计和制作，例如主人床、办公转椅、组合书桌等，主要涉及面片栅格建模、阵列、倒角等相关知识
单元四	卫浴器具、灯具建模设计	介绍了卫生间中一些卫浴器具、灯具的模型设计和制作，例如水龙头、洗脸盆、吸顶灯等，主要涉及放样、阵列等相关知识
单元五	室内家电建模设计	介绍了室内家电的模型设计和制作，例如液晶电视、洗衣机、空调等，主要涉及多边形建模、分离、晶格等相关知识
单元六	灯光的应用	介绍了 3ds Max 建模中灯光的应用
单元七	V-Ray 的应用	介绍了 3ds Max 很重要的渲染插件 V-Ray 的基本应用
单元八	项目实训	综合之前所学习的知识，进行室内场景建模

本书特点

在实例讲解时，本书采用了统一、新颖的编排方式，每个单元由多个任务组成，从单元二开始每个任务都包含"任务目标"、"任务说明"、"实现步骤"、"相关知识"、"任务检测与评估"五个部分，对部分关键的知识点还设置了"小提示"加以简单强调。现对这五个部分内容的定位说明如下。

- 任务目标：针对本任务要学习的内容指定明确的目标。
- 任务说明：针对该任务的设计思路、制作方法进行分析，让读者对本任务的学习内容有个整体的了解。
- 实现步骤：详细讲解任务的实现过程。
- 相关知识：对本任务所涉及的一些疑难、重点知识进行有针对性的说明。
- 任务检测与评估：从任务知识内容和任务操作技能两方面来检查读者对本任务学习的掌握程度。

本书所有实例内容都以实战为主，针对在实际建模中会遇到的实际问题和需要掌握的技术为重点来进行详细剖析，每一个任务都有其针对性。

本书所选实例都具有代表性，所有实例都提供了相应的源文件、渲染效果图、素材等，方便读者使用。

本书配套光盘还提供了全部实例操作的视频教程，读者学习起来直观易懂，降低了学习难度。另外，附有3ds Max 9.0常用快捷键以及按窗口划分的快捷键列表。

读者范围

- 中职院校的教师和学生。
- 培训机构的教师和学生。
- 3ds Max建模技术爱好者。

编写人员

本书由科学出版社组织编写，主要由中等职业技术学校的一线专业老师参与编写。参加编写的人员有柯华坤、杨蒲菊、张彦锋、卞孝丽、罗燕珊、郑春华、郭丽芬、黄达佳、林沛、林伟良等。由于作者水平有限，错漏之处在所难免，请广大读者批评指正。

目　录

1

单元一　3ds Max 9.0 的基本操作

单元导读

　　本单元主要介绍了 3ds Max 9 的工作界面，通过了解认识用户界面、菜单和工具栏，才能熟练运用软件来搭建模型。本单元还概括介绍了 3ds Max 9 的自定义布局与基本操作等。

单元内容

- 3ds Max 9 工作界面
- 自定义视图布局
- 快捷键的设置

任务一 | 认识 3ds Max 9.0 的用户界面

1．用户界面

3ds Max 9.0 的用户界面和大多数应用软件一样，包含菜单栏、工具栏、视图区域、命令面板等几大部分，如图 1-1 所示。

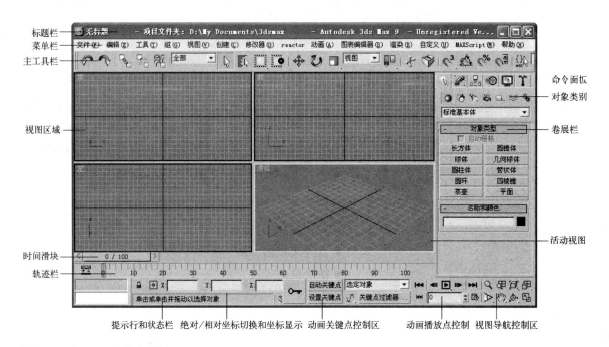

图 1-1　3ds Max 9.0 的主界面

2．菜单栏

3ds Max 9.0 的菜单与标准的 Windows 菜单栏相似，它位于标题栏的下方，由 14 个菜单项组成，如图 1-2 所示。通过菜单栏上的各个子菜单的命令，可以完成 3ds Max 9.0 的功能操作。

文件(F)　编辑(E)　工具(T)　组(G)　视图(V)　创建(C)　修改器(O)　reactor　动画(A)　图表编辑器(D)　渲染(R)　自定义(U)　MAXScript(M)　帮助(H)

图 1-2　菜单栏

调出一个菜单项有两种方法：一种方法是单击该菜单项；另一种方法是在按住 Alt 键的同时，再按菜单项中带下划线的字母。菜单栏中各菜单的主要作用如下所述。

"文件"菜单：包含了 3ds Max 9.0 文件的基本操作命令，用于新建、重置、打开、保存、导入、导出以及文件特性设置等命令。

"编辑"菜单：主要用于选择和编辑场景中的对象，如撤销或恢复上一次操作，保存和恢复场景信息，删除、选择和复制操作对象，设置对象的属性等。

"工具"菜单：主要用于对操作对象进行变换和管理，可以进行移动、镜像、阵列、对齐和设置高光点等操作。它的许多命令与工具栏中的工具按钮相对应，可以更加快捷地进行操作。

"组"菜单：主要用于对操作对象进行组合和分解，在组合对象中分离或增加对象等。这样不但加快了建模的速度，同时也便于集体进行操作。

"视图"菜单：包含所有与视图相关的操作命令，主要用于设置和控制视图，如视图栅格和显示模式的设置。

"创建"菜单：主要用于创建场景中的对象，其中包括标准基本体、扩展基本体、图形、灯光和摄影机等命令。这些命令与命令面板中的相应按钮对应，可在命令面板中直接使用此命令。

"修改器"菜单：包含了所有修改对象的命令，和"创建"菜单一样，它几乎将控制面板中的所有修改器都封装在"修改器"菜单中。

"reactor"菜单：reactor 反应器，主要用于创建、修改、编辑具有关节限制的对象以及模拟实际的物理现象，并创建、预览这些物体及物理现象的动画效果。

"动画"菜单：主要用于 IK（inverse kinematics，反向运动）系统的动画设计，约束控制和属性等动画设置，预览动画的生成和浏览等操作。

"图表编辑器"菜单：主要提供了用于管理场景和动态的各种图解窗口，还提供了连接对象的简单方式，可以清晰地体现不同对象之间的关系。

"渲染"菜单：渲染是最终输出的轨道，主要用于渲染场景、环境、高级灯光、纹理、光线等效果的设置，并用于材质贴图编辑器、视频合成等系统的调出及设置操作。

"自定义"菜单：提供了自己设置用户界面的功能。运用此菜单可以根据自己的喜好设置个性化的菜单栏、工具栏和快捷菜单栏的用户界面，还可自定义 UI 与默认设置切换器，使用户在自定义界面和默认界面之间来切换。

"Max Script"菜单：主要用于 Max 脚本文件的创建、调出和运行，以及对听众窗口、宏记录、可视 Max 脚本窗口的调出及编辑等操作。

"帮助"菜单：提供 3ds Max 9.0 中的一些帮助菜单命令，包括用户参考、Max 脚本参考、在线支持、附加帮助，还提供了技术支持信息和版本信息。

3．主工具栏

主工具栏位于菜单栏的下方，它由一些图标按钮组成，如图 1-3 所示。主工具栏提供了 3ds Max 9.0 大部分常用功能的快捷操作命令按钮，通过分隔线将工具按钮分为若干组。

图 1-3　主工具栏

（撤销）与（恢复）按钮：单击按钮（撤销），即可撤销一次的操作；单击（恢复）按钮，即可恢复撤销的上一次操作。系统默认最多重做前 20 步的连续操作。

（选择并链接）与（取消链接）按钮：单击按钮（选择并链接），即可将当前选定的对象（子对象）链接到其他对象（父对象）上。单击按钮（取消链接），即可解除两个对象之间的链接关系。

（绑定到空间扭曲）按钮：单击该按钮，即可将当前选定的对象附加到空间扭曲上。

（选择过滤）下拉列表框：在下拉列表框中指定选择对象的类型。

（选择）按钮：单击该按钮，即可选择场景中的对象，也称为选择工具。

（按名称选择）按钮：单击该按钮，即可在弹出的"选择对象"对话框中根据名称选择对象。

（矩形选择区域）按钮：这一组按钮中共有五个按钮，按住鼠标左键不放，可弹出其下拉列表，从中选择一个按钮后，可拖动鼠标产生不同形状的框选区域。

（窗口／交叉）按钮：当图标为（交叉）时，如果按住鼠标左键框选对象，只要有部分在选框内的对象就都可以被选中，如果按下该按钮，图标为（窗口）时，只有整个对象全部在选择框中的对象才可以被选中。

（选择并移动）按钮：单击该按钮，即可选择并移动场景中的对象，此按钮也称为移动工具。

（选择并旋转）按钮：单击该按钮，即可选择并旋转场景中的对象，此按钮也称为旋转工具。

（选择并缩放）按钮：这一组按钮中共有三个按钮，按住鼠标左键不放，可弹出其下拉列表，从中选择一个按钮后，单击该按钮，即可选择场景中的对象并在三个轴向上等比例缩放，此按钮也称为缩放工具。

（参考坐标系）下拉列表框：单击此下拉列表框，从中选择三维空间坐标系。

（使用对象轴心点）按钮：这一组共有三个按钮，提供了用于缩放和旋转操作几何中心的三种方法。

（选择并操控）按钮：单击该按钮，可以在视图中拖动"操纵器"，编辑某些对象、修改器和控制器的参数。

（键盘快捷键覆盖切换）按钮：单击该按钮，可以在只使用"主用户界面"快捷键和同时使用主快捷键和功能区域快捷键（如可编辑网格、轨迹视图、NURBS等）之间进行切换。

（捕捉切换）弹出按钮：这一组共有三个按钮，提供捕捉处于活动状态位置的3D空间的控制范围。

（角度捕捉切换）按钮：单击该按钮，即可用于精确旋转操作。

（百分比捕捉切换）按钮：单击该按钮，通过指定的百分比增加对象的缩放。

（微调捕捉开关切换）按钮：单击该按钮，使用"微调捕捉开关切换"设置3ds Max中所有微调器的单个增加或减少值。

（命令对象选择集）下拉列表框：使用"命名选择集"下拉列表可以命名选择集，并重新调用选择集以便以后使用。

（选择并镜像对象）按钮：单击该按钮，弹出"镜像"对话框，使用该对话框可以在不同方向镜像一个或多个对象时，移动这些对象。

（对齐）按钮：这组按钮共有六个按钮，提供了对用于对齐对象的六种不同工具的访问。选定一个按钮，即可将选定的对象按指定的位置或方向执行对齐操作。

（层管理器）按钮：单击该按钮，即可弹出"层"对话框。在该对话框中，可以创建和删除层以及设置图层的属性。

（曲线编辑器）按钮：单击该按钮，即可打开"轨迹视窗—曲线编辑器"窗口。在该窗口中，用图表上的功能曲线来表示运动。该模式可以使运动的插值以及软件在关键帧之间创建的对象变换直观化。

（图解视图）按钮：单击该按钮，即可弹出"图解视图"对话框。在该对话框中，通过可以访问对象属性、材质、控制器、修改器、层次和不可见场景关系。

（材质编辑器）按钮：单击该按钮，弹出"材质编辑器"对话框。在该对话框中可以对场景的材质、贴图等进行设置。

（渲染场景对话框）按钮：单击该按钮，弹出"渲染场景"对话框。在该对话框中，可以对场景对象的输出效果、帧、窗口大小等内容进行设置。

（快速渲染）按钮：这一组按钮共有两个，单击快速渲染按钮，可以对视图区或场景中的对象进行快速着色渲染，而无需显示"渲染场景"对话框。

4．视图区域

视图区域是 3ds Max 9.0 中最大的工作区域，所有的操作将在这个区域完成。视图区域越大，获得的显示空间越大，越有利于设计制作。

5．时间滑块及轨迹栏

时间滑块及轨迹栏位于视图区域的下部。时间滑块用于改变动画的当前帧，拖动滑块 <kbd>⦗　0 / 100　⦘</kbd>，可以使动画到达某一特定帧，滑块上的数字分别表示当前帧和动画总帧数。轨迹栏用于编辑动画轨迹曲线，显示关键帧的设置情况，单击按钮 ⊞，就可以显示动画轨迹曲线编辑视图。

6．Max Script 迷你侦听器

"Max Script 侦听器"窗口分为两个窗格：一个为粉红色，一个为白色。粉红色的窗格是"宏录制器"窗格，启用"宏录制器"时，录制下来的所有内容都将显示在粉红窗格中。"Max Script 侦听器"窗格中的粉红色行表明该条目是进入"宏录制器"窗格的最新条目。

7．提示行和状态栏

提示行和状态栏位于屏幕底部的中间，可以为 3ds Max 9.0 的操作提供重要的参考消息，用于显示当前操作命令状态的提示、锁定操作对象、定位并精确移动操作对象等。

8．动画关键点控制区

动画关键点控制区位于屏幕底部的中间，主要用于动画的记录与播放、时间控制以及动画关键帧的设置与选择等操作。

9．视图导航控制区

图 1-4　视图导航控制区

视图导航控制区位于屏幕底部的右侧，如图 1-4 所示。在这个区域中一共有八个工具按钮，主要用于观看、调整视图中操作对象的显示方式。通过视图控制区的操作按钮，可以改变操作对象的显示状态，使其达到最佳的显示效果，但并不改变物体的大小、位置和结构。

10．命令面板

命令面板位于 3ds Max 界面的最右侧，是 3ds Max 的主要核心区域。在命令面板中包含了用于建立和编辑模型的工具和操作命令，并以按钮的形式显示 3ds Max 的系统模型。

对于命令面板的使用，包括按钮、输入区、下拉菜单等都非常容易，鼠标的动作也很简单，单击或拖动即可。无法同时显示的区域，只要使用手形工具上下拖动即可。

（1）命令面板的组成

命令面板由六个用户界面组成，每个选项面板的
标签都是一个小图标，使用这些图标可以访问 3ds Max
的大多数建模功能以及一些动画功能、显示选择和其
他工具。每次只有一个面板可见，要显示不同的面板，
单击即可。默认状态下系统显示的是"创建"面板 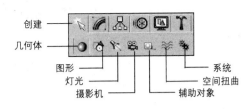，
如图 1-5 所示。

图 1-5 "创建"面板中的创建对象控件

1）"创建"面板 ：："创建"面板提供用于创建对象的控件。这是
在 3ds Max 中构建新场景的第一步。在"创建"面板中包含了"几何体"、
"图形"、"灯光"、"摄影机"、"辅助对象"、"空间扭曲"和"系统"七
个创建对象。每一个对象内可能包含几个不同的对象的子类别。使用下
拉列表可以选择对象类别，每一类对象都有自己的按钮，单击该按钮即
可开始创建。

2）"修改"面板 ：："修改"面板用于对基本模型进行修改或编辑，
可以改变被选物体的参数和形状。使用不同的修改器时，只有在此面板
上才可以访问各种不同的修改器堆栈。"修改"面板中包含了物体的名称、
物体的颜色、修改器下拉列表、修改器堆栈及参数卷展栏。

3）"层次"面板 ：："层次"面板用来体现各个对象之间的层次关系，
并且通过链接可以建立一种层次结构，还可以使物体正向运动、反向运
动或双向运动，产生动画效果。

4）"运动"面板 ：：通过"运动"面板的设置，如位移、缩放、轨
迹等运动的状态，来控制动画的变换。还可以将运动轨迹变换成样条轨
迹或将样条轨迹变换成运动轨迹。

5）"显示"面板 ：：通过"显示"面板可以访问场景中控制对象显
示方式的工具。使用"显示"面板可以隐藏和取消隐藏、冻结和解冻对
象、改变其显示特性、加速视图显示以及简化建模步骤。

6）"工具"面板 ：："工具"面板在工作过程中使用的频率最高。
主要包含常规实用程序和插入实用程序，也包括了动力计算等方面的程
序，用于完成一些特殊的操作。

（2）子级分类项目

在当前对象类型内又进行次一级的分类，以下拉菜单的方式选择，
其中每一个分类包括多种创建工具，如图 1-6 所示。由图可以看出，用
来创建具有三维空间结构的造型实体包括下列 11 种基本类型。

1）"标准基本体"：是相对简单的几何体，如长方体、球体、柱体、
圆锥体等。

2）"扩展基本体"：是相对复杂的几何体，如切角圆柱体、纺锤等。

3）"复合对象"：通过复合方式产生对象，如布尔、变形、散布等。

4）"粒子系统"：产生微粒属性的对象，如雨、雪、喷泉、火花等。

图 1-6 对象类型

5）"面片栅格"：以面片方式创建网络模型，是一种独特的曲面造型方法。

6）"NURBS 曲面"：用于创建 NURBS 复杂平滑曲面。

7）"门"：可快速创建三种类型的门，包括枢轴门、推拉门和折叠门。

8）"窗"：可快速创建六种类型的窗，如平开窗、旋开窗、推拉窗。

9）"AEC 扩展"：创建建筑工程常用物体，包括植物、栏杆和墙。

10）"动力学对象"：动力学对象与其他网格对象类似，不同之处在于它们可以对所绑定的对象的运动作出反应，或当包含在动力学模拟中时，为其提供动力学力量。

11）"楼梯"：用于创建四种不同类型的楼梯模型，包括螺旋楼梯、直线楼梯、L 形楼梯、U 形楼梯。

（3）对象类型

以按钮方式列出所有可用的创建工具，单击对象工具按钮就可以直接创建相应的对象。如图 1-7 所示。

图 1-7　创建对象工具
　　　　按钮

"自动栅格"复选框：只有选定创建对象之后，"自动栅格"复选框才有效。当选中"自动栅格"复选框后，光标包含一个三角轴以帮助定位栅格。单击之前将光标放置在可见网格的对象上时，光标跳到该曲面上最近的点。三角轴的 x 轴和 y 轴使一个平面与对象曲面相切（形成一个隐式的构造栅格），并且 z 轴与平面垂直。

创建对象后，3ds Max 将其放置在临时构造的栅格上。创建对象时，如果光标不在其对象上，则 3ds Max 将对象放置在当前活动栅格上。

（4）"名称和颜色"卷展栏

图 1-8　"名称和颜色"
　　　　卷展栏

"名称和颜色"卷展栏如图 1-8 所示。"名称"显示自动指定的对象名称，既可以编辑此名称，也可以用其他名称来替换它。单击方形色样可显示"对象颜色"对话框，可以更改对象在视图中显示的颜色（线框颜色）。

（5）"创建方法"卷展栏

图 1-9　"创建方法"
　　　　卷展栏

"创建方法"卷展栏如图 1-9 所示。其中包括两个单选按钮，如果选中"立方体"单选按钮，在场景中创建一个正方体；如果选中"正方体"单选按钮，则在场景中创建的就是一个普通的长方体。可以通过对参数的设置来确定它的长、宽、高。

（6）"参数"卷展栏

"参数"卷展栏显示创建参数、对象的定义值。一些参数可以预设，其他参数只能在创建对象之后用于调整。

（7）"键盘输入"卷展栏

允许通过键盘直接创建具有精确尺寸的模型。按 Tab 键可以切换输入项目，按 Shift+Tab 组合键退回上一个输入框，按 Enter 键确认数值。输入完成后，单击"创建"按钮，可以直接创建模型。

任务二 自定义视图布局

单击"自定义"下拉菜单的"视口配置"选项，如图1-10所示，弹出"视口配置"的对话框。选择"布局"选项卡，如图1-11所示。

在"布局"选项卡下显示出14个不同布局，可以根据个人爱好选择自己喜欢的布局。如选择第二个布局，如图1-12所示，单击"确定"按钮后弹出如图1-13所示的布局。

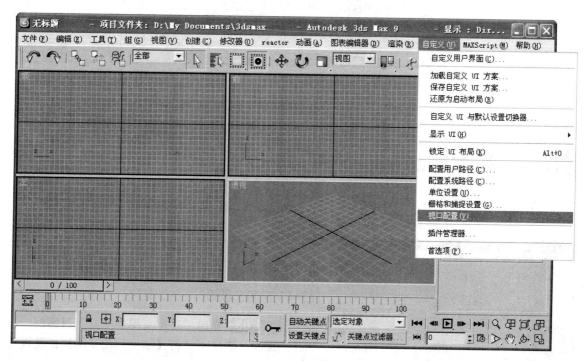

图 1-10 自定义布局

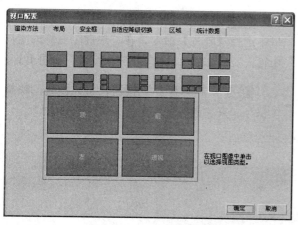

图 1-11 "视口配置"对话框中的"布局"选项卡

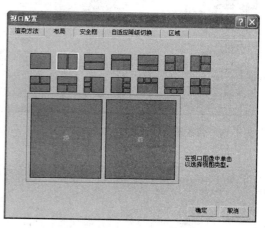

图 1-12 选择不同的布局

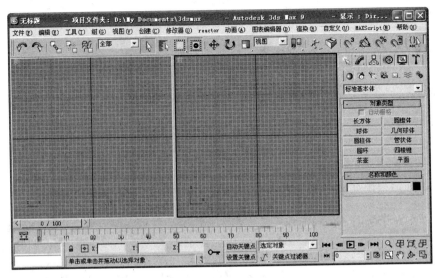

图 1-13　自定义后的布局

任务三　快捷键的设置

实现步骤

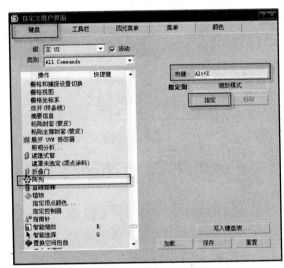

图 1-14　修改阵列快捷键

01 启动 3ds Max 9.0 中文版。

02 在菜单栏上执行操作"自定义"→"自定义用户界面"。

03 弹出"自定义用户界面"对话框，在"键盘"选项卡，将【阵列】命令的快捷键设置为"Alt+Z"。

04 在"自定义用户界面"对话框中的窗口中选择【阵列】命令，在"热键"右侧的窗口中输入"Alt+Z"，单击"指定"按钮，如图 1-14。

05 单击"保存"按钮，将你设置的快捷键保存起来，它的扩展名是 .kbd。如图 1-15。

图 1-15　保存快捷键

相关知识

　　如果将设置的快捷键在其他的电脑上使用，必须将保存的扩展名为 .kbd 的快捷键文件复制到 3ds Max 类下的 UI 文件夹下，在【自定义用户界面】对话框中单击"加载"按钮，将先前保存的快捷键文件加载到当前的文件中即可使用。

2

单元二　客厅建模设计

单元导读

　　客厅是家庭成员最集中的活动场所，因此本单元主要介绍了客厅中一些常见家具的模型设计和制作，例如沙发、茶几、电视柜等，其中 L 型组合沙发主要使用"挤出"命令把二维图形变成三维物体，利用缩放工具控制形状变化，结合使用扩展几何体来完成模型的建立；电视柜主要使用"基本几何体"和"扩展几何体"来设计电视柜基本造型，然后使用"布尔"命令生成弯曲造型部分。读者需要掌握"挤出"、"布尔"等常用命令。

单元内容

- L 型组合沙发——挤出
- 休闲沙发——斜切
- 欧式贵妃椅——线
- 现代茶几——扩展几何体
- 电视柜——布尔
- 餐桌餐椅——多边形建模
- 天花板——挤出
- 楼梯——弯曲

任务一 | L形组合沙发——挤出

任务目标 使用"挤出"、"选择并均匀缩放"等命令来制作一个L形的组合沙发,最终效果如图2-1所示(见彩插)。

任务说明 完成一个L形组合沙发的制作。其中主要使用"挤出"命令把二维图形变成三维物体,利用缩放工具控制形状变化,结合使用扩展几何体来完成模型的建立。

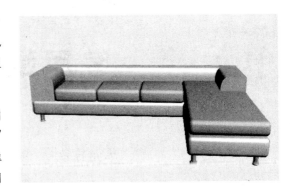

图2-1 L形组合沙发

实现步骤

01 启动 3ds Max 9.0 中文版,在菜单栏上执行"自定义"→"单位设置"→"公制"→"毫米"命令。

02 进入前视图,执行"创建"→"图形"→"矩形"命令,创建出一个矩形,设置具体参数如图2-2所示。

长度: 180.0mm
宽度: 120.0mm
角半径: 0.0mm

图2-2 矩形参数设置

03 选定矩形,单击鼠标右键,在弹出的快捷菜单中,选择"转换为可编辑样条线"命令,展开可编辑样条线的层级面板,选择右边的两个顶点,执行"顶点"→"几何体"→"圆角"命令,效果如图2-3所示。

04 选择修改器列表,添加"挤出"命令,数量为250mm,把二维图形转换为三维图形,然后复制出另外两个,单击"选择并旋转"工具按钮 ⟳ 和"选择并缩放"工具按钮 ▣,进行缩放并调整好位置,效果如图2-4所示。

小提示

按住 Shift 键不放,移动选定的物体,可以复制该物件。

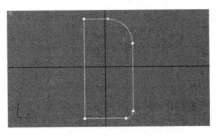

图2-3 矩形圆角效果

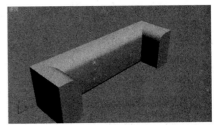

图2-4 缩放与位置调整效果图

05 单击"按名称选择"工具按钮 ，选定场景中的所有物体，执行"组"→"成组"命令，成组名称为默认，单击"选择并缩放"工具按钮 ，再一次调整场景物体的大小到合适的比例，效果如图 2-5 所示。

图 2-5　调整场景物体

06 创建两个切角长方体，调整好位置，效果和参数如图 2-6 所示。

07 创建一个切角长方体作为沙发的坐垫，复制出另外两个，效果如图 2-7 所示。

08 创建两个切角长方体，作为 L 形沙发转弯部分，左边参数为上面的切角长方体参数，右边为下面切角长方体的参数，调整好位置，效果和参数如图 2-8 所示。

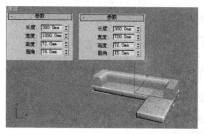
图 2-6　参数设置与效果

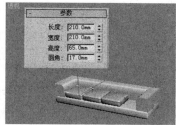
图 2-7　小坐垫的参数选择

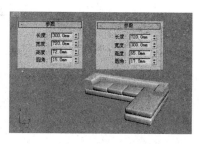
图 2-8　转弯处沙发参数与位置

09 创建一个圆柱体和一个圆环，利用对齐工具，调整物体位置，形成沙发的底座，选择这两个物体，执行"组"→"成组"命令，然后复制出另外的五个沙发底座，适当调整好位置，效果如图 2-9 所示。

10 适当调整场景中物体的颜色，单击"材质编辑器"按钮 ，选择不同的样本球修改"漫反射"颜色，然后赋予给不同的物体即可完成操作。

图 2-9　底座位置效果

相关知识

3ds Max 9.0 修改器的常用类型：

1）主要进行变形修饰，常用的有 Bend（弯曲）、Twist（扭曲）、Extrude（挤出）、Lathe（旋转）和 Noise（噪声）等几种修改器。

2）表面修改器类型，改变对象的表面特性，如 UVW Map，可创建物体贴图坐标。

3）编辑修改器类型，主要修改子物体参数，包括 Edit Mash（编辑网格）、Edit Patch（编辑面片）和 Edit Spline（编辑样条曲线）。

4）附加修改器类型，有 Spline Edits（样条编辑），可以进行 Pillet/Chamfer（倒圆／倒棱）、Trim/Extend（修剪／延伸）等操作。

> **小提示**
>
> 材质编辑器的快捷键为 M。

运用这些修改器可以帮用户完成多种复杂造型的构建。可以在一个物体上施加多种修改器以达到不同的造型效果。

任务检测与评估

	检测项目	评分标准	分值	学生自评	教师评估
知识内容	认识"挤出"命令	基本了解该命令的功能和作用	10		
	认识"选择并均匀缩放"命令	基本了解该命令的功能和作用	10		
操作技能	使用"单位设置"命令	能熟练将单位设置为毫米	10		
	使用"挤出"命令来控制创建沙发靠背	能熟练使用该命令设计作品	30		
	使用"选择并均匀缩放"命令创建沙发其他模型	能熟练使用该命令设计作品	30		
	保存源文件，发布作品	保存源文件，并能多角度发布作品的最终效果图（JPG格式）	10		

任务二 休闲沙发——斜切

■ **任务目标** 利用"斜切"、"FFD 4×4×4"自由变形盒等修改器命令创建休闲沙发底座和靠背，结合使用扩展几何体形成休闲沙发的造型，效果如图2-10(见彩插)。

■ **任务说明** 创建三维物体的模型，熟悉修改器列表中的命令。日常生活中的很多物体都可以通过基本几何体和扩展几何体相结合使用修改器命令设计出来，本任务就是其中的一个例子。

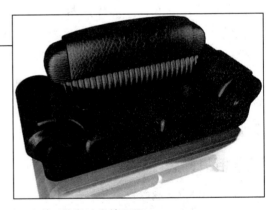

图 2-10 休闲沙发效果图

实现步骤

01 启动 3ds Max 9.0 中文版，在菜单栏上执行"自定义"→"单位设置"→"公制"→"毫米"命令。

02 制作"沙发底座"。进入前视图，执行"创建"→"图形"→"线"命令，在前视图中建立一条曲线，具体画法如图 2-11 所示。

03 单击"修改"按钮，进入修改命令面板，单击"编辑集列表"下拉列表中的"斜切"命令，设置斜切值 1 下的高度为 10，轮廓为 10，斜切值 2 下的高度为 200，轮廓为 0，斜切值 3 下的高度为 10，轮廓为 –10，如图 2-12 所示。

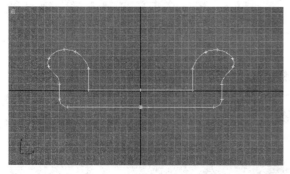
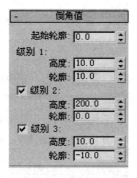

图 2-11　沙发底座的截面图　　　　图 2-12　斜切设置

04 将沙发底座复制一份并调整其大小，效果如图 2-13 所示。

05 单击"几何体"按钮，进入几何体创建面板，选择"标准几何体"下拉列表中的"扩展几何体"选项，再在其下拉列表中选择"扩展几何体"选项，单击"倒角方体"按钮，在顶视图中建立一个倒角方体，圆角为 8，长度分段数为 10，宽度分段数为 10，高度分段数为 5，圆角段数为 3，效果如图 2-14 所示。

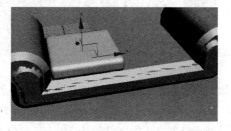

图 2-13　复制效果　　　　　　图 2-14　倒角方体位置

06 单击"修改"按钮，进入修改命令面板，选择"编辑集列表"下拉列表中的"FFD4×4×4"命令，进入自由变形修改面板，调整控制点如图 2-15 所示。

07 复制坐垫。

08 建立一个倒角方体，进行参数设置，其长度为60，宽度为430，高度为160，圆角为20，长度分段数为10，宽度分段数为10，高度分段数为5，圆角段数为3。单击"修改"按钮，进入修改命令面板，选择"编辑集列表"下拉列表中的"FFD4×4×4"命令，进入自由变形修改面板，调整控制点，如图2-16所示。

图2-15 FFD 控制点的调整

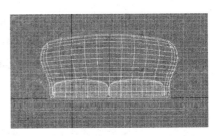

图2-16 自由变形效果

09 单击"倒角柱体"按钮，在左视图中建立一个倒角柱体，进行参数设置，其半径为40，高度为18，圆角为9，圆角段数为5；然后单击工具栏中的"选择不等比缩放"按钮，对倒角柱体进行缩放；复制一些倒角柱体并调整位置，如图2-17所示。

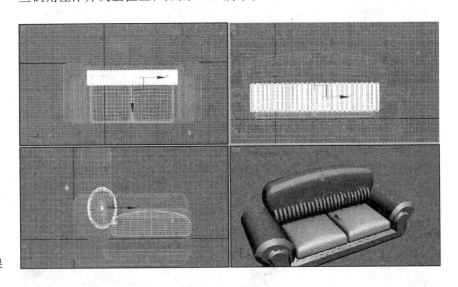

图2-17 倒角柱体的效果

10 单击"倒角方体"按钮，在顶视图中建立一个倒角方体，进行参数设置，其长度为160，宽度为100，高度15，圆角为5，长度分段数为10，宽度分段数为10，高度分段数为5，圆角段数为3；然后单击"修改"按钮，进入修改命令面板，选择"编辑集列表"下拉列表中的"弯曲"命令，进入弯曲修改面板，设置角度为130，弯曲轴为x，并复制一份扶手垫，接着用刚才的方法再对靠背进行一些修饰，效果如图2-18所示。

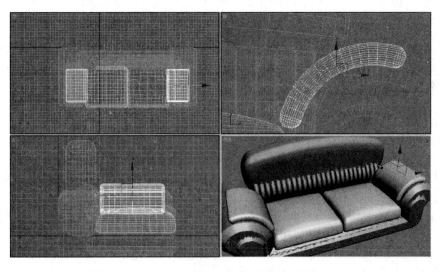

图 2-18 弯曲的效果

11 单击工具栏中的"材质编辑器"按钮，弹出"材质编辑器"对话框。选择第一个样本球，设置"反光强度"为35，"反光度"为45，"自发光"为40，然后单击"贴图类型"按钮，进入贴图方式卷展栏，选择"表面色"下的"无"按钮，弹出"材质贴图"对话框，选择"位图"选项，单击"确定"按钮，弹出"文件选择"对话框，选择一幅木纹图片，单击"返回上一级"按钮，将"表面色"后的文件按钮拖放至"凹凸"后的按钮上，弹出复制贴图对话框，选中"关联"单选按钮，单击"确定"按钮，在视图中选择底座，单击"将材质赋予物体"按钮将材质赋给沙发底座。

12 选择第二个样本球，按照同样的方法再选择一幅皮图片，在视图中选择坐垫与靠背以及装饰线，单击"将材质赋予物体"按钮，将材质赋给它们。

13 最后加入灯光，单击工具栏中的"快速渲染"按钮，稍等片刻，出现双人沙发的最终效果，如前面的图 2-10 所示。

小提示

快速渲染快捷键为 F9，然后保存 JPG 图片格式即可。

相关知识

渲染的目的：创建三维模型并为它们编辑仿真的材质，其最终目的就是要创建出静态或者动态的三维动画效果。通过渲染可以达到上述目的。渲染就是给场景着色，将场景中的灯光及对象的材质处理成图像的形式。

渲染的设置如下所述。

(1) 渲染场景

Render Scene 渲染场景，在 Main Toolbar 工具栏中单击 ▣ 图标，弹出 Render Scene 渲染场景对话框，如图 2-19 所示。也可在"渲染"菜单中单击 Rendering → Render 命令，也会出现该对话框，或者按快捷键 F10，也同样会弹出该对话框。

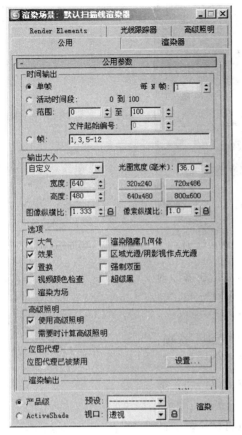

图 2-19　场景渲染对话框

在 3ds Max 的渲染场景对话框中有四个卷展栏：在第一个卷展栏 Common Parameters（常见参数）中可以对渲染场景的帧数、输出图像尺寸及输出文件格式进行设置；第二个卷展栏是 Render Elements（元素渲染）；第三个卷展栏是 Current Renders（当前渲染设定）；第四个卷展栏是 Max Default Scanline A-Buffer（默认线扫描 A- 缓存），使用这个卷展栏可以指定当前使用的渲染器。其他渲染器可以通过插件方法加入。

（2）动态着色

ActiveShade（动态着色）采用了交互式的渲染，可以为用户提供实时的产品级效果反馈，使用户可以直接在渲染窗口中看到效果的变化，为调试灯光、材质等操作提供了极大的方便。在渲染场景对话框底部有 Production 成品、Draft 草图和 Active Shade 三个选项，一般默认情况下 Production 和 Draft 中的设置几乎是相同的，而在选择 Active Shade 时，可以把一个视窗变为 Active Shade 窗口，或是使用一个单独的浮动窗口，动态地观察调整的效果。

可以将 Production 设置为高分辨输出图像和文件，然后用 Active Shade 方式进行细节方面的调整。使用这种方法可以提高用户在预览场景时的速度，并且也不会影响输出质量。

（3）渲染设置

在渲染场景对话框中通过设置适当的参数进行渲染，可以满足用户不同的输出需要。

在 Time Output 选项区，可以对输出的帧数进行设置。

Single（单帧）：只对当前帧进行渲染。

Active Time Segment（激活当前时间段）：渲染时间段内的所有帧。帧数可在时间配置对话框中设置。

Range（范围）：渲染一个指定的关键帧范围，可以通过 From 和输入栏设置帧数范围。

Frames（帧数）：渲染选定帧。

Every Nth Frame（每 N 帧）：跳过 N 帧渲染一帧。如设置为 10 时每 10 帧后渲染一帧。

File Number（文件编号）：和 Every Nth Frame 一起使用确定增量文件名的起点。

Output Size（输出尺寸）：区域是对输出图像的尺寸和格式进行设置的选项。

Custom（自定义格式）：在这个清单中可以选择十几种输出格式，包括 35mm 胶片格式和 NTSC、PAL、HPTV 等视频格式。当选择了其中任何一种格式后，图像的长宽比就会与此种格式相匹配。对图像分辨率的设置是通过 Width、Height 数值输入框进行自定义设置，也可以通过单击六个预设按钮来定义分辨率。

Render Output（渲染输出区）：是用来对图像输出后的文件格式进行设置的区域。

Save File（保存文件）：可以通过这个选项，来保存并定义文件名及文件类型。

Use Device（使用设备）：指定渲染结果输出到一台输出设备上。

任务检测与评估

	检测项目	评分标准	分值	学生自评	教师评估
知识内容	认识"斜切"命令	基本了解该命令的功能和作用	10		
	认识"FFD 4×4×4"命令	基本了解该命令的功能和作用	10		
操作技能	使用"斜切"命令来形成沙发底座	能熟练使用该命令设计作品	30		
	使用"FFD 4×4×4"命令控制靠背形状	能熟练使用该命令设计作品	30		
	能设置渲染场景	能熟练使用该命令设计作品	10		
	保存源文件，发布作品	保存源文件，并能多角度发布作品的最终效果图（JPG 格式）	10		

任务三 | 欧式贵妃椅——线

任务目标 通过欧式贵妃椅的制作来掌握"线"命令在制作造型中的运用，重点掌握"挤出"、"倒角"和"编辑多边形"命令的使用。欧式贵妃椅的效果如图 2-20 所示。

图 2-20 渲染效果

任务说明 通过欧式贵妃椅造型学习用"挤出"和"编辑多边形"命令，其中绘制线形添加"挤出"来制作椅身及贵妃椅其他部分，使用"编辑多边形"命令调整椅身轮廓，美化椅身。用户可以在本任务的基础上进行造型的创新设计，例如，贵妃椅身、扶手、椅脚等都可以重新进行造型设计，制作出更加新颖、漂亮，造型独特的欧式贵妃椅。

实现步骤

01 启动 3ds Max 9.0 中文版，在菜单栏上执行"自定义"→"单位设置"→"公制"→"毫米"命令。

02 首先绘制一个长方形作为参照物，在前视图中执行"创建"→"几何体"→"标准基本体"→"长方体"命令，其参数设置如图 2-21 所示。

03 有了参照物线后，可绘制一条封闭线形作为贵妃椅截面，进入前视图，执行"创建"→"图形"→"样条线"→"线"命令，如图 2-22 所示。

04 现在可以删除参照物，选择"对象"工具按钮 ⬚ ，选中长方体，按 Delete 键删除参照物。效果如图 2-23 所示。

05 选择"对象"工具按钮 ⬚ ，选中线形并在控制面板操作，执行"修改"→"挤出"→"数量"命令，将"数量"设置为 160.0mm，"分段"设置为 3。参数设置及效果如图 2-24 所示。

图 2-21 创建长方体参数

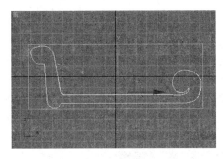

图 2-22　绘制贵妃椅截面

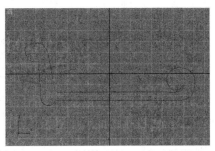

图 2-23　删除参照物的效果

小提示

　　绘制线时需要制作圆滑效果时，可以利用线修改面板中的"圆角"命令制作圆滑的效果，还可以在视图中选中密封线形所有的顶点，单击鼠标右键，选择 bezier 角点，这时会在视图中出现贝塞尔曲线，只要拖动角点就能改变线段的弧度。

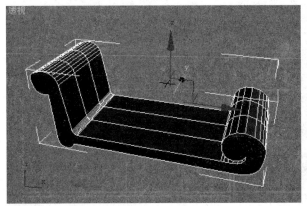

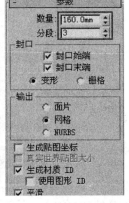

图 2-24　挤出椅身效果

　　06　确认挤出后的模型处于选择状态，在命令面板操作，执行"修改"→"编辑多边形"→"多边形"命令，进入透视图，按下 Ctrl 键，选中两侧的多边形，然后单击命令面板中的"倒角"命令。参数设置和效果如图 2-25 所示。

小提示

　　按住 Alt 键能减选多余部分，按住 Ctrl 键能增加选择部分。

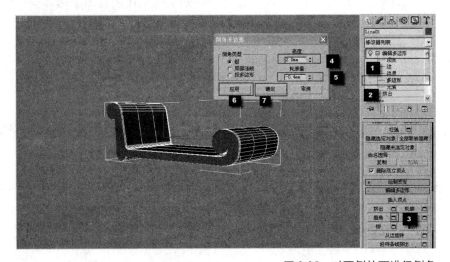

图 2-25　对两侧的面进行倒角

07 通过观察能够发现倒角出来的部分不是很平滑，下面就来对其进行编辑，使其达到平滑的效果。进入命令面板，执行"修改"→"编辑多边形"→"多边形"命令，进入顶视图中，选中通过倒角得到的侧面。进入命令面板，执行"修改"→"编辑多边形"→"多边形"→"多边形属性"→"自动平滑"命令，完成对椅子侧面的圆滑操作。参数设置及效果如图 2-26 所示。

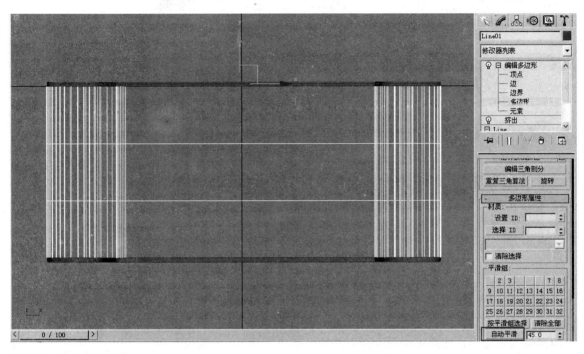

图 2-26　使多边形平滑

08 按快捷键"1"，进入顶点子物体层级，在顶视图中选择椅子中间的顶点，用移动工具调整椅子的形态。效果如图 2-27 所示。

09 在前视图中执行"创建"→"图形"→"样条线"→"线"命令，绘制出贵妃椅椅背的截面。其效果如图 2-28 所示。

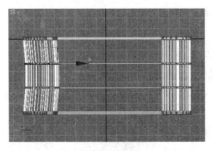

图 2-27　移动顶点的位置

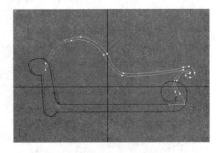

图 2-28　绘制截面

10 进入修改命令面板，执行"修改"→"倒角"命令。参数设置及位置如图 2-29 所示。

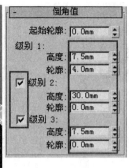

图 2-29　倒角效果

11 将制作的椅背界面在原位置复制一个，按快捷键"1"进入顶点子物体层级，删除多余的顶点，并调整顶点位置，制作椅子靠背的截面，如图 2-30 所示。

12 进入修改面板，执行"修改"→"倒角"命令调整参数。效果和参数设置如图 2-31 所示。

13 在前视图中绘制椅子前面的装饰线条的截面，执行"挤出"命令，设置"数量"为 30.0mm，调整至合适的位置。参数设置及效果如图 2-32 所示。

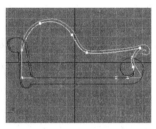

图 2-30　调整椅子靠背的截面

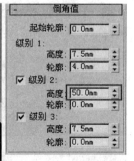

图 2-31　调整倒角参数

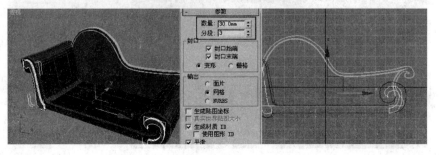

图 2-32　接合处部件圆角

14 用同样的方法在左视图中制作中间横线条，设置"挤出"值为 1170.0mm，如图 2-33 所示。

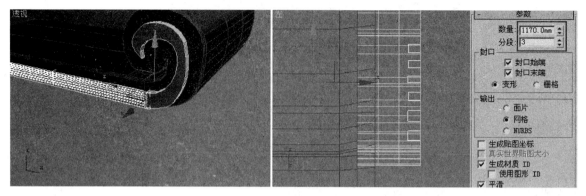

图 2-33 制作椅子的横线条

15 在前视图中创建切角圆柱体为贵妃椅的圆靠垫，执行"创建"→"几何体"→"扩展基本体"→"切角圆柱体"命令。参数设置及效果如图 2-34 所示。

16 再制作两个圆环装饰圆靠垫，进入前视图，执行"创建"→"几何体"→"基本基本体"→"圆环"命令。参数设置及效果如图 2-35 所示。

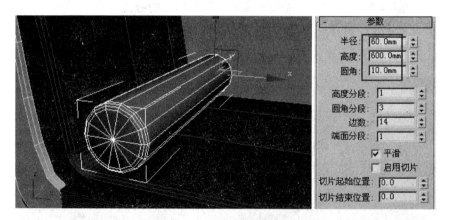

图 2-34 绘制椅子的圆靠垫

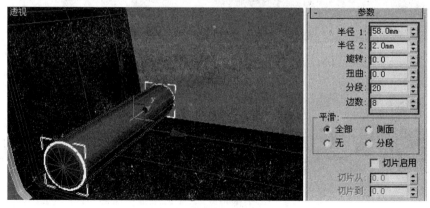

图 2-35 绘制椅子的圆环

17 最后在顶视图中用"线"命令绘制出椅子脚的截面，进入顶视图，执行"创建"→"图形"→"样条线"→"线"命令，绘制出椅角的界面，大小约为 50×45，用户能够参照第二步的方法使用参照物绘制出椅脚。形态如图 2-36 所示。

18 确认刚才绘制的椅脚界面处在选择状态，进入修改面板，执行"修改"→"编辑多边形"，→"多边形"命令，选择刚才的截面，进入命令面板，单击"编辑多边形"卷展栏下的"倒角"按钮 ▣，在弹出的对话框进行设置"高度"为 75.0mm，"轮廓量"为 3.0mm，单击"应用"按钮，保持"高度"为 75.0mm 不变，修改"轮廓量"为 4.0mm，单击"应用"按钮，修改"轮廓量"为 5.0mm，单击"应用"按钮；再次修改"轮廓量"为 6.0mm，单击"确定"按钮，完成对椅子脚的倒角操作。参数设置与效果如图 2-37 所示。

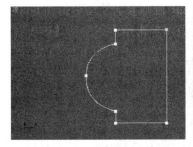

图 2-36　绘制的椅子脚截面

图 2-37　制作椅子脚

19 确认制作的椅脚处于选择状态，执行"弯曲"命令，进入修改面板，执行"修改"→"弯曲"命令。参数设置及最终效果如图 2-38 所示。

20 在前视图中选择"选择并旋转"工具 ↻，将制作的椅子脚使用"选择并旋转"工具 ↻ 进行镜像、复制。贵妃椅的最终效果如图 2-39 所示。

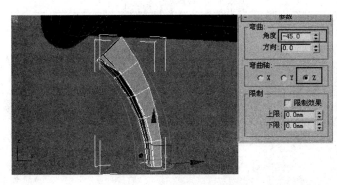

图 2-38　编辑椅子脚的形状

图 2-39　贵妃椅最终效果

相关知识

"编辑多边形"在"编辑多边形模式"卷展栏上提供两个不同模式，所以与 3ds Max 中的其他"编辑"修改器不同：这两个模式一个用于建模，另一个用于动画设置。在默认情况下，"编辑多边形"在"模型"模式下，其中的大多数功能与"可编辑多边形"中的大多数功能相同。另外，可在"动画"模式下工作，其中只有用于设置动画的功能可用。

任务检测与评估

	检测项目	评分标准	分值	学生自评	教师评估
知识内容	认识"挤出"命令	基本了解该命令的功能和作用	10		
	认识"编辑多边形"各命令的使用	基本了解该命令的功能和作用	10		
	认识"倒角"命令	基本了解该命令的功能和作用	10		
操作技能	使用"线"绘制出各个部件的截面	能熟练使用该命令设计作品	20		
	对椅子使用"编辑多边形"命令制作出贵妃椅的各个部分	能熟练使用该命令设计作品	20		
	使用"弯曲"命令制作椅脚	能熟练使用该命令设计作品	20		
	保存源文件，发布作品	保存源文件，并能多角度发布作品的最终效果图（JPG 格式）	10		

任务四 现代茶几——扩展几何体

■ **任务目标** 通过基本几何体和扩展几何体，使用"搭积木"的方法，创建茶几模型，使用 Mental Ray 渲染器添加合适的材质，最终效果如图 2-40 所示（见彩插）。

■ **任务说明** 完成一个现代茶几的制作，主要使用几何体形成模型，使用 Mental Ray 渲染器，为场景中相应的物体添加逼真的材质效果。

图 2-40　现代茶几效果图

实现步骤

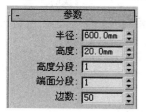

图 2-41　圆柱体参数设置

01 启动 3ds Max 9.0 中文版，在菜单栏上执行"自定义"→"单位设置"→"公制"→"毫米"命令。

02 进入顶视图，单击"几何体"按钮 ，在"标准基本体"下拉列表中选择"圆柱体"按钮，绘制一个圆柱体，参数如图 2-41 所示。

03 进入顶视图，单击"图像"按钮 ，再单击"螺旋线"按钮，其参数如图 2-42 所示。

04 进入顶视图，单击"几何体"按钮 ，在"扩展基本体"下拉列表中，单击"切角圆柱体"按钮，创建两个切角圆柱体，其图形和参数如图 2-43 所示。

05 利用对齐工具，适当调整场景中物体的位置，如图 2-44 所示。

06 单击工具栏"渲染场景对话框"按钮 ，选择"公用"命令，进入"指定渲染器"对话框，单击"产品级"后面的 按钮，选择"Mental Ray 渲染器"，单击"确定"按钮，参数设置如图 2-46 所示。

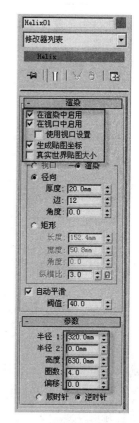

图 2-42　螺旋线参数设置

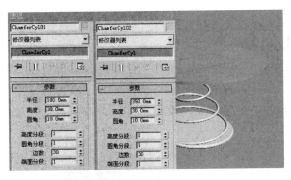

图 2-43 两个切角圆柱体参数

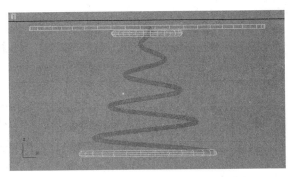

图 2-44 四个物体的空间位置

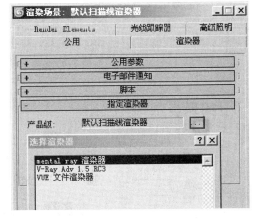

图 2-46 指定 Mental Ray 渲染器

07 单击工具栏"材质编辑器"按钮 ，选择一个材质球，单击"标准"按钮，选择 Glass(physics_phen) 材质类型，设置如图 2-47 所示。

08 双击 Glass(physics_phen)，显示默认参数，不用改动。选择茶几的圆柱体桌面部分，把材质赋予它，参数设置如图 2-48 所示。

图 2-47 选择 Glass(physics_phen) 材质

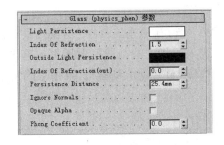

图 2-48 茶几的圆柱体材质

09 选一个新的材质，选择场景中其他三维物体，把材质赋予它们，参数设置如图 2-49 所示。

10 创建一个平面，调整好位置，参数设置如图 2-50 所示。

11 执行"渲染"→"环境"命令，修改背景颜色，单击"快速渲染"按钮，输出效果图。

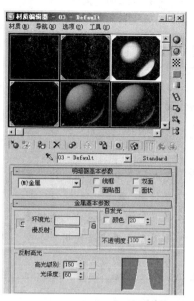

图 2-49 金属材质　图 2-50 平面参数设置

相关知识

Mental Ray 是一个专业的 3D 渲染引擎，它可以生成令人难以置信的高质量真实感图像。Mental Ray 在电影领域得到了广泛的应用和认可，被认为是市场上最高级的三维渲染解决方案之一。

大名鼎鼎的德国渲染器 Mental Ray，是一个将光线追踪算法推向极致的产品，利用这一渲染器，可以实现反射、折射、焦散、全局光照明等其他渲染器很难实现的效果。

任务检测与评估

	检测项目	评分标准	分值	学生自评	教师评估
知识内容	认识几何体构件三维物体	基本了解该命令的功能和作用	10		
	认识 Mental Ray 渲染器	基本了解该命令的功能和作用	10		
操作技能	利用基本几何体构件三维物体	能熟练使用该命令设计作品	35		
	使用 Mental Ray 渲染器渲染场景，能熟练使用该命令设计作品		35		
	保存源文件、发布作品	保存源文件，并能多角度发布作品的最终效果图（JPG 格式）	10		

任务五 | 电视柜——布尔

任务目标 通过使用几何体以及布尔命令来制作一个电视柜，其效果如图 2-51 所示（见彩插）。

图 2-51 电视柜效果图

任务说明 完成一个电视柜的制作，主要使用"基本几何体"和"扩展几何体"来设计电视柜基本造型，难点是使用布尔命令生成弯曲造型部分。

实现步骤

01 启动 3ds Max 9.0 中文版，在菜单栏上执行"自定义"→"单位设置"→"公制"→"毫米"命令。

02 进入顶视图，单击"几何体"按钮 ⊙ ，再单击"长方体"按钮，绘制一个长方体，为了避免物体太多而造成混乱，把其命名为"底板"，参数设置如图 2-52 所示。

03 再绘制一个长方体，命名为"抽屉 1"，再复制两个长方体分别命名为"抽屉 2"、"抽屉 3"，参数设置如图 2-53 所示。

04 创建一个长方体，命名为"抽屉 4"，参数设置如图 2-54 所示。

图 2-52 底板参数设置　　图 2-53 抽屉参数设置　　图 2-54 抽屉 4 参数设置

05 创建三个长方体，分别命名为"侧板"、"顶板"及"短顶板"，参数设置如图 2-55 所示。

06 在左视图拖动鼠标，创建一个圆柱体，命名为"手柄 1"，作为左边第一个抽屉的手柄，同时复制出另外抽屉的手柄，依次命名为"手柄 2"、"手柄 3"、"手柄 4"，参数与位置如图 2-56 所示。

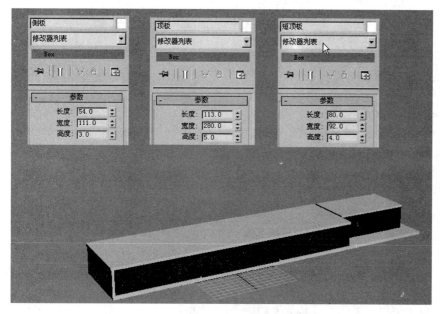

图 2-55 "侧板"、"顶板"、"短顶板"参数设置

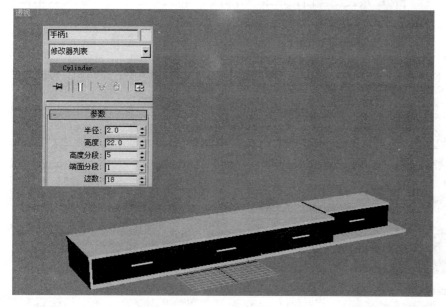

图 2-56 "手柄"参数与位置

07 创建一个圆柱体作为上面的支撑柱，命名为"撑柱 1"，另外再复制一个，命名为"撑柱 2"；再创建一个圆柱体作为底座，命名为"底座 1"，其他几何体通过复制得到，名称依次为"撑柱 2"～"撑柱 6"，参数设置如图 2-57 所示。

08 进入顶视图，单击"几何体"按钮，单击"扩展基本体"下拉列表，再单击"切角长方体"按钮，绘制两个切角长方体，位置要部分重合，参数设置如图 2-58 所示。

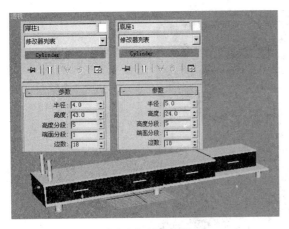

图 2-57　"撑柱"、"底座"的参数设置

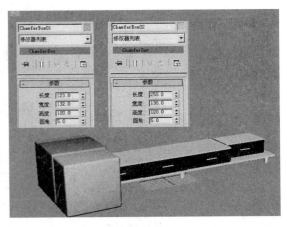

图 2-58　切角长方体参数与位置

09 选中 ChamferBox01，单击"几何体"按钮 ⊙，单击"复合对象"下拉列表，再单击"布尔"按钮，单击"拾取操作对象 B"按钮，进行布尔运算，参数设置和效果如图 2-59 所示。

10 进入顶视图，单击"几何体"按钮 ⊙，单击"扩展基本体"下拉列表，再单击"切角长方体"按钮，绘制两个切角长方体，位置要部分重合，参数设置如图 2-60 所示。

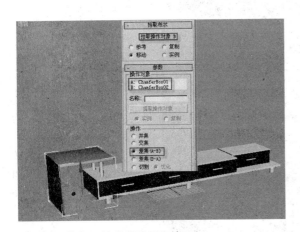

图 2-59　布尔运算参数设置和效果

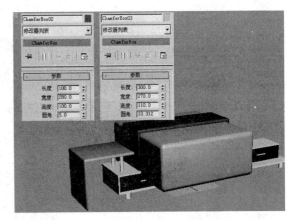

图 2-60　切角长方体参数设置和效果

11 选中 ChamferBox01，单击"几何体"按钮 ⊙，单击"复合对象"下拉列表，单击"布尔"按钮，再单击"拾取操作对象 B"按钮，进行布尔运算，得出玻璃托板造型，参数设置和效果如图 2-61 所示。

12 选择通过布尔运算的玻璃托板造型物体，复制一个，作为右边的电视柜小柜造型，效果如图 2-62 所示。

13 选择常用工具栏中的按钮 ⊡，对前面两个布尔运算造型，进行大小调整，效果如图 2-63 所示。

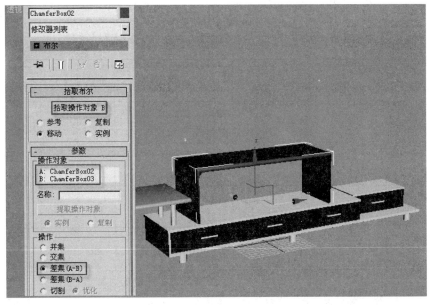

图 2-61　布尔运算参数设置和效果

图 2-62　复制布尔运算

图 2-63　造型调整

14 场景物体赋予材质，为玻璃托板添加玻璃材质以及修改背景为渐变颜色，创建一个平面作为电视柜的地面，按快捷键 F9 渲染即得图 2-63 效果。

相关知识

Boolean（布尔运算）可对两个相交对象进行差、并、交集运算。在 3ds Max 中还可以对一个物体进行多次的布尔运算，还可对原对象的参数进行修改，如图 2-64 所示。

单击常用工具栏"缩放"按钮，单击该按钮右下角的小三角，出现下拉选项，分别为"选择并均匀缩放"、"选择并非均匀缩放"、"选择并挤压"选项。

图 2-64　布尔操作

任务检测与评估

检测项目		评分标准	分值	学生自评	教师评估
知识内容	认识"布尔运算"	基本了解该命令的功能和作用	20		
	认识"选择并均匀缩放"命令	基本了解该命令的功能和作用	10		
操作技能	使用"布尔运算"命令创建柜子	能熟练使用该命令设计作品	30		
	使用"选择并均匀缩放"命令调整物体大小	能熟练使用该命令设计作品	30		
	保存源文件、发布作品	保存源文件，并能多角度发布作品的最终效果图（JPG格式）	10		

任务六 餐桌、餐椅——多边形建模

■ **任务目标** 通过多边形建模来制作餐桌、餐椅，最终效果如图2-65所示（见彩插）。

■ **任务说明** 完成餐桌、餐椅的制作，主要使用多边形建模。通过创建一个长方体，利用编辑多边形的"挤出"、"倒角"等命令，配合"选择并移动"工具和"选择并均匀缩放"工具对顶点进行调整。

图2-65 餐桌、餐椅效果图

实现步骤

01 启动3ds Max 9.0中文版，执行"自定义"→"单位设置"→"毫米"命令。

02 进入前视图，执行"创建"→"几何体"→"长方体"命令，创建出一个长方体，设置具体参数如图2-66所示；选择长方体，按下F4键显示线框。

03 将长方体转换为可编辑多边形。执行操作如图2-67所示。

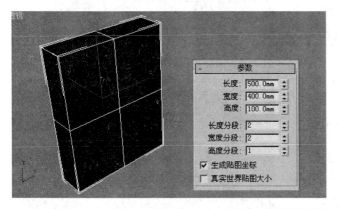

图2-66 长方体及其参数设置

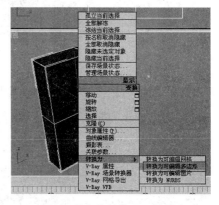

图2-67 长方体转换为可编辑多边形

04 在命令面板中选择"多边形"层级，在左视图选择如图2-68所示的多边形。在命令面板中选择"编辑多边形"卷展栏，执行"挤出"命令，单击"设置"按钮，弹出"挤出多边形"对话框，设置具体参数如图2-68所示。效果如图2-69所示。

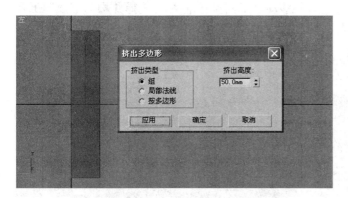

图2-68 设置多边形挤出参数

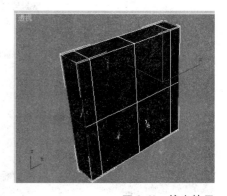

图2-69 挤出效果

05 用同样的方法在顶视图框选如图2-70所示的多边形挤出。

06 选择如图2-71所示的底部多边形，挤出100.0mm。

07 选择如图2-72所示的多边形，分别挤出50.0mm、400.0mm、50.0mm，参数设置和最后效果如图2-72所示。

08 在命令面板中选择"顶点"层级，在主工具栏中单击"选择并移动"工具按钮，使用该工具按钮在左视图调整顶点如图2-73所示。

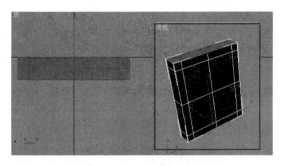

图 2-70 框选多边形挤出及效果

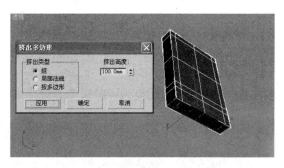

图 2-71 选择多边形挤出及效果

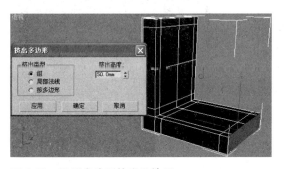

图 2-72 设置多边形挤出及效果

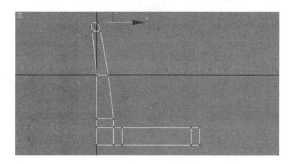

图 2-73 调整对象的顶点

09 在主工具栏中单击"选择并均匀缩放"工具按钮 ，在前视图调整顶点如图 2-74 所示。

10 利用"选择并移动"工具按钮 和"选择并均匀缩放"工具按钮 ，在顶视图调整顶点如图 2-75 所示。

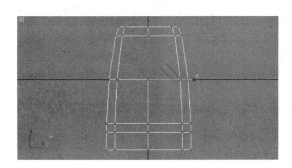

图 2-74 调整对象的顶点

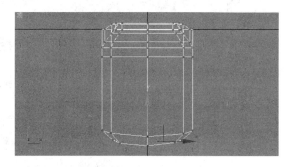

图 2-75 调整对象的顶点

11 在命令面板取消"顶点"层级，执行"修改"→"修改器列表"→"网格平滑"命令。如图 2-76 所示。

12 进入顶视图，执行"创建"→"几何体"→"圆锥体"命令，创建出一个圆锥体作为椅腿，参数设置及效果如图 2-77 所示。

13 在命令面板中，执行"修改"→"修改器列表"→"弯曲"命令，定义 Gizmo 层级，调整 Gizmo 位置，参数设置及效果如图 2-78 所示。

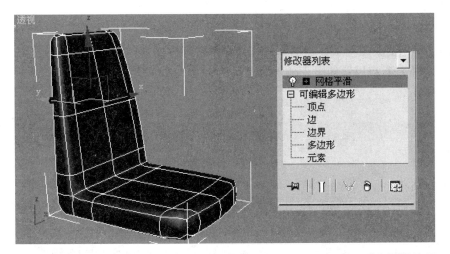

图 2-76 进行平滑处理

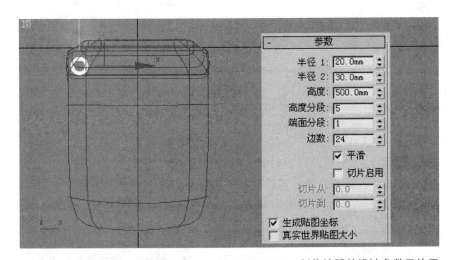

图 2-77 制作椅腿的设计参数及效果

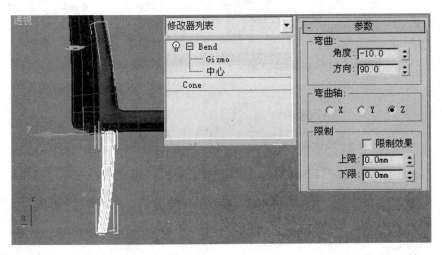

图 2-78 修改椅腿的参数设置及效果

14 复制三个椅腿并调整位置，如图 2-79 所示。

15 在主工具栏上单击"材质编辑器"工具按钮 ，设置椅子的材质，参数设置如图 2-80 所示。

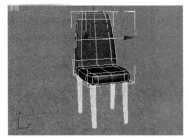

图 2-79　复制椅腿

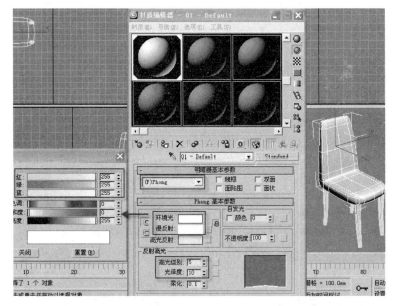

图 2-80　设置椅子材质

16 设置椅腿的金属材质，打开"贴图卷展栏"，在"反射"级别赋予金属材质贴图，进入"反射"子层级，稍微调整一下平铺参数即可，如图 2-81 所示。

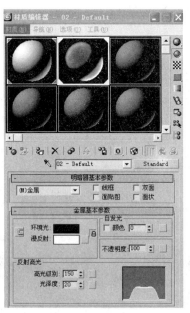
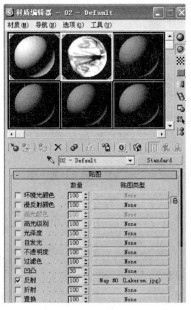

图 2-81　设置椅腿金属材质

17 进入顶视图，执行"创建"→"几何体"→"长方体"命令，创建出一个长方体作为桌面，参数设置及效果如图2-82所示。

18 按照上面制作椅子的方法，将长方体转换为可编辑多边形，并分别框选四周多边形，挤出100.0mm。效果如图2-83所示。

19 选择底部多边形进行倒角设置，如图2-84所示。

20 执行"创建"→"几何体"→"长方体"命令，创建出长方体（长100.0mm，宽100.0mm，高700.0mm）作为桌腿。如图2-85所示。

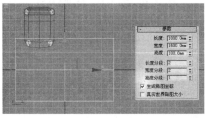
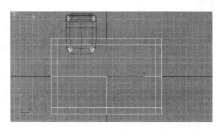

图2-82　绘制桌面　　　　　　　　　　图2-83　编辑多边形

图2-84　设置多边形倒角及效果　　　　　图2-85　制作桌腿

21 在主工具栏单击"材质编辑器"工具按钮，设置桌子材质，如图2-86所示。并为反射贴图指定平面镜贴图，数量为15。

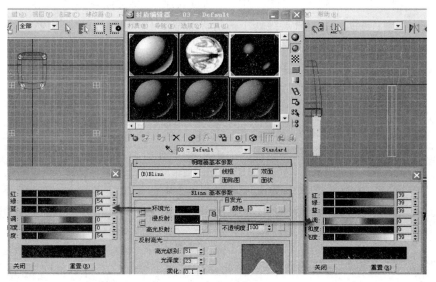

图2-86　指定桌子材质

22 复制六张椅子，调整位置，即完成餐桌、餐椅的制作，整体效果如图 2-87 所示。

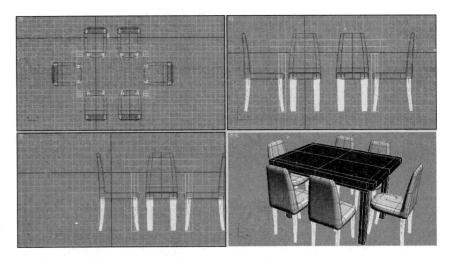

图 2-87　餐桌、餐椅整体效果图

相关知识

多边形修改元素：转换后的多边形可以分为五个子对象。

1）顶点——启用用于选择光标下的顶点的"顶点"子对象层级；选择区域时可以选择该区域内的顶点。

2）边——启用用于选择光标下的多边形的"边"子对象层级；选择区域时可以选择该区域内的边。

3）边界——启用"边界"子对象层级。使用该层级，可以选择为网格中的孔洞设置边界的边序列。边界始终由面只位于其中一边的边组成，且始终是完整的环。例如，长方体没有边界，但茶壶对象包含下面一组边界，壶盖、壶身、壶嘴各有一个边框，而手柄有两个边框。如果创建圆柱体，然后删除一个端点，围绕该端点的那行边将会形成一个边界。

当"边框"子对象层级处于活动状态时，不能选择边框中的边。单击边界上的单个边时，将会选中整个边界。

4）多边形——启用可以选择光标下的多边形的"多边形"子对象层级。区域选择会选择该区域中的多个多边形。

5）元素——启用"元素"子对象层级，从中选择对象中的所有连续多边形。区域选择用于选择多个元素。

其中以顶点、边、多边形三个子元素的相关命令应用最为广泛。

任务检测与评估

	检测项目	评分标准	分值	学生自评	教师评估
知识内容	认识多边形建模	基本了解该建模的功能和作用	10		
	认识多边形"挤出"命令	基本了解该命令的功能和作用	10		
	认识多边形"倒角"命令	基本了解该命令的功能和作用	10		
操作技能	使用多边形建模生成椅子	能熟练使用该命令设计作品	20		
	使用"弯曲"命令生成椅腿	能熟练使用该命令设计作品	20		
	使用多边形建模制作桌子	能熟练使用该命令设计作品	20		
	保存源文件，发布作品	保存源文件，并能多角度发布作品的最终效果图（JPG格式）	10		

任务七 天花板——挤出

图 2-88 天花板效果图

■ **任务目标** 通过使用"挤出"命令来制作天花板，最终效果如图 2-88 所示（见彩插）。

■ **任务说明** 完成天花板的制作，主要使用"挤出"命令。创建天花板时，先使用编辑样条线创建出天花板的二维截面，再使用挤出修改器挤出一定高度，配合编辑网格修改器进行调整修改即可。

实现步骤

01 启动 3ds Max 9.0 中文版，打开"光盘"→"单元二 客厅建模设计"→"任务 7 天花板——挤出"→"源文件与效果图"文件夹→"室内墙壁 .max"文件，在该文件的基础上制作天花板。

02 进入顶视图，在"命令面板"上执行"创建"→"图形"→"样条线"→"矩形"命令，并在主工具栏中打开"捕捉开关"工具按钮 ，沿墙壁绘制一个矩形作为天花板，如图 2-89 所示。

03 选中该矩形，在命令面板中执行"修改"→"修改器列表"→"编辑样条线"命令，选择"样条线"层级，单击场景中的样条线，在命令面板中选择"几何体"卷展栏，在"轮廓"文本框中输入 1500.0mm，效果如图 2-90 所示。

04 选择"分段"层级，分别单击轮廓的每条线段，在命令面板中选择"几何体"卷展栏，单击"拆分"命令，为各线段分别加上一个点。如图 2-91 所示。

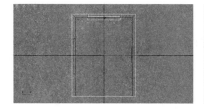

图 2-89 绘制天花板

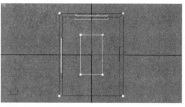

图 2-90 为矩形设置轮廓

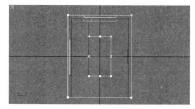

图 2-91 为线段加点

05 选择"顶点"层级，使用"选择并移动"工具按钮 调整这些点的曲度，如图 2-92 所示。

06 取消层级，选择该样条线，在命令面板中执行"修改"→"修改器列表"→"挤出"命令，设置具体参数如图 2-93 所示。

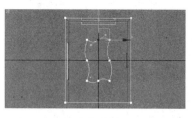

图 2-92 调整点的曲度

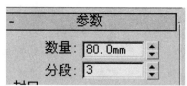

图 2-93 挤出参数设置

07 进入前视图，在命令面板中执行"修改"→"修改器列表"→"编辑网格"命令，选择"顶点"层级，框选底部的一排点，如图 2-94 所示，按 T 键切换至顶视图，使用"选择并均匀缩放"工具按钮 ，将选择的点放大到 105% 左右，如图 2-95 所示。

08 进入顶视图，执行"创建"→"几何体"→"标准基本体"→"长方体"命令，在主工具栏中打开"捕捉开关"工具按钮 ，沿天花板外侧绘制一个长方体，并将其移至天花板顶部，如图 2-96 所示。

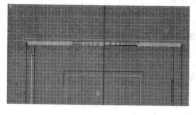
图 2-94 选择点

图 2-95 放大点

图 2-96 绘制长方体做顶部

09 在主工具栏中单击"材质编辑器"工具按钮 ，将墙壁的材质赋予天花板。在一般情况下，顶部对象和墙体可以共用一种材质，以达到整体的和谐和统一。

10 天花板制作完成后整体效果如图 2-97 所示。

图 2-97 天花板整体效果图

相关知识

编辑样条线：提供了将对象作为样条线并以以下三个子对象层级进行操纵的控件，即"顶点"、"线段"和"样条线"。

轮廓——制作样条线的副本，所有侧边上的距离偏移量由"轮廓宽度"微调器（在"轮廓"按钮的右侧）指定。选择一个或多个样条线，然后使用微调器动态地调整轮廓位置，或单击"轮廓"命令，然后拖动样条线。如果样条线是开口的，生成的样条线及其轮廓将生成一个闭合的样条线。

任务检测与评估

检测项目		评分标准	分值	学生自评	教师评估
知识内容	认识"挤出"命令	基本了解该命令的功能和作用	10		
	认识"轮廓"命令	基本了解该命令的功能和作用	10		
	认识"拆分"命令	基本了解该命令的功能和作用	10		
操作技能	单位设置	将单位设置为毫米	5		
	使用轮廓、拆分、挤出制作天花板	能熟练使用该命令设计作品	60		
	保存源文件，发布作品	保存源文件，并能多角度发布作品的最终效果图（JPG格式）	5		

任务八 楼梯——弯曲

图 2-98 楼梯的效果图

■ **任务目标** 通过使用"弯曲"命令来制作楼梯，最终效果如图2-98所示。

■ **任务说明** 完成一个楼梯的制作，主要使用"弯曲"命令生成楼梯的最后效果，其中使用阵列复制功能来设计楼梯造型。

实现步骤

01 启动 3ds Max 9.0 中文版，在菜单栏上执行"自定义"→"单位设置"→"公制"→"毫米"命令。

02 进入顶视图，执行"创建"→"几何体"→"长方体"命令，创建出一个长方体，具体参数设置如图 2-99 所示。

03 进入前视图，选择该长方体，在菜单栏上执行"工具"→"阵列"命令，打开"阵列"对话框，设置具体参数和效果分别如图 2-100 和图 2-101 所示。

04 进入顶视图，执行"创建"→"几何体"→"圆柱体"命令，创建出一个圆柱体作为立杆，具体参数设置如图 2-102 所示。

图 2-99 长方体参数设置

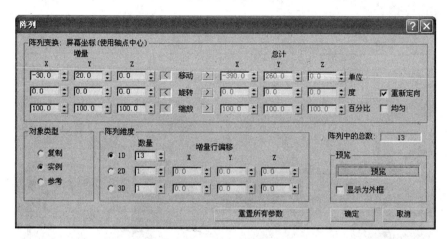

图 2-100 阵列复制的参数设置

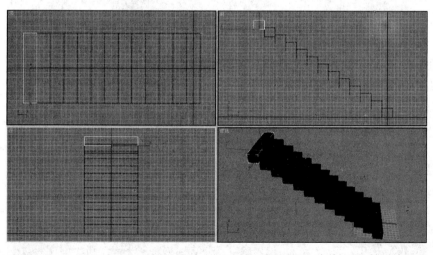

图 2-101 直线 13 级楼梯效果图

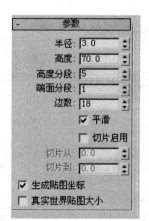

图 2-102 圆柱体立杆
参数设置

05 进入前视图，选择该圆柱体，在菜单栏上执行"工具"→"阵列"命令，打开"阵列"对话框，具体参数设置和效果分别如图 2-103 和图 2-104 所示。

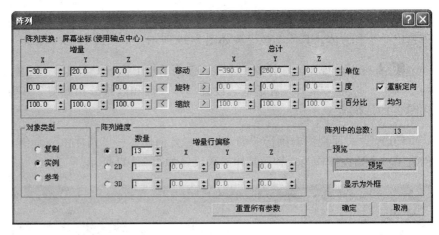

图 2-103　阵列复制的参数设置

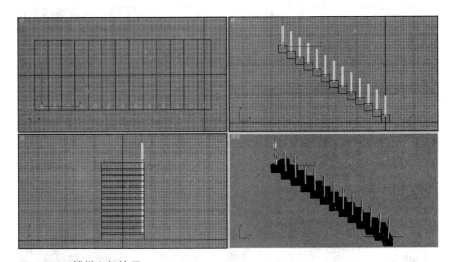

图 2-104　楼梯立杆效果

06 进入顶视图，执行"创建"→"几何体"→"圆柱体"命令，创建出一个圆柱体作为扶手，并调整角度和位置，具体参数设置和效果如图 2-105 所示。

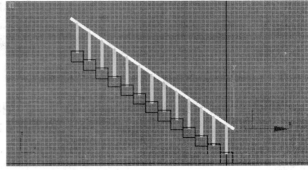

图 2-105　圆柱体扶手的参数设置和效果

07 选择扶手和立杆，复制一份，如图 2-106 所示。

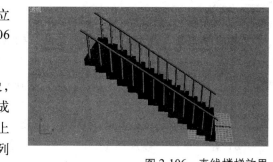

图 2-106 直线楼梯效果

08 框选所有对象，在菜单栏上执行"组"→"成组"命令。在命令面板上执行"修改"→"修改器列表"→"弯曲"命令。具体参数设置和效果如图 2-107 所示。

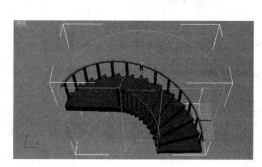

图 2-107 弯曲楼梯的参数设置和效果

09 在工具栏上单击"材质编辑器"工具按钮，为楼梯赋予一种木材材质。

10 单击一个空白的材质球，打开"贴图"卷展栏，在"漫反射"级别赋予木材材质贴图，具体参数设置如图 2-108 所示。

11 楼梯制作完成后整体效果如图 2-109 所示。

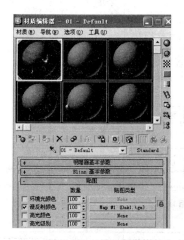

图 2-108 指定木材材质

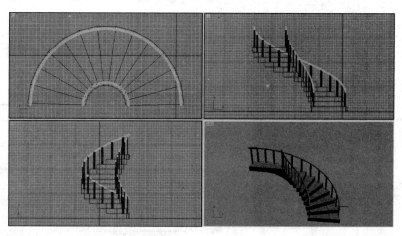

图 2-109 楼梯整体效果图

相关知识

弯曲修改器："弯曲"修改器允许将当前选中对象围绕单独轴弯曲一定度数，在对象几何体中产生均匀弯曲。可以在任意三个轴上控制弯曲的角度和方向。也可以对几何体的一段限制弯曲。

操作方法：

1）选中一个对象并应用"弯曲"修改器。

2）在"参数"卷展栏上，将弯曲的轴设为 X、Y、Z。

3）设置沿着选中轴弯曲的角度。

4）设置弯曲的方向。

限制弯曲：

1）在"限制"组中启用"限制效果"。

2）设置值的上限和下限。

这是当前单位位于修改器中心上方和下方之间的距离，在 Gizmo 的 Z 轴上默认设置为 0。可以将上限设为 0 或正值，将下限设为 0 或负值。如果上下限相等，其效果相当于禁用"限制效果"。

阵列命令：该命令可以将被选中对象按一定的规律进行排列、选择，并进行重复性的复制。在菜单栏上执行"工具"→"阵列"命令，在弹出的"阵列"命令对话框中进行相关设置。

小提示

通过将正值改为负值可以翻转角度和方向。

任务检测与评估

	检测项目	评分标准	分值	学生自评	教师评估
知识内容	认识"弯曲"命令	基本了解该命令的功能和作用	10		
	认识"阵列"命令	基本了解该命令的功能和作用	10		
操作技能	使用"阵列"命令制作13级的直线楼梯	能熟练使用该命令设计作品	20		
	使用"阵列"命令制作楼梯的扶手	能熟练使用该命令设计作品	20		
	使用"弯曲"命令生成楼梯的最终效果	能熟练使用该命令设计作品	20		
	使用材质编辑器设置木材材质	能熟练使用该命令设计作品	10		
	保存源文件，发布作品	保存源文件，并能多角度发布作品的最终效果图（JPG 格式）	10		

3

单元三 | 卧室、书房建模设计

单元导读

　　卧室是家庭成员主要休息的地方，本单元介绍了卧室常见的用品，如枕头和主人床。其中枕头使用了FFD长方体功能来设计，该功能能让立方体模型产生变化，构造如同真实枕头般柔软的物体；主人床使用面片栅格建模功能，面片栅格以平面对象开始，但通过使用"修改"面板的"可编辑面片"中可以在任意3D曲面中修改，这样通过鼠标可以控制产生床的形状。本单元还主要介绍了书房中一些常见家具例如办公转椅、组合书桌等家具用品，主要涉及到阵列、倒角等相关知识。读者需要掌握"FFD长方体"、"放样"、"阵列"、"倒角"等常用命令。

单元内容

- 枕头——FFD长方体
- 主人床——面片栅格建模
- 休闲凳——选择并旋转
- 窗帘——放样
- 室内墙壁——挤出
- 办公转椅——阵列
- 组合书桌——倒角

任务一 | 枕头——FFD 长方体

■ **任务目标** 通过使用"FFD（长方体）"命令来制作一个枕头造型，最终效果如图 3-1 所示。

■ **任务说明** 完成一个枕头造型的制作，其中主要使用"FFD（长方体）"命令来控制其形状的变化。

图 3-1　枕头效果图

实现步骤

01 启动 3ds Max 9.0 中文版，在菜单栏上执行"自定义"→"单位设置"→"公制"→"毫米"命令。

02 进入顶视图，单击"几何体"→"切角长方体"命令，绘制一个切角长方体，参数设置如图 3-2 所示。

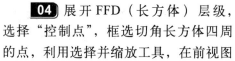

参数	
长度:	400.0
宽度:	500.0
高度:	120.0
圆角:	40.0
长度分段:	5
宽度分段:	7
高度分段:	2
圆角分段:	3

图 3-2　切角长方体参数

03 进入修改面板，单击"修改器列表"下拉列表，选择"FFD（长方体）"命令，设置点数如图 3-3 所示。

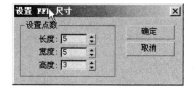

图 3-3　设置 FFD 点数参数

04 展开 FFD（长方体）层级，选择"控制点"，框选切角长方体四周的点，利用选择并缩放工具，在前视图沿 Y 轴向下移动，使四周的边上下间距离缩小，参数设置如图 3-4 所示。

05 选择中间的控制点，利用选择并缩放工具，调整出枕头的造型，效果如图 3-5 所示。

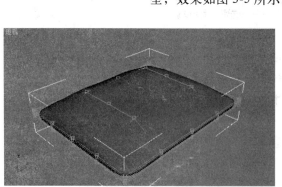

图 3-4　调整四周控制点

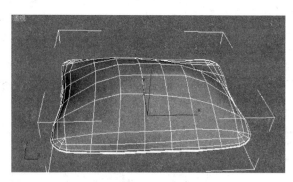

图 3-5　调整中间控制点

06 为枕头添加材质，单击"材质编辑器"按钮 ▓，单击"漫反射"后面的按钮，选择位图"花布贴图"选项，按F9效果渲染，参数设置如图3-6所示。

图3-6 添加材质

相关知识

FFD（长方体）：对目标对象添加FFD后，可进入FFD的次级对像，即控制点，可对其进行移动或缩放等操作，对像将根据移动或缩放的模式完成最终模型的变化，如图3-7所示。

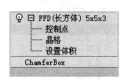

图3-7 FFD（长方体）

任务检测与评估

	检测项目	评分标准	分值	学生自评	教师评估
知识内容	认识"FFD 4×4×4"命令	基本了解该命令的功能和作用	15		
	添加材质贴图	基本了解该命令的功能和作用	15		
操作技能	使用"单位设置"命令	将单位设置为通用	10		
	使用"FFD 4×4×4"命令来控制形状变化	能熟练使用该命令设计作品	30		
	设置材质贴图	能熟练使用该命令设计作品	20		
	保存源文件，发布作品	保存源文件，并能多角度发布作品的最终效果图（JPG格式）	10		

任务二 主人床——面片栅格建模

任务目标 通过使用面片栅格建模来制作一张主人床，最终效果如图3-8所示。

任务说明 完成主人床的制作，主要使用四边形面片命令来完成床的造型，再利用切角长方体、长方体等命令完成被子、枕头造型。

图3-8 主人床效果图

图 3-9 设置四边形
面片参数

图 3-14 设置切角长
方体参数

□ **实现步骤**

01 启动 3ds Max 9.0 中文版，在菜单栏上执行"自定义"→"单位设置"→"公制"→"毫米"命令。

02 进入顶视图，执行"创建"→"几何体"→"面片栅格"→"四边形面片"命令，创建出一个四边形面片，具体参数设置如图 3-9 所示。

03 在命令面板中，执行"修改"→"修改器列表"→"网格平滑"命令，选择"顶点"层级，框选如图 3-10 所示的顶点，使用"选择并移动"工具按钮 ✛，进行调整如图 3-11 所示。

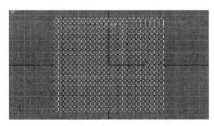

图 3-10 框选顶点

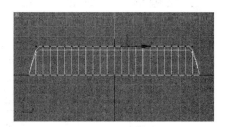

图 3-11 调整顶点位置

04 框选如图 3-12 所示的顶点，使用"选择并均匀缩放"工具按钮 ▣ 和"选择并移动"工具按钮 ✛，调整如图 3-13 所示的床罩褶皱效果。

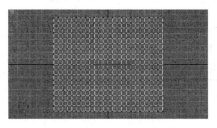

图 3-12 框选顶点

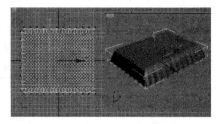

图 3-13 调整造型

05 进入顶视图，执行"创建"→"几何体"→"扩展基本体"→"切角长方体"命令，创建出一个切角长方体，具体参数设置如图 3-14 所示。

06 在命令面板中，执行"修改"→"修改器列表"→"编辑网格"命令，选择"顶点"层级，使用"选择并移动"工具按钮 ✛，调整如图 3-15 所示。

07 使用"选择并旋转"工具按钮 ↻ 和"选择并移动"工具按钮 ✛，调整如图 3-16 所示。

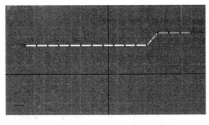

图 3-15　调整顶点

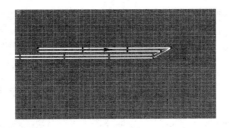

图 3-16　调整顶点

小提示

滚动鼠标滚轮可放大或缩小视图，按住鼠标中键可移动界面。

08 进入顶视图，框选如图 3-17 所示的顶点，使用"选择并移动"工具按钮 ⊹，调整如图 3-18 所示的被套效果。

09 取消"顶点"层级，在命令面板中执行"修改"→"修改器列表"→"噪波"命令，具体参数设置如图 3-19 所示。

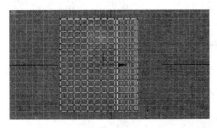

图 3-17　框选顶点

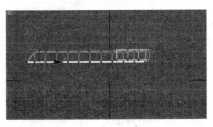

图 3-18　调整顶点

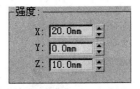

图 3-19　设置噪波修改器参数

10 进入顶视图，执行"创建"→"几何体"→"基本几何体"→"长方体"命令，创建出一个长方体，具体参数设置如图 3-20 所示。

11 将长方体转换为可编辑多边形，在命令面板中选择"细分曲面"卷展栏，选中"使用 NURMS 细分"复选框，选择"顶点"层级，使用"选择并均匀缩放"工具按钮 ▣ 和"选择并移动"工具按钮 ⊹，调整如图 3-21 所示的枕头效果。

12 复制一个枕头，并调整好位置，如图 3-22 所示。

13 进入前视图，执行"创建"→"图形"→"样条线"→"矩形"命令，创建出一个矩形，具体参数设置如图 3-23 所示

14 在命令面板中，执行"修改"→"修改器列表"→"弯曲"命令，具体参数设置如图 3-24 所示。

15 在命令面板中，执行"修改"→"修改器列表"→"挤出"命令，挤出数量为 1500mm，将其转换为可编辑多边形，选择如图 3-25 所示的多边形，选择"编辑多边形"卷展栏，选择"倒角"选项，设置按钮 ▣，具体参数设置如图 3-25 所示，形成床头效果。

图 3-20　设置长方体参数

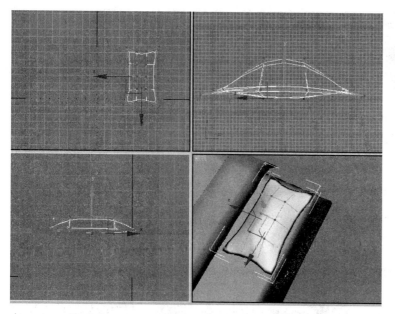

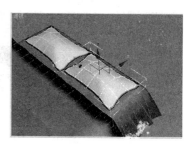

图 3-22　复制枕头

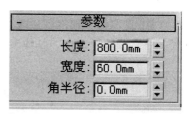

图 3-23　设置矩形的具体参数

图 3-21　调整枕头效果

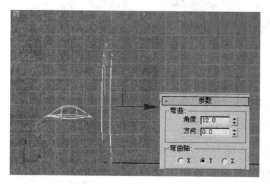

图 3-24　设置弯曲修改器参数

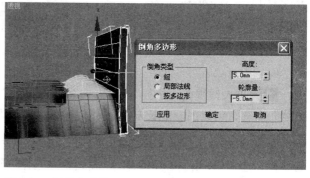

图 3-25　制作床头效果

图 3-26　设置 UVW 贴图
　　　　的参数

16 在命令面板中执行"修改"→"修改器列表"→"UVW 贴图"命令，具体参数设置如图 3-26 所示。

17 在主工具栏单击"材质编辑器"工具按钮 ，执行"贴图"→"漫反射贴图"命令，指定贴图 Map #0 (胡桃111.jpg)。

18 单击另一个空白的材质球，为床罩、被子、枕头指定漫反射贴图 Map #0 (胡桃111.jpg)，贴图参数设置如图 3-27 所示。

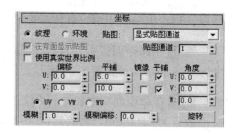

图 3-27　设置贴图参数

19 主人床制作完成后整体效果如图 3-28 所示。

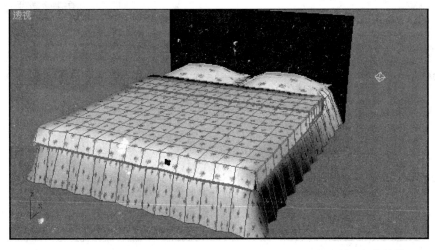

图 3-28　主人床整体效果图

相关知识

面片栅格：可以创建四边形面片和三角形面片两种表面，面片栅格以平面对象开始，但通过使用"编辑面片"修改器或将栅格的修改器堆栈塌陷到"修改"面板的"可编辑面片"中，可以在任意 3D 曲面中修改。

面片栅格为自定义曲面和对象提供方便的"构建材质"，或为将面片曲面添加到现有的面片对象中提供该材质。

可以使用各种修改器（如"柔体"和"变形"修改器）来设置"面片"对象的曲面的动画。使用"可编辑面片"修改器来设置控制顶点和面片曲面的切线控制柄的动画。

任务检测与评估

	检测项目	评分标准	分值	学生自评	教师评估
任务知识内容	认识面片栅格	基本了解该建模的功能和作用	10		
	认识"网格平滑"命令	基本了解该命令的功能和作用	10		
	认识"编辑网格"命令	基本了解该命令的功能和作用	10		

续表

检测项目		评分标准	分值	学生自评	教师评估
操作技能	使用面片栅格和网格平滑制作床罩	能熟练使用该命令设计作品	20		
	使用切角长方体和编辑网格制作被子	能熟练使用该命令设计作品	20		
	使用长方体制作枕头，使用矩形和弯曲、挤出制作床头	能熟练使用该命令设计作品	20		
	保存源文件，发布作品	保存源文件，并能多角度发布作品的最终效果图（JPG 格式）	10		

任务三　休闲凳——选择并旋转

■ **任务目标**　通过应用"几何体"和"旋转并复制"命令来制作一个休闲凳，最终效果如图 3-29 所示。

■ **任务说明**　完成一个休闲凳的制作，主要使用到"几何体"构建基本的凳子形状，通过"复制"命令最终形成凳子造型。

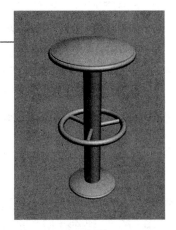

图 3-29　休闲凳效果图

🗔 实现步骤

01 启动 3ds Max 9.0 中文版，在菜单栏上执行"自定义"→"单位设置"→"公制"→"毫米"命令。

02 进入顶视图，单击"几何体"按钮 ⊙，在"扩展基本体"下拉列表中单击"油罐"按钮，绘制一个油罐，参数设置如图 3-30 所示。

03 进入顶视图，单击"几何体"按钮 ⊙，在"标准基本体"下拉列表中单击"圆环"按钮，绘制一个圆环，参数设置如图 3-31 所示。

04 选定圆环，单击工具栏对齐按钮 ▣，当鼠标变为十字形状时，再单击圆环，让两个物体中心对齐，对齐参数设置如图 3-32 所示。

 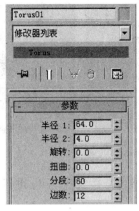 

图 3-30　油罐参数设置　　图 3-31　圆环参数设置　　图 3-32　对齐参数设置

05) 进入顶视图，单击"几何体"按钮 ⚫，在"标准基本体"下拉列表中单击"圆柱体"按钮，绘制一个圆柱体，其参数和位置如图 3-33 所示。

06) 进入顶视图，单击"几何体"按钮 ⚫，在"标准基本体"下拉列表中单击"圆环"按钮，绘制一个圆环，移动到凳子支柱的中部，参数和位置如图 3-34 所示。

07) 进入前视图，单击"几何体"按钮 ⚫，在"标准基本体"下拉列表中单击"圆柱体"按钮，绘制一个圆柱体，移动到前面圆环的水平位置，与中间支柱中心对齐，参数和位置如图 3-35 所示。

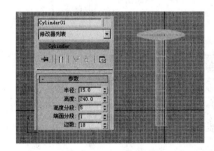 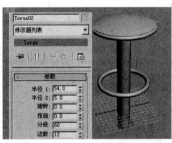 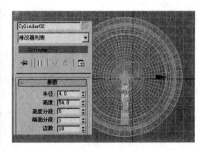

图 3-33　圆柱体参数与位置　　　图 3-34　圆环参数与位置　　　图 3-35　圆柱体参数与位置

08) 用鼠标右击常用工具栏"角度捕捉切换"按钮 ◮，弹出的"栅格和捕捉设置"对话框，设置角度为 120°，参数设置如图 3-36 所示。

09) 选定 Cylinder02 圆柱体，单击"角度捕捉切换"按钮 ◮，再单击"选择并旋转"按钮 ↻，同时按着键盘的 Shift 键旋转圆柱体，弹出复制对话框，复制数量为 2，参数设置和位置如图 3-37 所示。

10) 选择凳子顶部的油罐和圆环，按着键盘上的 Shift 键，向下移动到凳子底部，再用缩放工具进行大小调整，效果如图 3-38 所示。

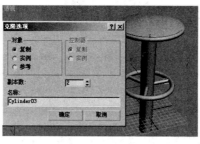

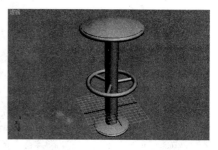

图 3-36　圆柱体参数设置　　　　　图 3-37　复制参数与位置　　　　　图 3-38　调整后效果

11 修改凳子和背景颜色，按快捷键 F9 进行效果图渲染。

相关知识

　　对齐工具是提高设计速度的一个基本工具，当场景中物体不多时，可以用移动工具进行位置的调整；但是当物体比较多时，通过移动来调整位置就显得烦琐。使用对齐工具按钮只要根据需要选择对称轴和对齐中心就可以简单地解决对齐问题。

任务检测与评估

	检测项目	评分标准	分值	学生自评	教师评估
知识内容	认识"对齐"工具	基本了解该命令的功能和作用	15		
	认识"选择并旋转"命令	基本了解该命令的功能和作用	15		
操作技能	使用"对齐"工具调整物体位置	能熟练使用该命令设计作品	30		
	使用"选择并旋转"命令复制物体	能熟练使用该命令设计作品	30		
	保存源文件，发布作品	保存源文件，并能多角度发布作品的最终效果图（JPG 格式）	10		

任务四 窗帘——放样

■ **任务目标** 通过使用"放样"命令来制作一个窗帘式舞台,最终效果如图 3-39 所示。

■ **任务说明** 完成一个窗帘式舞台的制作,主要使用"放样"命令生成窗帘,使用"缩放"和"变形"命令来设计窗帘造型。

图 3-39 窗帘效果图

实现步骤

01 启动 3ds Max 9.0 中文版,在菜单栏上执行"自定义"→"单位设置"→"公制"→"毫米"命令。

02 进入顶视图,单击"图像"按钮 ,再单击"线"按钮,在"创建方法"中,设置初始类型为"平滑",拖动类型为 Bezier,在视图中绘制一条曲线,如图 3-40 所示。

03 在前视图中创建一条直线作为放样路径,效果如图 3-41 所示。

04 选定放样路径的直线,单击创建面板"几何体"按钮 ,在"复合对象"下拉列表中选择"布尔"选项,单击"获取图形"按钮,获取放样的截面图形,效果如图 3-42 所示。

图 3-40 曲线创建方法

图 3-41 放样路径

图 3-42 放样效果

小提示

放样效果不理想可用下面的方法调整:

1) 当放样物体没有正确显示时,只需要在"修改面板"中,选择"蒙皮参数"→"选项"→"翻转法线"选项,问题就可以解决了,参数设置如图 3-43 所示。

2) 在 3ds Max 中"法线"的意思是什么?

在 3ds Max(也包括其他的三维软件)中,模型的表面都有正反之分。在模型的每一个网格三角面的正面,引出一条垂线,叫做面的法线。改变法线的方向,也就翻转了表面。充分理解面的这一特性和有关法线的操作,是学习建模的基础。

图 3-43 翻转法线参数设置

05 进入"修改面板",选择"变形"选项,打开"缩放变形(X)"窗口,添加两个控制点,调整位置,参数设置如图 3-44 所示。

06 进入"修改面板",选择 Loft 层级下的"图形"选项,再一次框选放样物体,选择"图形命令"参数中"对齐"方式,单击"左"按钮,效果如图 3-45 所示。

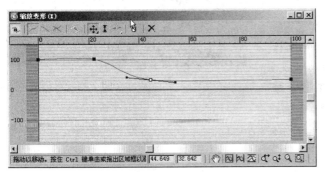

图 3-44　缩放变形参数设置

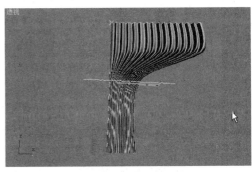

图 3-45　放样形变效果

图 3-46　镜像参数设置

07 进行镜像操作,偏移数量可自由设置,参数设置如图 3-46 所示。

08 创建一个平面作为舞台的地板,添加背景图片,为窗帘模型赋予材质,按 F9 键进行透视图渲染,场景效果如图 3-47 所示。

图 3-47　场景效果

相关知识

放样操作:Loft Object(放样)是将一个二维形体对象作为沿某个路径的剖面,而形成复杂的三维对象。同一路径上可在不同的段给予不同的形体。利用放样可以实现很多复杂模型的构建。

Loft（放样）可以通过"获取路径"、"获取图形"两种方法创建三维实体造型。可以选择物体的截面图形后获取路径放样物体，也可通过选择路径后获取图形的方法放样物体，如图 3-48 所示。

图 3-48　放样操作

□ 任务检测与评估

	检测项目	评分标准	分值	学生自评	教师评估
知识内容	认识"放样"命令	基本了解该命令的功能和作用	10		
	认识"镜像"命令	基本了解该命令的功能和作用	10		
操作技能	使用"放样"命令创建窗帘造型	能熟练使用该命令设计作品	30		
	使用"镜像"命令进行复制	能熟练使用该命令设计作品	20		
	背景设置	能熟练使用该命令设计作品	20		
	保存源文件，发布作品	保存源文件，并能多角度发布作品的最终效果图（JPG 格式）	10		

任务五　室内墙壁——挤出

■ 任务目标　通过使用"挤出"命令来制作室内墙壁，最终效果如图 3-49 所示。

■ 任务说明　完成室内墙壁的制作，主要使用挤出命令。创建墙壁时先用二维线条制作墙体截面，再使用"挤出"修改器将墙体截面挤出一定的高度即可。

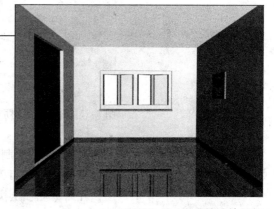

图 3-49　室内墙壁效果图

墙体中的窗洞和装饰墙壁运用了布尔减法运算。

实现步骤

01 启动 3ds Max 9.0 中文版，在菜单栏上执行"自定义"→"单位设置"→"公制"→"毫米"命令。

02 进入顶视图，在命令面板上执行"创建"→"图形"→"样条线"→"矩形"命令，创建出一个矩形，具体参数设置如图 3-50 所示。

03 在命令面板中执行"修改"→"修改器列表"→"挤出"命令，设置数量为 100mm，形成地板效果。

04 为地板设置材质。在主工具栏单击"材质编辑器"工具按钮，基本参数设置如图 3-51 所示。

05 进入"贴图"卷展栏，设置具体参数如图 3-52 所示。在反射贴图中的平面镜参数卷展栏，选中"应用于带 ID 的面：1"选项。

图 3-50 设置矩形的
具体参数

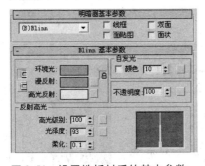

图 3-51 设置地板材质的基本参数

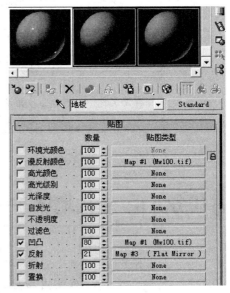

图 3-52 材质贴图参数

06 接下来制作墙壁。在主工具栏中单击"捕捉开关"工具按钮，并单击右键打开对话框，具体参数设置如图 3-53 所示。进入顶视图，在命令面板上执行"创建"→"图形"→"样条线"→"矩形"命令，依照地板轮廓绘制一个矩形，右键单击矩形，在弹出的快捷菜单中执行"转换为"→"转换为可编辑样条线"命令，选择"线段"层级，将矩形下方的线段删除，如图 3-54 所示。

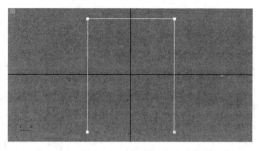

图 3-53　设置捕捉开关参数　　　图 3-54　删除矩形下方的线段

07 选择"样条线"层级，单击该样条线，在命令面板中打开"几何体"卷展栏，在轮廓文本框中，输入 240mm，效果如图 3-55 所示。

08 取消层级，选择该样条线，在命令面板中执行"修改"→"修改器列表"→"挤出"命令，具体参数设置和效果如图 3-56 所示。

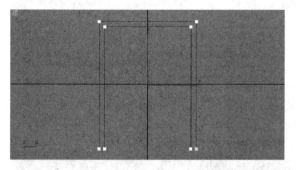
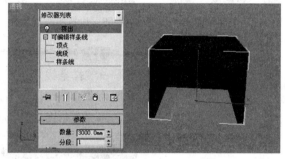

图 3-55　设置样条线的轮廓　　　　图 3-56　挤出墙壁的参数设置和效果

09 为墙壁设置材质。在主工具栏单击"材质编辑器"工具按钮，具体参数设置如图 3-57 所示。

10 制作踢脚线。在主工具栏中单击"捕捉开关"工具按钮，进入顶视图，在命令面板上执行"创建"→"图形"→"样条线"→"线"命令，沿墙壁内侧绘制线条，如图 3-58 所示，选择"样条线"层级，在命令面板中打开"几何体"卷展栏，在"轮廓"文本框中，输入 –10mm。

11 取消层级，选择该样条线，在命令面板中执行"修改"→"修改器列表"→"挤出"命令，设置数量为 80mm。为踢脚线设置材质如图 3-59 所示，并指定漫反射贴图为 `Map #4 (ASHWOOD.jpg)`。

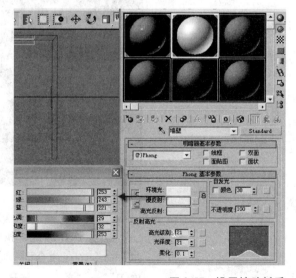

图 3-57　设置墙壁材质

图 3-58　绘制踢脚线

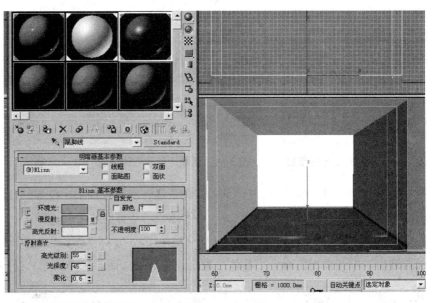

图 3-59　设置踢脚线材质

12 制作墙壁装饰。进入左视图，在命令面板上执行"创建"→"图形"→"样条线"→"矩形"命令，创建出一个矩形，长度为 2600mm，宽度为 2500mm，命名为"墙壁装饰"，在顶视图沿 X 轴复制一个矩形，命名为"布尔图形"。分别挤出为 20mm 和 500mm，如图 3-60 所示。

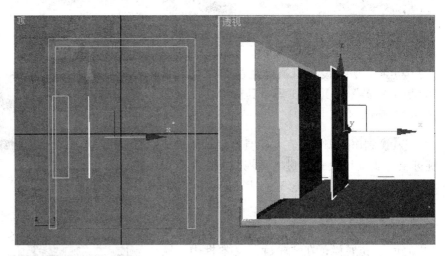

图 3-60　墙壁装饰

13 选择墙壁，执行"创建"→"几何体"→"复合对象"→"布尔"命令，在命令面板中打开"拾取布尔"卷展栏，执行"拾取操作对象 B"→"差集（A−B）"命令，再单击视图中的"布尔图形"，效果如图 3-61 所示。

14 将"墙壁装饰"嵌入墙中，在主工具栏单击"材质编辑器"工具按钮 ，为其指定材质，如图 3-62 所示，并设置漫反射贴图为 Map #5（新地毯02.JPG）。

图 3-61 布尔运算效果

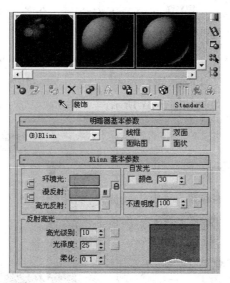

图 3-62 墙壁装饰的材质

15 制作窗户。进入前视图，在命令面板上执行"创建"→"图形"→"样条线"→"线"命令，绘制如图 3-63 所示的图形，并挤出 160mm 作为窗沿。

16 在主工具栏单击"捕捉开关"工具按钮 ，进入前视图，在命令面板上执行"创建"→"图形"→"样条线"→"线"命令，沿窗沿外侧绘制线条，挤出 800mm，命名为"布尔图形 2"，选择墙壁，执行"创建"→"几何体"→"复合对象"→"布尔"命令，在命令面板中打开"拾取布尔"卷展栏，执行"拾取操作对象 B"→"差集（A–B）"命令，再单击视图中的"布尔图形 2"，效果如图 3-64 所示。

17 在两个窗洞中分别创建一个窗。进入顶视图，执行"创建"→"几何体"→"窗"→"平开窗"命令。设置具体参数如图 3-65 所示。

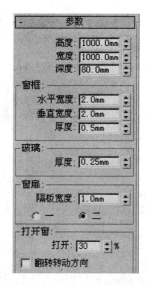

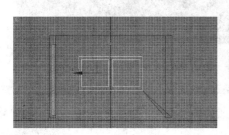

图 3-63 绘制窗沿

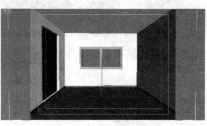

图 3-64 制作窗口的效果

图 3-65 创建窗

18 为窗指定材质库中的材质。在主工具栏单击"材质编辑器"工具按钮 ![] ，执行 Standard → "材质库" → "打开" → AecTemplates. mat → Window-Template（Multi/Sub-Object）命令。

19 在窗户下方绘制一个长方体作为窗台，效果如图 3-66 所示。为其漫反射贴图指定大理石材质。

20 在墙壁右侧绘制一个长度为 600mm，宽度为 1000mm，高度为 40mm 的长方体作为装饰画，并指定漫反射贴图为 `Map #7 (画36.jpg)`，效果如图 3-67 所示。

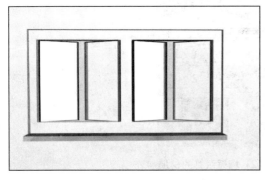

图 3-66　窗台效果

图 3-67　装饰画效果

21 室内墙壁制作完成后整体效果如图 3-68 所示。

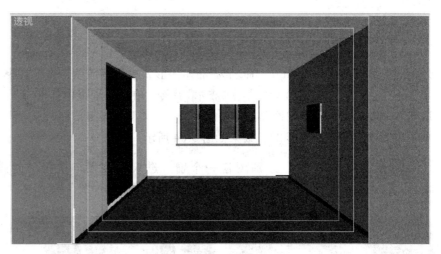

图 3-68　室内墙壁整体效果图

相关知识

（1）挤出

就是将一个二维图形挤出一定的厚度形成为一个三维图形。

数量——设置挤出的深度。

分段——指定将要在挤出对象中创建线段的数目。

（2）"封口"组

封口始端——在挤出对象始端生成一个平面。

封口末端——在挤出对象末端生成一个平面。

变形——在一个可预测、可重复模式下安排封口面，这是创建渐进目标所必要的。渐进封口可以产生细长的面，而不像栅格封口需要渲染或变形。如果要挤出多个渐进目标，主要使用渐进封口的方法。

栅格——在图形边界上的方形修剪栅格中安排封口面。此方法产生尺寸均匀的曲面，可使用其他修改器容易地将这些曲面变形。当选中"栅格"封口选项时，栅格线是隐藏边而不是可见边。这主要影响使用"关联"选项指定的材质，或使用晶格修改器的任何对象。

任务检测与评估

	检测项目	评分标准	分值	学生自评	教师评估
知识内容	认识"挤出"命令	基本了解该命令的功能和作用	10		
	认识"布尔"命令	基本了解该命令的功能和作用	10		
	认识可编辑样条线	基本了解该命令的功能和作用	10		
操作技能	使用挤出制作地板、踢脚线	能熟练使用该命令设计作品	20		
	使用挤出、布尔制作墙壁	能熟练使用该命令设计作品	40		
	保存源文件，发布作品	保存源文件，并能多角度发布作品的最终效果图（JPG格式）	10		

任务六 办公转椅——阵列

■ **任务目标** 通过使用"FFD 4×4×4"、"阵列"等命令来制作一个办公转椅，最终效果如图3-69所示（见彩插）。

■ **任务说明** 完成一个时尚办公转椅的制作。其中椅背、椅垫主要使用"FFD 4×4×4"命令来控制形状变化；扶手使用了"放样"命令生成；椅腿主要使用到"阵列"命令旋转生成。

图 3-69 办公转椅效果图

实现步骤

01 启动 3ds Max 9.0 中文版，执行"自定义"→"单位设置"→"公制"→"毫米"命令。

02 首先制作"办公转椅靠背"。进入前视图，执行"创建"→"几何体"→"扩展基本体"→"切角长方体"命令，创建出一个切角长方体，设置具体参数如图 3-70 所示。

03 选择该切角长方体，执行"修改器"→"自由形式变形器"→"FFD 4×4×4"命令，在右边栏中展开"FFD 4×4×4"，选择"控制点"层级，如图 3-71 所示。

04 使用"选择并移动"工具按钮  和"选择并均匀缩放"工具按钮 ，分别对办公转椅靠背进行调整。进入前视图，选择顶部中间两个控制点，使用工具按钮 将控制点向上拖动；然后同时选择倒数第二行两侧控制点，使用"选择并缩放"工具按钮 进行缩小拖动；最后在前视图中框选切角长方体中间四个控制点，再进入左视图，使用工具按钮 向左边拖动。调整效果如图 3-72 所示。

图 3-70 设置靠背长方体参数

图 3-71 选择"控制点"层级

┌─ **小提示** ─
│ 本实例操作步骤较多，涉及多种命令、工具的配合使用，用户可以在本实例的基础上再进行自主创新，例如，椅背、坐垫、扶手等都可以改变形状，设计出更加新颖、更加符合人体工程学的办公转椅。
└─

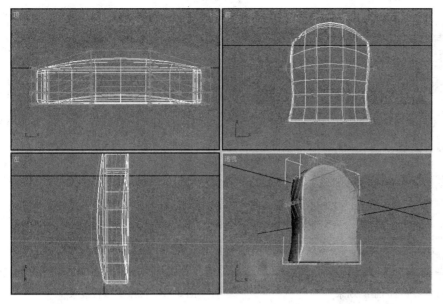

图 3-72 办公转椅靠背进行控制点调整

05 对办公转椅靠背执行"修改器"→"细分曲面"→"网格平滑"命令，使其更加平滑。

06 接着制作办公转椅坐垫。进入顶视图，执行"扩展基本体"→"切角长方体"命令，创建出一个切角长方体，具体参数设置如图 3-73 所示。

07 选择该切角长方体，执行"修改器"→"自由形式变形器"→"FFD 4×4×4"命令，在右边栏中展开"FFD 4×4×4"，选择"控制点"层级。

08 对办公转椅坐垫的控制点进行调整。进入顶视图，分别选择坐垫的顶部、底部、左边、右边的中间两个控制点，使用工具按钮 ✛ 将控制点向外拖动，使其产生圆弧状；最后在前视图中框选切角长方体顶部中间的控制点，使用工具按钮 ✛ 向下边拖动，使其产生凹陷状。调整效果如图 3-74 所示。

09 对办公转椅坐垫执行"修改器"→"细分曲面"→"网格平滑"命令，使其更加平滑。

10 现在制作连接靠背和坐垫的支撑柱。进入左视图，执行"创建"→"图形"→"样条线"→"线"命令，画出支撑柱线条，并框选线条顶点，单击右键执行"平滑"操作。调整线条如图 3-75 所示。

参数

长度:	420.0mm
宽度:	450.0mm
高度:	90.0mm
圆角:	15.0mm
长度分段:	6
宽度分段:	6
高度分段:	1
圆角分段:	3

☑ 平滑
☑ 生成贴图坐标

图 3-73 设置坐垫长方体参数

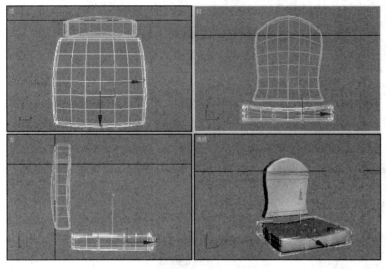

图 3-74　对办公转椅坐垫控制点进行调整的效果

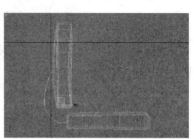

图 3-75　调整支撑柱线条

图 3-76　矩形参数设置

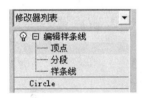

图 3-77　获取图形

11 进入前视图，执行"创建"→"图形"→"样条线"→"矩形"命令，创建出一个矩形，其参数设置如图 3-76 所示。

12 进入左视图，选中支撑柱线条，执行"创建"→"几何体"→"复合对象"→"放样"命令，选择"获取图形"选项，如图 3-77 所示。对获取图形之前所创建好的矩形，将线条放样出支撑柱形状。

13 制作"办公转椅扶手"。进入左视图，执行"创建"→"图形"→"样条线"→"圆"命令，创建出一个半径为 150mm 的圆。对圆执行"修改器"→"面片/样条线编辑"→"编辑样条线"命令，在命令面板中选中"顶点"层级，如图 3-78 所示。

14 在左视图中选中上方"顶点"，使用"选择并移动"工具按钮 向下拖动；框选左、右和下方三个"顶点"，使用"选择并均匀缩放"工具按钮 进行适当收缩，调整扶手的形状如图 3-79 所示。

15 进入前视图，执行"创建"→"图形"→"样条线"→"矩形"命令，画出大小两个矩形，其参数设置如图 3-80 所示。

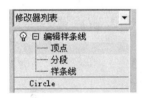

图 3-78　选中顶点层级

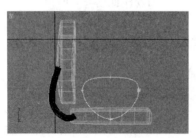

图 3-79　调整扶手的形状

图 3-80　大小两个矩形的参数设置

16 进入左视图，选中扶手线条，执行"创建"→"几何体"→"复合对象"→"放样"命令，选择"获取图形"。对获取之前所创建好的大矩形，将线条放样出形状。接着将"路径"参数设置为"80"，如图 3-81 所示。选择"获取图形"，在获取图形之前创建好小矩形。

17 进入前视图，选中办公转椅扶手，按住 Ctrl 键，使用工具按钮 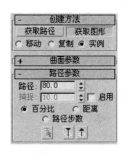 将其拖动复制一份扶手。对左右扶手调整位置，效果如图 3-82 所示。

图 3-81 设置放样路径参数

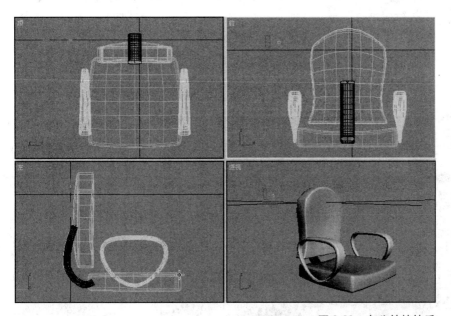

图 3-82 办公转椅扶手

18 接下来制作办公转椅底座支架。进入左视图，在命令面板上执行"创建"→"图形"→"样条线"→"线"命令，创建出支架外观样条线，线条如图 3-83 所示。

19 选中支架外观线条，在命令面板中选中"顶点"层级。在命令面板中执行"几何体"→"圆角"命令。使用"圆角"命令将"顶点"向上方拖动，使其产生弧线状。支架外观样条线调整后如图 3-84 所示。

图 3-83 支架外观样条线　　　　图 3-84 支架外观样条线调整后

图 3-85 车削和勾中"翻转法线"复选项

20 在菜单栏上执行"修改器"→"面片/样条线编辑"→"车削"命令。在命令面板中执行"参数"→"选中'翻转法线'"命令，如图 3-85 所示。

21 在命令面板中展开"车削"，选择"轴"层级，如图 3-85 所示。在左视图中使用"选择并移动"工具按钮 ✛ 向左方移动办公转椅支架的轴，调整好办公转椅支架效果如图 3-86 所示。

22 接下来制作办公转椅支架轴杆。进入顶视图，在"命令面板"上执行"创建"→"几何体"→"扩展基本体"→"切角长方体"命令，创建出一个长方体，具体参数设置如图 3-87 所示。

23 选择该长方体，执行"修改器"→"自由形式变形器"→"FFD 4×4×4"命令，在右边栏中展开"FFD 4×4×4"，选择"控制点"层级。

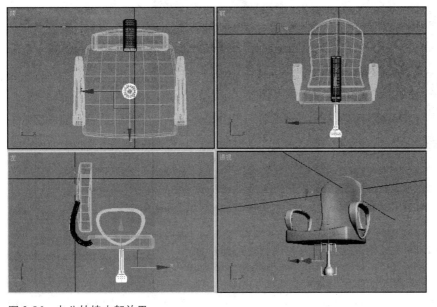

图 3-86 办公转椅支架效果

小提示

选中长方体，按下快捷键 Z，可以将所选物体作为中心来观察。

图 3-87 切角长方体参数设置

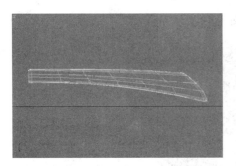

图 3-88 办公转椅轴杆左视图调整效果

24 使用快捷键 Z 最大化办公转椅轴杆，对其控制点进行调整。进入左视图，分别选择切角长方体右边的控制点，使用工具按钮 ✛ 将控制点向左拖动，逐个控制地进行调整，使其产生圆弧状；然后在框选切角长方体下方的控制点，使用工具按钮 ✛ 向上方拖动，使其产生弧线状。调整效果如图 3-88 所示。

25 进入顶视图，框选下方三行控制点，使用"选择并均匀缩放"工具按钮 ▣ 缩小轴杆头部。调整后的切角长方体类似"和谐号"列车外形，效果如图 3-89 所示。

26 接下来制作办公转椅轮子。进入左视图,执行"创建"→"几何体"→"扩展基本体"→"油罐"命令,创建出办公转椅轮子,具体参数设置如图3-90所示。

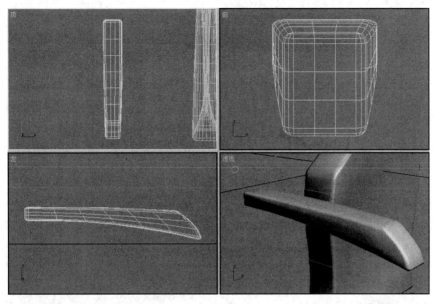

图3-89 办公转椅轴杆调整后的效果

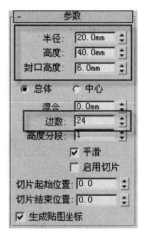

图3-90 转椅轮子参数设置

27 继续制作办公转椅轮轴。进入顶视图,执行"创建"→"几何体"→"标准基本体"→"长方体"命令,创建出一个长方体,具体参数设置如图3-91所示。

28 选中轮轴,在菜单栏执行"修改器"→"参数化变形器"→"弯曲"命令,在命令面板中设置其角度和方向,并在"弯曲轴"框中选中"Y"复选项,参数设置如图3-92所示。

29 分别在左视图和顶视图调整轴杆、轮子、轮轴的位置,如图3-93所示。框选三个部件,在菜单栏执行"组"→"成组"命令,将三个部件组合成一个整体。

图3-91 转椅轮轴参数

30 选中轮子组合部件,进入顶视图,在主工具栏上右键单击"选择并旋转"工具按钮 ,弹出"旋转变换输入"对话框。在该对话框的"绝对:世界"选项组中设置"Z"轴值为30,即旋转30°,如图3-94所示。将轮子组合部件移动到办公转椅支架下方位置,与支架完全接触。

31 选中轮子组合部件,在命令面板上执行"层次"→"轴"→"仅影响轴"命令,如图3-95所示。

32 进入顶视图,将轮子组合部件的"轴"移动到办公转椅支架的中心,如图3-96所示。

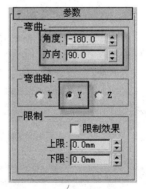

图3-92 "弯曲"参数

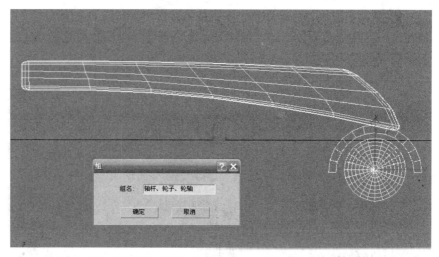

图 3-93　轴杆、轮子、轮轴调整位置及成组

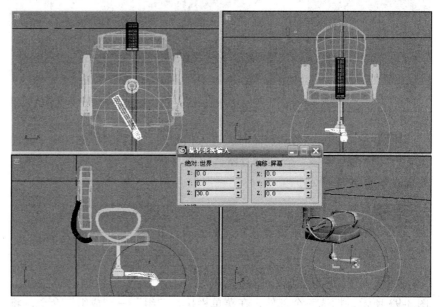

图 3-94　轮子组合部件旋转 30°

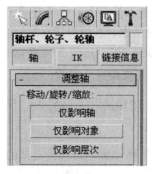

图 3-95　仅影响轴

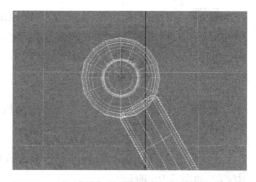

图 3-96　将"轴"移动到办公转椅支架的中心

33 退出"仅影响轴"命令，在菜单栏执行"工具"→"阵列"命令，将弹出"阵列"对话框。在"阵列变换"选项组中将"旋转"值设为 360；在"阵列维度"选项组中将"数量"设置为 5，阵列命令参数设置如图 3-97 所示。

34 办公转椅制作完成后的整体效果如图 3-98 所示。

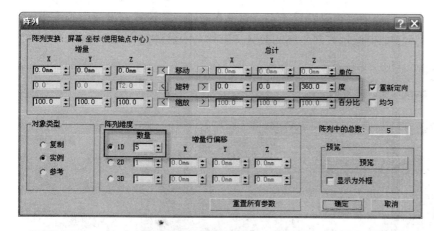

图 3-97 阵列命令参数设置

图 3-98 办公转椅整体效果图

相关知识

"阵列"命令：该命令可以将被选中对象按一定的规律进行排列、选择，并进行重复性的复制。在菜单栏上执行"工具"→"阵列"命令，将弹出"阵列"命令对话框，如图 3-99 所示。在该对话框中包括"阵列变换"、"对象类型"和"阵列维度"三个选项组。

（1）"阵列变换"选项组

可以按"增量"或按"总计"来设置阵列对象在不同轴向的移动距离、旋转角度或缩放比例。例如，在"移动"行左边 Y 轴输入 50，则表示阵列对象沿着 Y 轴以 50mm 的距离复制八个对象；如果在"旋转"行右边的 Z 轴输入 180，则表示阵列对象沿着 Z 轴在 180°的范围内旋转复制八个对象。参数设置如图 3-99 所示。

（2）"对象类型"选项组

可选择"阵列"命令所创建副本对象的类型，默认为"实例"。

（3）"阵列维度"选项组

在该选项组可以设置"阵列"对象在一维、二维或三维三个维度中 X、Y、Z 三个坐标轴方向复制的数量。默认为一维阵列。

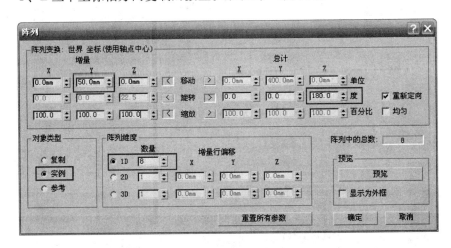

图 3-99 "阵列"对话框

任务检测与评估

	检测项目	评分标准	分值	学生自评	教师评估
知识内容	认识"FFD 4×4×4"命令	基本了解该命令的功能和作用	10		
	认识"放样"命令	基本了解该命令的功能和作用	10		
	认识"阵列"命令	基本了解该命令的功能和作用	10		
操作技能	对椅背、椅垫使用"FFD 4×4×4"命令来控制形状变化	能熟练使用该命令设计作品	20		
	使用了"放样"命令生成扶手	能熟练使用该命令设计作品	20		
	使用"阵列"命令旋转生成椅腿	能熟练使用该命令设计作品	20		
	保存源文件，发布作品	保存源文件，并能多角度发布作品的最终效果图（JPG 格式）	10		

任务七 组合书桌——倒角

■ **任务目标** 通过综合建模来设计制作一个时尚组合书桌，最终效果如图 3-100 所示（见彩插）。

■ **任务说明** 完成一个时尚组合书桌的制作，组合书桌零部件比较多，因此操作步骤较多，涉及多种命令、工具的配合使用。其中组合书桌桌面主要使用"倒角"命令生成，其他零部件主要使用"长方体"功能来创建。用户可以在本实例的基础上进行造型的创新设计，制作出更加时尚、造型独特的组合书桌。

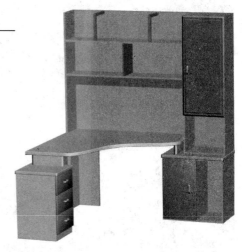

图 3-100 时尚组合书桌效果图

实现步骤

01 启动 3ds Max 9.0 中文版，在菜单栏上执行"自定义"→"单位设置"→"公制"→"毫米"命令。

02 首先制作组合书桌桌面。进入顶视图，在"命令面板"上执行"创建"→"图形"→"样条线"→"矩形"命令，创建出一个矩形，具体参数设置如图 3-101 所示。

图 3-101 矩形设置参数

03 在菜单栏上执行"修改器"→"面片/样条线编辑"→"编辑样条线"命令，在命令面板中选中"分段"层级。

04 选中矩形左侧线段，在命令面板中打开"几何体"卷展栏选择"拆分"命令，将值设置为 2，将线段拆分为三段，如图 3-102 所示。框选拆分出来的三条线段下方的两条，按下 Delete 键将其删除。

05 选中矩形下方线段，参考"**04**"执行类似步骤，处理完成后的矩形形状如图 3-103 所示。

06 在主工具栏中右键单击"捕捉开关"按钮 ，弹出"栅格和捕捉设置"对话框。在该对话框的"捕捉"选项组中选中"顶点"复选项，如图 3-104 所示。然后再次单击按钮 ，激活"捕捉开关"工具。

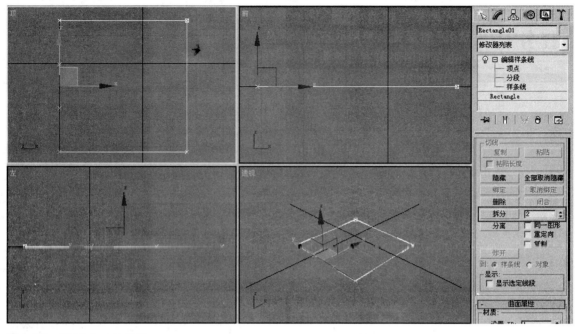

图 3-102 "拆分"左边线段

图 3-103 矩形形状

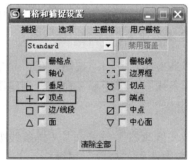

图 3-104 捕捉开关对话框的设置

07 在"命令面板"上执行"创建"→"图形"→"样条线"→"线"命令，画出一条线段连接矩形的两个顶点，在"捕捉开关"的作用下，线段端点可以自动吸附到矩形的顶点，效果如图 3-105 所示。退出"捕捉开关"工具。

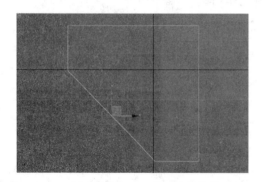

图 3-105 创建连接矩形两个顶点的线段

08 选中矩形，在命令面板中执行打开"几何体"卷展栏，选择"附加"命令，将鼠标指向连接矩形的线段，将其附加成一个整体，如图 3-106 所示。

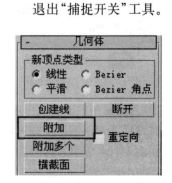

图 3-106 选择"附加"命令

09 在顶视图中重新进入"顶点"层级，分别框选线段与矩形连接的两个顶点，在命令面板中打开"几何体"卷展栏，选择"焊接"命令，将线段端点与矩形顶点焊接起来。

10 在命令面板中再打开"几何体"卷展栏，选择"圆角"命令，将其值设为50，使其产生圆弧状。使用"焊接"和"圆角"命令效果如图3-107所示。

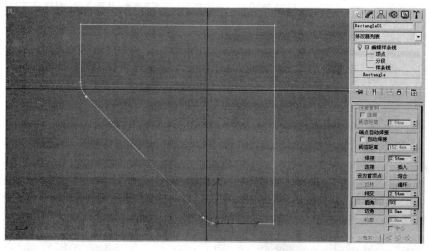

图3-107 使用"焊接"和"圆角"命令

11 进入"分段"层级，选中连接矩形的线段，在命令面板中打开"几何体"卷展栏，选择"拆分"命令，将值设置为1，将线段拆分为两段。

12 重新进入"顶点"层级，使用"选择并移动"工具按钮 ⊕，拖动线段中心顶点，矩形样条线调整最终效果如图3-108所示。

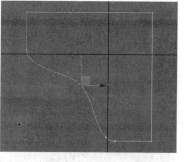

图3-108 矩形样条线效果

图3-109 桌面倒角值

13 选中矩形样条线，在命令面板中执行"修改"→"修改器列表"→"倒角"命令，书桌桌面倒角值设置如图3-109所示。

14 接下来制作书桌桌脚。进入顶视图，在"命令面板"上执行"创建"→"图形"→"样条线"→"矩形"命令，创建出一个矩形，具体参数设置如图3-110所示。

图3-110 矩形参数设置

15 在菜单栏执行"修改器"→"网格编辑"→"挤出"命令，将"数量"设为100。在主工具栏中右键单击"捕捉开关"按钮，弹出"栅格和捕捉设置"对话框。在该对话框的"捕捉"选项组中选中"边/线段"复选项，左键单击激活"捕捉开关"工具按钮。

16 进入左视图，使用"选择并移动"工具按钮，拖动桌脚，让其吸附到桌面正下方，调整好其位置，效果如图 3-111 所示。

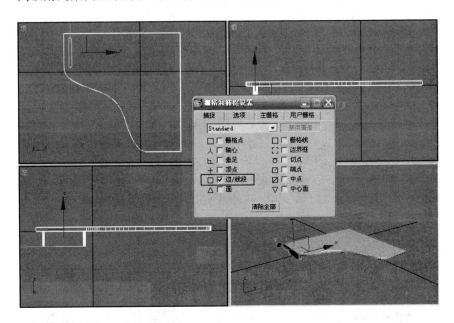

图 3-111 桌脚位置调整

17 进入顶视图，按住 Ctrl 键，拖动复制一份桌脚。右键单击"选择并旋转"工具按钮，弹出的"旋转变换输入"对话框，在"绝对：世界"选项组的 Z 轴将值设为 90。调整好其位置，效果如图 3-112 所示。

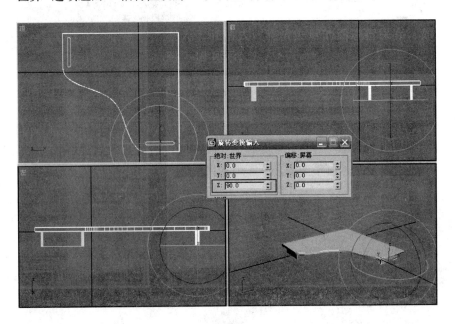

图 3-112 复制一份桌脚

18 在"命令面板"上执行"创建"→"图形"→"样条线"→"线"命令，创建出一条 L 形样条线。在命令面板中选中"样条线"层级，打开"几何体"卷展栏，选择"轮廓"命令，将其值设为 30，如图 3-113 所示。

小提示

按住 Shift 键不动，可以拖动画出直线条。

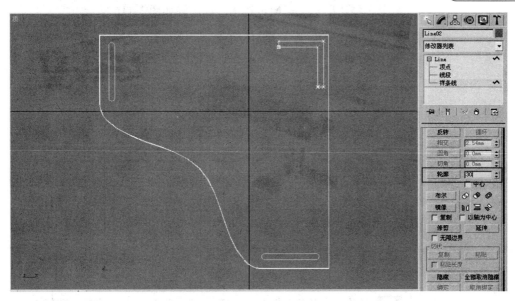

图 3-113　设置样条线轮廓

19 在菜单栏执行"修改器"→"网格编辑"→"挤出"命令，将"数量"设为 700。激活"捕捉开关"工具按钮，将长桌脚依附在桌面正下方，效果如图 3-114 所示。

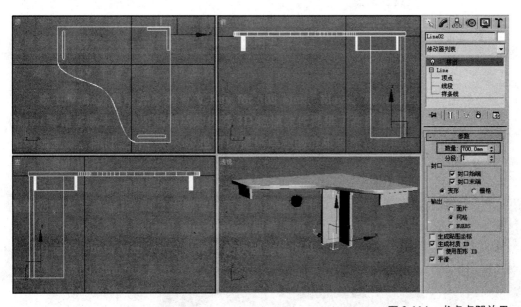

图 3-114　书桌桌腿效果

20 接着制作组合书桌的组成部件柜子。进入顶视图，执行"创建"→"几何体"→"标准基本体"→"长方体"命令，创建出一个长方体，具体参数设置如图 3-115 所示。

21 在"命令面板"上执行"创建"→"图形"→"样条线"→"矩形"命令，创建出一个矩形，具体参数设置如图 3-116 所示。

22 选中矩形，在命令面板中执行"修改"→"修改器列表"→"倒角"命令，倒角值设置如图 3-117 所示。

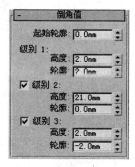

图 3-115　长方体参数
　　　　　设置

图 3-116　矩形参数设置

图 3-117　矩形倒角值
　　　　　的设置

23 激活"捕捉开关"工具按钮，将长方体拖动吸附在矩形正下方，调整其位置，如图 3-118 所示。

24 接着制作柜子的抽屉。进入前视图，执行"创建"→"几何体"→"扩展基本体"→"切角长方体"命令，创建出一个切角长方体，参数设置如图 3-119 所示。

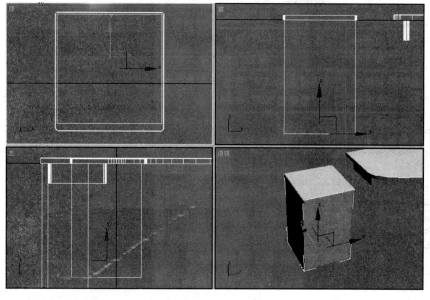

图 3-118　调整长方体和矩形位置

图 3-119　切角长方体
　　　　　参数

25 进入顶视图，在"命令面板"上执行"创建"→"图形"→"样条线"→"矩形"命令，创建出一个矩形，此矩形为抽屉把手，具体参数设置如图 3-120 所示。

26 在菜单栏执行"修改器"→"面片／样条线编辑"→"编辑样条线"命令，在命令面板中选中"分段"层级。将抽屉把手矩形上边部分线段按 Delete 键删除，样条线如图 3-121 所示。

27 进入前视图，在"命令面板"上执行"创建"→"图形"→"样条线"→"矩形"命令，创建出一个矩形，此矩形为放样图形，具体参数设置如图 3-122 所示。

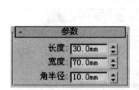

图 3-120　矩形参数　　图 3-121　抽屉把手样条线　　图 3-122　放样矩形参数

28 重新选中抽屉把手矩形，在"命令面板"上执行"创建"→"几何体"→"复合对象"→"放样"命令。单击"获取图形"按钮，获取放样矩形，抽屉把手放样后如图 3-123 所示。将抽屉把手拖动到抽屉面板正前方的中间位置。

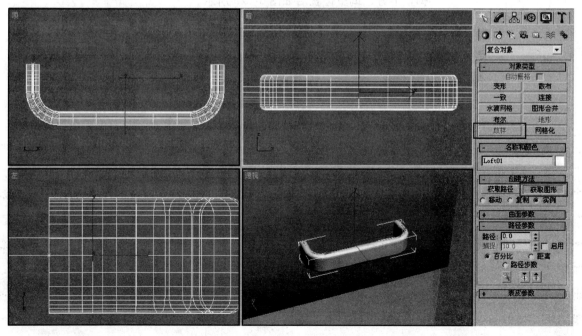

图 3-123　抽屉把手放样

29 进入前视图，选中抽屉面板和抽屉把手，在菜单栏执行"组"→"成组"命令，将其命名为"抽屉"。按住 Shift 键不动，使用"选择并移动"工具按钮 ✚，向下拖动复制抽屉，在弹出的"克隆选项"对话框将"副本数"设置为 2，如图 3-124 所示，单击"确定"按钮完成设置。

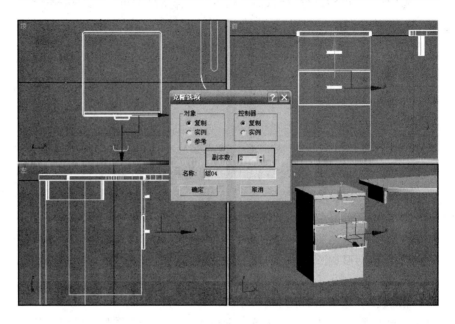

图 3-124 拖动复制抽屉

30 框选柜子所有部件，在菜单栏执行"组"→"成组"命令，将其命名为"柜子"。与"捕捉开关"工具按钮配合使用，将柜子拖动到桌脚正下方，调整位置后如图 3-125 所示。

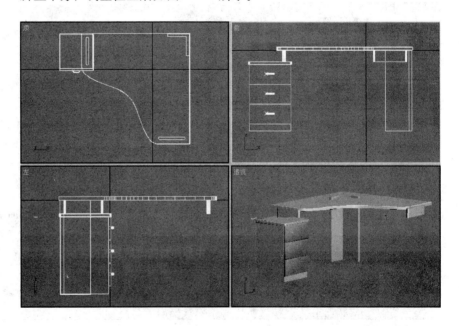

图 3-125 调整柜子位置

31 参考步骤 20～步骤 30，制作另一个柜子，放置在右边的桌脚下方，如图 3-126 所示。

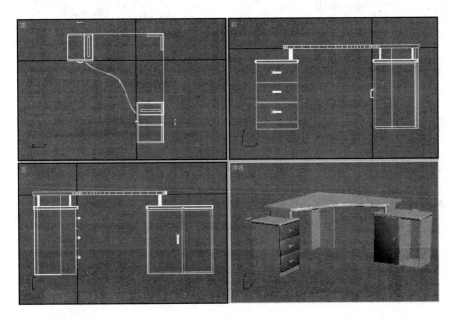

图 3-126　制作另一个柜子

32 接下来制作书架。进入顶视图，在"命令面板"上执行"创建"→"图形"→"样条线"→"矩形"命令，创建出一个矩形，具体参数设置如图 3-127 所示。

33 在菜单栏执行"修改器"→"面片/样条线编辑"→"编辑样条线"命令，在命令面板中选中"分段"层级。选中矩形左边线段，按下 Delete 键将其删除，矩形如图 3-128 所示。

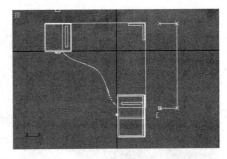

图 3-128　矩形样条线

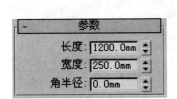

图 3-127　矩形参数设置

34 在命令面板中选中"样条线"层级，打开"几何体"卷展栏选择"轮廓"命令，将轮廓值设为 15，如图 3-129 所示。

35 选中矩形，在菜单栏执行"修改器"→"网格编辑"→"挤出"命令，将挤出"数量"设为 1150。

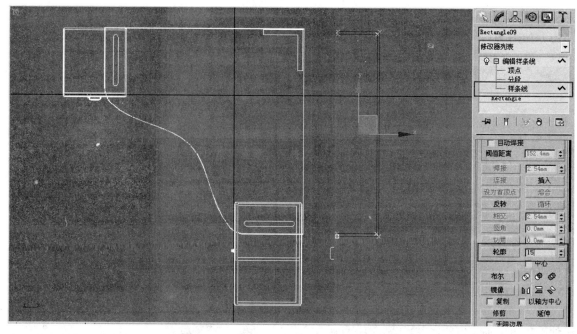

图 3-129 给矩形增加轮廓

图 3-130 长方体参数设置

36 进入顶视图，执行"创建"→"几何体"→"标准基本体"→"长方体"命令，创建出一个长方体，此为书架隔板，参数设置如图 3-130 所示。

37 使用"对齐"工具按钮 ，将长方体与挤出矩形对齐，在"对齐当前选择"对话框中将 X 位置、Y 位置和 Z 位置都设为"中心"对齐，单击"确定"按钮完成设置。如图 3-131 所示。

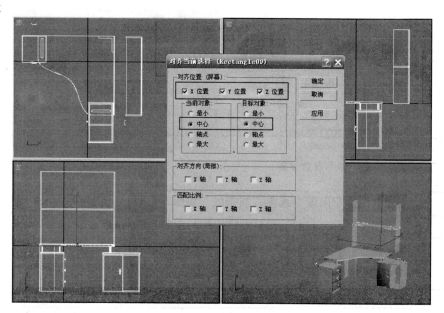

图 3-131 长方体与挤出
矩形对齐

38 进入前视图，执行"创建"→"几何体"→"标准基本体"→"长方体"命令，创建出一个长方体，此为书架垂直隔板，参数设置如图3-132所示。将垂直隔板放置于水平隔板正上方的中间位置。

39 进入左视图，按住Shift键不动，使用"选择并移动"工具按钮 ，向上拖动复制一份水平隔板，放置于垂直隔板正上方。

图3-132 长方体设置参数　图3-133 长方体参数设置

40 在左视图中执行"创建"→"几何体"→"标准基本体"→"长方体"命令，创建出一个长方体，作为书架的装饰面板，参数设置如图3-133所示。将其放置于第一层水平隔板正下方靠外的位置。

41 进入前视图，执行"创建"→"几何体"→"扩展基本体"→"L-Ext"命令，创建出一个L形状几何体，作为书架的装饰，参数设置如图3-134所示。将L形状几何体拖动复制一份，将其平均间隔放置于第二层水平隔板正上方。

42 框选书架所有部件，在菜单栏执行"组"→"成组"命令，将其命名为"书架"。与"捕捉开关"工具按钮配合使用，将书架拖动到桌面右边的下方，调整位置后如图3-135所示。

图3-134 L形状几何体
设置参数

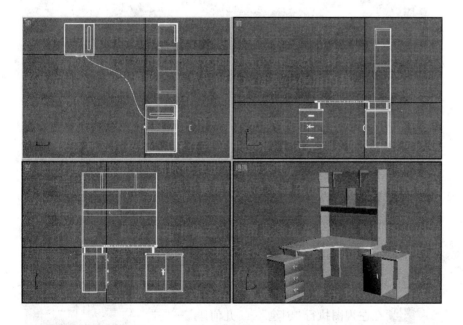

图3-135 书架位置调整

43 最后再制作一个小型书柜。进入顶视图，执行"创建"→"几何体"→"标准基本体"→"长方体"命令，创建出一个长方体，参数设置如图3-136所示。

图 3-136　长方体参数设置

图 3-137　"插入多边形"对话框设置

44 选中长方体，在菜单栏执行"修改器"→"网格编辑"→"编辑多边形"命令，在"命令面板"中选中"多边形"层级。

45 在"命令面板"中打开"编辑多边形"卷展栏，选择"插入"命令，设置按钮 回，弹出"插入多边形"对话框，设置"插入量"的值为 15，如图 3-137 所示，单击"确定"按钮完成设置。

46 在"命令面板"中打开"编辑多边形"卷展栏，选择"挤出"命令，设置按钮，弹出"挤出多边形"对话框，设置"挤出高度"的值为 –285，如图 3-138 所示，单击"确定"按钮完成设置。

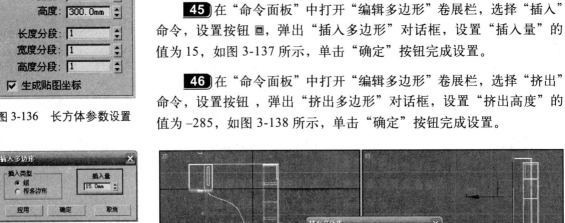

图 3-138　"挤出多边形"对话框设置

图 3-139　长方体参数设置

47 进入顶视图，执行"创建"→"几何体"→"标准基本体"→"长方体"命令，创建出一个长方体，作为小书柜的水平隔板，参数设置如图 3-139 所示。使用"对齐"工具按钮将隔板与书柜设置为"中心"对齐。

48 进入左视图，按住 Shift 键不动，使用"选择并移动"工具按钮，拖动复制水平隔板，在弹出的"克隆选项"对话框将"副本数"设置为 2，单击"确定"按钮完成设置。将水平隔板平均分布在书柜中。

49 在左视图执行"创建"→"几何体"→"扩展基本体"→"切角长方体"命令，创建出一个切角长方体，作为书柜柜门，参数设置如图 3-140 所示。

图 3-140　切角长方体参数设置

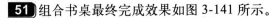

50 按住 Shift 键不动，拖动复制一份抽屉把手，放置在柜门合适的位置。框选书柜所有部件，在菜单栏执行"组"→"成组"命令，将其命名为"书柜"。将书柜移动到大柜子上方。

51 组合书桌最终完成效果如图 3-141 所示。

图 3-141　组合书桌完成效果图

任务检测与评估

检测项目		评分标准	分值	学生自评	教师评估
知识内容	认识"倒角"命令	基本了解该命令的功能和作用	15		
	认识"长方体"功能	基本了解该命令的功能和作用	15		
操作技能	组合书桌桌面主要使用"倒角"命令生成	能熟练使用该命令设计作品	30		
	其他零部件主要使用"长方体"功能来创建	能熟练使用该命令设计作品	30		
	保存源文件，发布作品	保存源文件，并能多角度发布作品的最终效果图（JPG 格式）	10		

读书笔记

4

单元四　卫浴器具、灯具建模设计

单元导读

　　本单元主要介绍了卫生间中一些卫浴器具、灯具的模型设计和制作，例如水龙头、洗脸盆、吸顶灯等，主要涉及到放样、阵列等相关知识。这些卫浴器具、灯具产品的建模设计都需要综合运用到 3ds Max 的许多功能技巧，涉及到多种命令、工具的配合使用，读者需能尽可能地掌握这些技能的运用，还可以在这些实例的基础上进行造型的创新设计，设计制作出更加新颖、漂亮，造型独特的电器用品。读者需要掌握"布尔"、"对齐"等常用命令。

单元内容

- 面盆水龙头——放样
- 陶瓷洗脸盆——布尔
- 室内时尚台灯——缩放变形
- 客厅水晶吸顶灯——阵列
- 餐厅水晶吊灯——对齐

任务一 面盆水龙头——放样

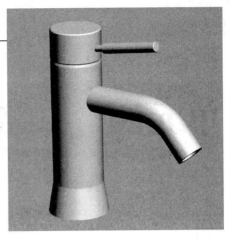

任务目标 通过使用"放样"、"倒角"等命令来制作一个面盆水龙头，最终效果如图4-1所示。

任务说明 完成一个时尚面盆水龙头的制作。其中水龙头主体主要使用"倒角"命令来控制形状变化；出水口使用"放样"命令生成；水龙头开关主要使用到"挤出"命令生成。

本实例操作步骤较多，涉及多种命令、工具按钮的配合使用，读者可

图4-1 面盆水龙头效果图

以在本实例的基础上再进行自主创新，例如，水龙头开关、出水口等地方都可以改变形状，设计出更加新颖、更加漂亮的水龙头。

实现步骤

01 启动3ds Max 9.0中文版，在菜单栏上执行"自定义"→"单位设置"→"公制"→"毫米"命令。

02 进入顶视图，在"命令面板"上执行"创建"→"图形"→"样条线"→"圆"命令，创建出一个圆形，参数设置如图4-2所示。

图4-2 圆形参数设置

03 选中圆形，在"命令面板"中执行"修改"→"修改器列表"→"倒角"命令，圆形倒角参数设置如图4-3所示。

图4-3 圆形倒角参数设置

04 进入顶视图，执行"创建"→"几何体"→"扩展基本体"→"切角圆柱体"命令，创建出一个切角圆柱体，作为水龙头开关，参数设置如图4-4所示。

05 进入顶视图，使用"对齐"工具按钮，将切角圆柱体与倒角圆形对齐，在"对齐当前选择"对话框中将X位置和Y位置都设为"中心"对齐，单击"确定"按钮完成设置，如图4-5所示。进入左视图，沿着Y轴拖动切角圆柱体，使其位于倒角圆形顶部。

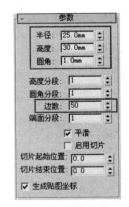

图4-4 切角圆柱体参数设置

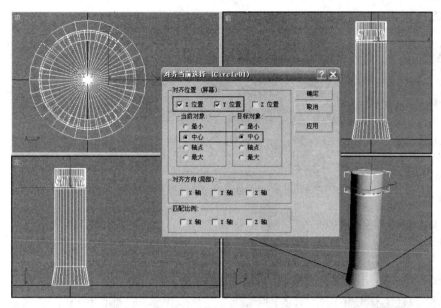

图 4-5　切角圆柱体与倒角圆形对齐

06 进入前视图，执行"创建"→"几何体"→"标准基本体"→"圆柱体"命令，创建出一个圆柱体，作为开关"把手"，参数设置如图 4-6 所示。

07 选中圆柱体，按下快捷键 Z，在视图中最大化显示圆柱体。在菜单栏执行"修改器"→"网格编辑"→"编辑多边形"命令，在"命令面板"中选中"多边形"层级。

08 进入透视图，按下 Ctrl 键不动，分别把圆柱体的顶部和底部"多边形"选中。在"命令面板"中打开"编辑多边形"卷展栏，选择"倒角"命令，设置按钮 □，弹出"倒角多边形"对话框，设置"高度"和"轮廓量"的值分别为 0.5 和 –0.5，如图 4-7 所示，单击"确定"按钮完成设置。

09 在透视图中单独选中圆柱体底部"多边形"，在"命令面板"中打开"编辑多边形"卷展栏，选择"插入"命令，设置按钮 □，弹出"插入多边形"对话框，设置"插入量"的值为 1.5，如图 4-8 所示，单击"确定"按钮完成设置。

10 继续在"命令面板"中打开"编辑多边形"卷展栏，选择"挤出"命令，设置按钮 □，弹出"挤出多边形"对话框，设置"挤出高度"的值为 10，如图 4-9 所示，单击"确定"按钮完成设置。

11 将把手放置于水龙头开关正前方位置。进入左视图，使用"选择并旋转"工具按钮 ↻，将其微调角度，如图 4-10 所示。

图 4-6　圆柱体参数设置

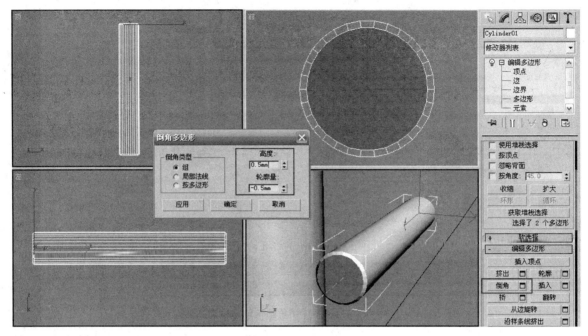

图 4-7　设置圆柱体"高度"和"轮廓量"

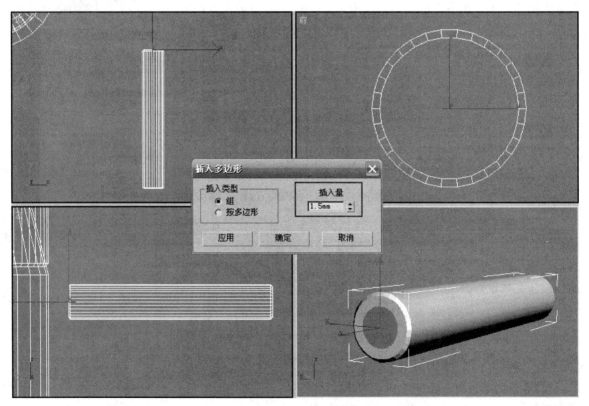

图 4-8　设置圆柱体"插入量"

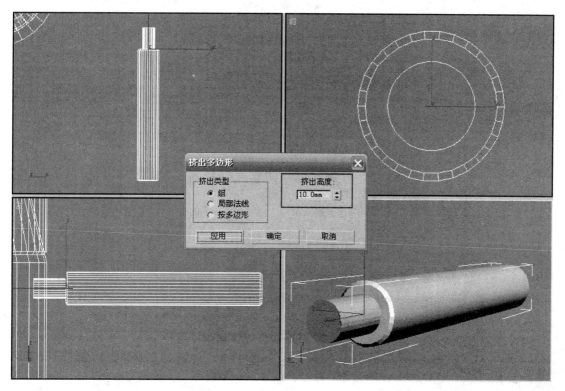

图 4-9 设置圆柱体"挤出高度"

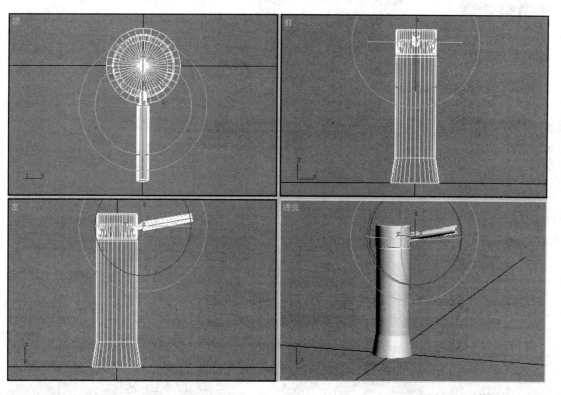

图 4-10 调整把手的位置

12 接下来制作水龙头出水口。进入左视图，在"命令面板"上执行"创建"→"图形"→"样条线"→"线"命令，创建出如图 4-11 所示样条线。

13 在"命令面板"中选中"顶点"层级。在"命令面板"中打开"几何体"卷展栏，选择"圆角"命令。使用"圆角"命令拖动样条线中间顶点，使其产生圆弧状。出水口外观样条线调整后如图 4-12 所示。

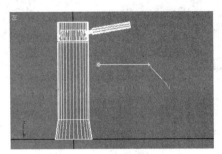 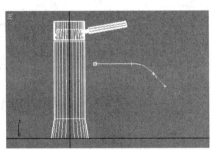

图 4-11　创建出水口样条线　　　　图 4-12　调整出水口样条线

图 4-13　圆环参数设置

14 进入前视图，在"命令面板"上执行"创建"→"图形"→"样条线"→"圆环"命令，创建出一个圆环，参数设置如图 4-13 所示。

15 选中出水口样条线，在"命令面板"上执行"创建"→"几何体"→"复合对象"→"放样"命令，激活"获取图形"按钮，再单击圆环，放样出出水口，如图 4-14 所示。

16 将出水口调整好位置，面盆水龙头制作完成后整体效果如图 4-15 所示。

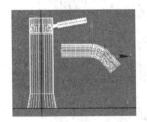

图 4-14　放样出出水口

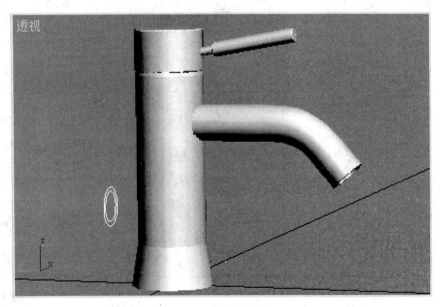

图 4-15　面盆水龙头整体效果图

相关知识

倒角命令："倒角值"卷展栏包含设置高度和四个级别的倒角量的参数。倒角对象需要两个级别的最小值：起始值和结束值。添加更多的级别来改变倒角从开始到结束的量和方向。可以将倒角级别看作被倒角物件上的层。"倒角值"卷展栏如图 4-16 所示。

图 4-16 "倒角值"卷展栏

起始轮廓位于倒角物件的底部，其中级别 1 的参数定义了第一层的高度和大小。启用级别 2 或级别 3 对倒角对象添加另一层，将它的高度和轮廓指定为前一级别的改变量。

起始轮廓——设置轮廓与原始图形的偏移距离。非零设置会改变原始图形的大小；正值会使轮廓变大；负值会使轮廓变小。

级别 1——包含两个参数，它们表示起始级别的改变。

高度——设置级别 1 在起始级别之上的距离。

轮廓——设置级别 1 的轮廓到起始轮廓的偏移距离。

级别 2 和 级别 3 是可选的并且允许改变倒角量和方向。

级别 2——在级别 1 之后添加一个级别。

高度——设置级别 1 之上的距离。

轮廓——设置级别 2 的轮廓到级别 1 轮廓的偏移距离。

级别 3——在前一级别之后添加一个级别。如果未启用级别 2，级别 3 添加于级别 1 之后。

高度——设置到前一级别之上的距离。

轮廓——设置级别 3 的轮廓到前一级别轮廓的偏移距离。

传统的倒角文本使用带有这些典型条件的所有级别。

起始轮廓可以是任意值，通常为 0.0。

级别 1 轮廓为正值。

级别 2 轮廓值为 0.0，不改变级别 1。

级别 3 轮廓为级别 1 值的负值，将级别 3 的值返回为与起始轮廓相同大小。

任务检测与评估

	检测项目	评分标准	分值	学生自评	教师评估
知识内容	认识"倒角"命令	基本了解该命令的功能和作用	10		
	认识"放样"命令	基本了解该命令的功能和作用	10		
	认识"挤出"命令	基本了解该命令的功能和作用	10		

续表

检测项目		评分标准	分值	学生自评	教师评估
操作技能	水龙头主体主要使用"倒角"命令来控制形状变化	能熟练使用该命令设计作品	20		
	使用"放样"命令生成水龙头出水口	能熟练使用该命令设计作品	20		
	水龙头开关主要使用到"挤出"命令生成	能熟练使用该命令设计作品	20		
	保存源文件，发布作品	保存源文件，并能多角度发布作品的最终效果图（JPG格式）	10		

任务二 陶瓷洗脸盆——布尔

任务目标 使用"布尔"等命令来制作一个陶瓷洗脸盆，最终效果如图 4-17 所示（见彩插）。

任务说明 完成一个陶瓷洗脸盆的制作。其中洗脸盆是使用"布尔"命令生成的，柜子部分则主要使用"长方体"命令创建组合而成，另外还通过"合并"命令将之前所学的任务 1 面盆水龙头中制作的水龙头合并进来。读者可以在本实例的基础上再进行自主创新，设计出更加新颖、时尚的陶瓷洗脸盆。

图 4-17 陶瓷洗脸盆效果图

实现步骤

01 启动 3ds Max 9.0 中文版，在菜单栏上执行"自定义"→"单位设置"→"公制"→"毫米"命令。

02 首先制作陶瓷面盆。进入顶视图，执行"创建"→"几何体"→"扩展基本体"→"切角长方体"命令，创建出一个切角长方体，参数设置如图4-18所示。

03 在菜单栏执行"修改器"→"网格编辑"→"编辑多边形"命令，在"命令面板"中选中"多边形"层级。

04 在顶视图中按下快捷键B，切换到底视图。选中面盆底部为多边形，在命令面板中打开"编辑多边形"卷展栏，选择"插入"命令，设置按钮 ⬜，弹出"插入多边形"对话框，设置"插入量"的值为20，如图4-19所示，单击"确定"按钮完成设置。

图4-18 切角长方体
参数设置

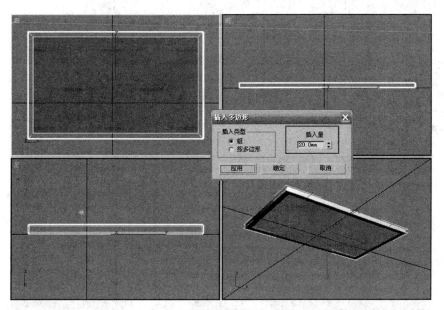

图4-19 在"插入多边形"对话框中进行设置

05 在"命令面板"中打开"编辑多边形"卷展栏，选择"挤出"命令，设置按钮 ⬜，弹出"挤出多边形"对话框，设置"挤出高度"的值为130，如图4-20所示，单击"确定"按钮完成设置。

06 进入前视图，执行"创建"→"几何体"→"扩展基本体"→"切角圆柱体"命令，创建出一个切角圆柱体，参数设置如图4-21所示。

07 在顶视图中使用"对齐"工具按钮 ⬛，将切角圆柱体与面盆对齐，在"对齐当前选择"对话框中将X位置和Y位置都设为"中心"对齐，单击"确定"按钮完成设置，如图4-22所示。进入前视图，沿Y轴拖动切角圆柱体，使其稍微贴近面盆底部。

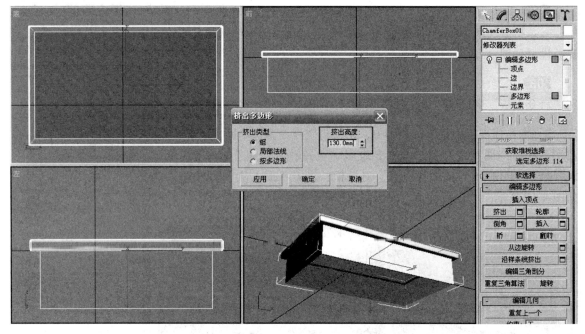

图 4-20 在"挤出多边形"对话框中进行设置

图 4-21 切角圆柱体
参数设置

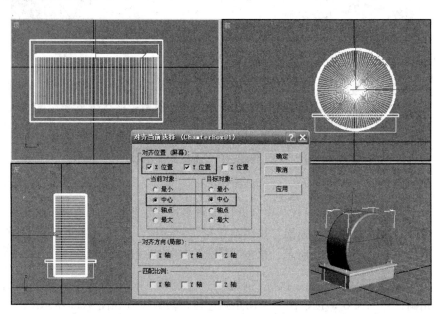

图 4-22 将切角圆柱体与面盆中心对齐

08 在前视图中选中面盆,在"命令面板"上执行"创建"→"几何体"→"复合对象"→"布尔"命令,在"参数"卷展栏中选中"差集 (A–B)"复选项。单击"拾取操作对象 B"按钮,再将单击圆柱体即可完成布尔命令,如图 4-23 所示。

09 接下来制作面盆下水口。进入顶视图，执行"创建"→"几何体"→"标准基本体"→"圆柱体"命令，创建出一个圆柱体，参数设置如图 4-24 所示。

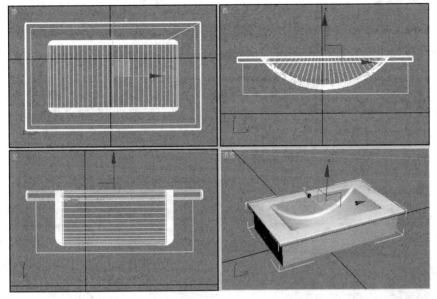

图 4-23 使用布尔命令　　图 4-24 圆柱体参数设置

10 在顶视图中使用"对齐"工具按钮 ，将圆柱体与面盆对齐，在"对齐当前选择"对话框中将 X 位置、Y 位置和 Z 位置都设为"中心"对齐，单击"确定"按钮完成设置，如图 4-25 所示。

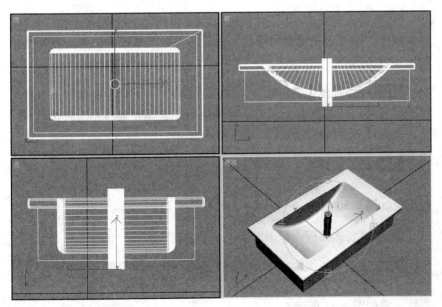

图 4-25 将圆柱体与面盆中心对齐

11 对面盆再执行一次"布尔"命令，使其生成下水口。

12 进入顶视图，在"命令面板"上执行"创建"→"图形"→"样条线"→"圆环"命令，创建出一个圆环，参数设置如图 4-26 所示。

13 选中圆环，在菜单栏执行"修改器"→"网格编辑"→"挤出"命令，将挤出数量设为 2。在顶视图中将圆环设为与面盆中心对齐，并在前视图中沿 Y 轴拖动圆环，使其贴近下水口，如图 4-27 所示。

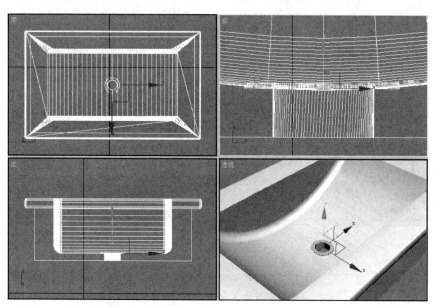

图 4-26 圆环参数设置　　图 4-27 调整圆环位置

14 进入前视图，执行"创建"→"几何体"→"扩展基本体"→"切角圆柱体"命令，创建出一个切角圆柱体，作为下水口活塞，参数设置如图 4-28 所示。

15 在顶视图中将活塞设为与面盆中心对齐；然后在前视图中沿 Y 轴拖动圆环，使其嵌入下水口，同时使用"选择并旋转"工具按钮 ↻，将活塞旋转一个微小的角度，如图 4-29 所示。

16 进入前视图，执行"创建"→"几何体"→"扩展基本体"→"切角长方体"命令，创建出一个切角长方体，作为面盆的前装饰面板，参数设置如图 4-30 所示。

17 将装饰面板调整至面盆正前方凹进去位置，如图 4-31 所示。

18 接下来制作面盆下方的柜子。进入前视图，在"命令面板"上执行"创建"→"图形"→"样条线"→"矩形"命令，创建出一个矩形，参数设置如图 4-32 所示。

图 4-28 切角圆柱体参数设置

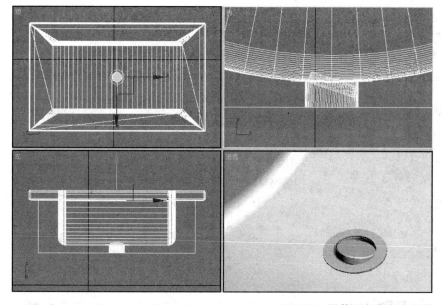

图 4-29　调整活塞位置和角度　　图 4-30　切角长方体参
数设置

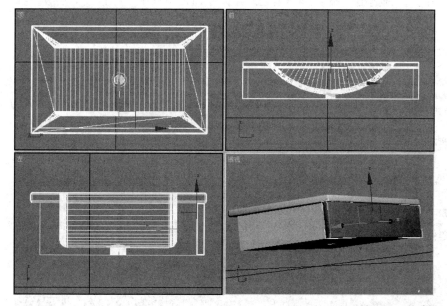

图 4-31　调整装饰面板位置　　图 4-32　矩形参数设置

19 将矩形放置于面盆左边下方位置，如图 4-33 所示。在菜单栏执行"修改器"→"面片 / 样条线编辑"→"编辑样条线"命令。

20 进入前视图，在"命令面板"中选中"分段"层级，将矩形顶部线段删除；再选中"顶点"层级，使用"选择并移动"工具按钮 ✛，沿 Y 轴向下拖动矩形右上角顶点，拖动至面盆下方，如图 4-34 所示。

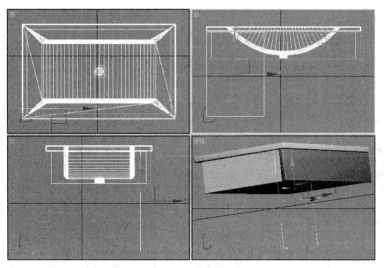

图 4-33　将矩形放置于面盆左边下方　　　　　　　图 4-34　处理矩形线段和顶点

21 在"命令面板"上执行"创建"→"图形"→"样条线"→"线"命令，创建出一条 L 形样条线。在命令面板中选中"样条线"层级，打开"几何体"卷展栏，选择"轮廓"命令，将其值设为 20，如图 4-35 所示。

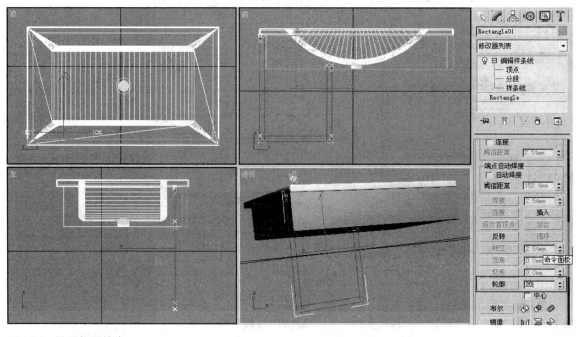

图 4-35　设置矩形轮廓

22 选中矩形，在菜单栏执行"修改器"→"网格编辑"→"挤出"命令，将"挤出"数量设为410。将挤出矩形调整好位置，如图4-36所示。

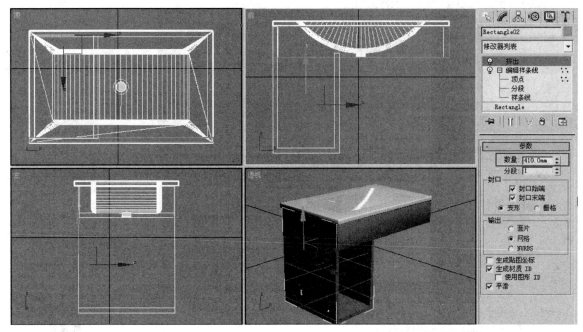

图4-36 对挤出矩形调整位置

23 进入顶视图，执行"创建"→"几何体"→"标准基本体"→"长方体"命令，创建出一个长方体，作为柜子中间隔板，参数设置如图4-37所示。将柜子放置在中间位置。

24 继续制作另一个柜子。进入前视图，在"命令面板"上执行"创建"→"图形"→"样条线"→"矩形"命令，创建出一个矩形，作为右边柜子，参数设置如图4-38所示。

25 参考步骤19～步骤22，制作出右边柜子，如图4-39所示。

26 进入前视图，执行"创建"→"几何体"→"扩展基本体"→"切角长方体"命令，创建出一个切角长方体，作为右边柜子的柜门，参数设置如图4-40所示。

27 将柜门移动至右边柜子正前方位置，如图4-41所示。

28 接着制作柜门把手。进入顶视图，在"命令面板"上执行"创建"→"图形"→"样条线"→"矩形"命令，创建出一个矩形，参数设置如图4-42所示。

29 选中矩形，在菜单栏执行"修改器"→"面片/样条线编辑"→"编辑样条线"命令，在"命令面板"中选中"分段"层级，将矩形顶部线段删除。

图4-37 长方体参数
设置

图4-38 矩形参数
设置

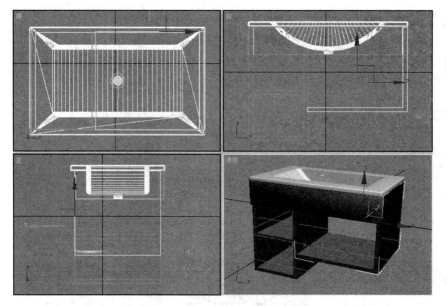

图 4-39 右边柜子

图 4-40 切角长方体参
数设置

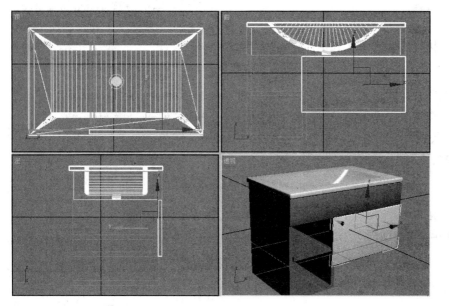

图 4-41 调整柜门位置

图 4-42 矩形参数设置

30 在"命令面板"中重新选中"顶点"层级，在"命令面板"中打开"几何体"卷展栏，选择"圆角"命令。使用"圆角"命令拖动矩形下方两个顶点，使其产生圆弧状，然后使用"选择并移动"工具按钮 ，向外拖动矩形上方两个顶点，矩形调整后如图 4-43 所示。

31 进入左视图，在"命令面板"上执行"创建"→"图形"→"样条线"→"圆"命令，创建出一个圆形，参数设置如图 4-44 所示。

32 选中圆形，在菜单栏执行"修改器"→"面片/样条线编辑"→"编辑样条线"命令，在"命令面板"中选中"顶点"层级。使用"选择并移动"工具按钮 ✛ 和"选择并均匀缩放"工具按钮 ▣，调整圆形形状，如图 4-45 所示。

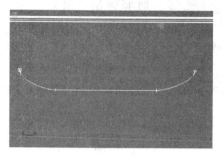

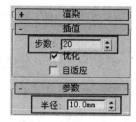

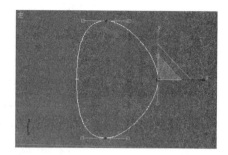

图 4-43 矩形调整后　　图 4-44 圆形设置参数　　　　图 4-45 调整圆形形状

33 在顶视图中重新选中处理好的矩形样条线，在"命令面板"上执行"创建"→"几何体"→"复合对象"→"放样"命令。单击"获取图形"按钮，再单击左视图中的圆形即可生成柜门把手。将把手拖动至柜门正前方，如图 4-46 所示。

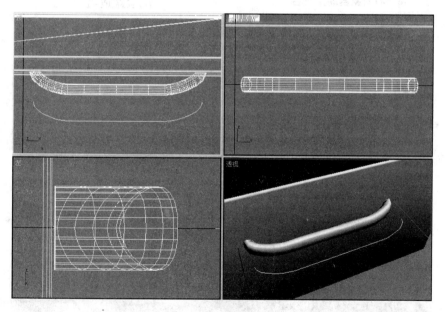

图 4-46 生成柜门把手

34 在菜单栏执行"文件"→"合并"命令，在弹出的"合并文件"对话框中选择"任务 12 面盆水龙头"的源文件，单击"打开"按钮，将弹出"合并"对话框，如图 4-47 所示。

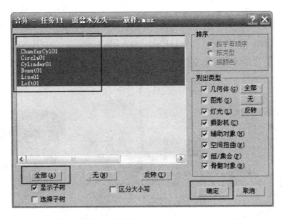

图 4-47 "合并"对话框

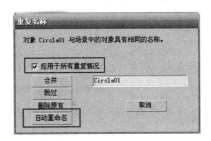

图 4-48 将对象自动重命名

35 单击"全部"按钮,将"面盆水龙头"源文件的全部部件选中,单击"确定"按钮。此时将弹出"重复名称"对话框,在该对话框中选中"应用于所有重复情况"复选项,再单击"自动重命名"按钮,如图 4-48 所示。

30 此时面盆水龙头将被合并进来,然后在菜单栏执行"组"→"成组"命令,将水龙头所有部件组合起来,将其命名为"水龙头"。将水龙头放置在洗脸盆适当位置。

37 陶瓷洗脸盆制作完成后整体效果如图 4-49 所示。

图 4-49 陶瓷洗脸盆整体效果图

相关知识

（1）"布尔"命令

"布尔"命令支持"并集"、"交集"、"差集"、"合集"。前三个运算与标准布尔复合对象中执行的运算很相似。"布尔"命令卷展栏如图 4-50 所示。

要创建布尔复合对象，需执行以下操作。

1）为布尔运算设置对象。例如，要从长方体中减去球体，创建该长方体和球体，并排列球体，以便其体积与长方体相交，去掉相交部分就得到了所需结果。

2）在"创建面板"上选择"几何体"下拉列表，在其中选择"复合对象"选项，然后单击"布尔"按钮。

3）在"参数"卷展栏上，选择要使用的布尔运算的类型："并集"、"交集"、"差集"等。还要选择该软件如何将拾取的下一个运算对象传输到布尔对象："参考"、"复制"、"移动"或"实例化"。也可以选择保留原始材质，或保持默认的"应用材质"选择，即应用运算对象材质。

4）单击"开始拾取"按钮。

5）拾取一个或多个对象参与布尔运算。

6）拾取对象时，对于每个新拾取的对象，还可以更改布尔运算（合集等）和选项（切面或盖印），以及将下一个运算对象传输到布尔（参考、复制等）中的方式和"应用材质"选择。只要按住"开始拾取"按钮不放，就可以继续拾取运算对象。将拾取的每个对象添加到布尔运算中。

7）当"修改面板"处于活动状态时，可以通过单击"开始拾取"按钮，然后拾取要添加的对象，将这些对象添加到选定的布尔对象中。

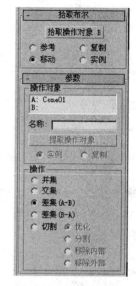

图 4-50 "布尔"命令
卷展栏

（2）"合并"命令

使用"合并"命令可以将其他场景中的文件对象引入到当前场景中。如果要将整个场景与其他场景组合，也可以使用"合并"命令。"合并"命令对话框如图 4-51 所示。

使用"合并"对话框，无论是否使用从属对象，均可加载并保存影响。选择列表窗口中的某项并单击"影响"按钮时，将会在该列表窗口中选择该对象的影响。选择列表窗口中的某项并启用"显示影响"时，该对象的影响将会在该列表窗口中显示为蓝色。选择列表窗口中的某项并启用"选择影响"时，也将在该列表窗口中选择该对象的影响。

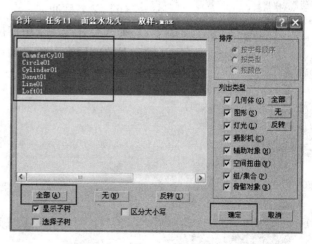

图 4-51 "合并"对话框

（3）自动单位转换

在"单位设置"对话框中启用"考虑文件中的系统单位"时，在"系统单位比例"组中，合并的对象如果来自一个具有不同场景单位比例的文件，将会对其进行缩放，以便在新场景中保持正确的大小。

（4）解决名称冲突

当一个或更多的传入对象与场景中的对象名称相同时，警告给出以下选项。

1）合并——使用右边字段中的名称合并传入对象。为了避免两个对象同名，在处理前请先输入一个新名称。

2）跳过——不合并传入对象。

3）删除原有——合并传入对象前删除现有对象。

4）应用于所有重复情况——处理后续所有同名的传入对象，采用的方式与为当前对象指定的方式相同，不会再出现警告。如果重命名当前对象，则该选项不可用。

5）取消——取消合并操作。

（5）材质名称冲突

当一个或更多的指定给传入对象的材质与场景中的材质名称相同时，警告给出以下选项。

1）重命名合并材质——为传入的材质定义名称。

2）使用合并材质——将传入材质的特性指定给场景中的同名材质。

3）使用场景材质——将场景材质的特性指定给传入的同名材质。

4）自动重命名合并材质——自动将传入材质重命名为新的名称。根据下一个可用的材质编号使用材质编号的名称。

5）应用于所有重复情况——处理后续所有同名的传入对象，采用的方式与为当前对象指定的方式相同。

（6）父名称冲突

如果合并源场景中链接到父对象的对象，而且当前场景中存在作为源父对象的同名对象，则可打开"合并文件"对话框，以便可以重新创建相同的层次。

任务检测与评估

检测项目		评分标准	分值	学生自评	教师评估
知识内容	认识"布尔"命令	基本了解该命令的功能和作用	10		
	认识"长方体"功能	基本了解该命令的功能和作用	10		
	认识"合并"命令	基本了解该命令的功能和作用	10		
操作技能	洗脸盆是使用"布尔"命令生成	能熟练使用该命令设计作品	20		
	柜子部分使用"长方体"功能创建组合而成	能熟练使用该命令设计作品	20		
	"合并"命令将之前所学的任务1面盆水龙头中制作的水龙头合并进来	能熟练使用该命令设计作品	20		
	保存源文件,发布作品	保存源文件,并能多角度发布作品的最终效果图（JPG格式）	10		

任务三 室内时尚台灯——缩放变形

■ 任务目标 使用"放样"、"缩放变形"等命令来制作一个时尚室内台灯,最终效果如图4-52所示。

■ 任务说明 完成一个时尚室内台灯的制作,主要使用到"放样"命令生成灯罩,使用"缩放"和"变形"命令来设计灯罩造型。

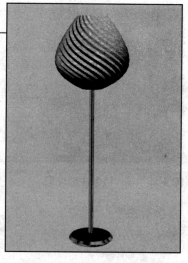

图4-52 室内时尚台灯效果图

实现步骤

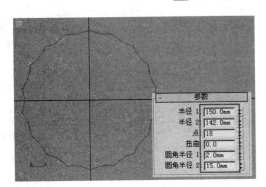

图 4-53　星形样条线及其参数设置

小提示

如需精确绘制直线可在前视图中单击"线"按钮，在其命令面板中展开"键盘输入"按钮，在默认参数都为零状态下单击"添加点"按钮，然后在 Z 轴输入数值 450mm，如图 4-54 所示，再单击一次"添加点"按钮即可生成一个长度为 450mm 的直线。

图 4-54　生成直线

01 启动 3ds Max 9.0 中文版，在菜单栏中执行"自定义"→"单位设置"→"公制"→"毫米"命令。

02 进入顶视图，单击"图像"按钮 ⊙ ，再单击"星形"按钮，绘制一个星形样条线，参数如图 4-53 所示。

03 在前视图中绘制一条 450mm 的直线，作为放样时的路径。

04 对星形线条执行"修改器"→"面片 / 样条线编辑"→"编辑样条线"命令，在修改面板中选择"样条线"级别，然后在轮廓框中输入值 1，单击"轮廓"按钮即可。如图 4-55 所示。

05 进入前视图，单击"复合对象"下拉列表，单击"放样"按钮，再单击"获取图形"按钮，在视图中单击星形线条，生成放样物体，单击"蒙皮参数"按钮，修改其步数，如图 4-56 所示。

06 单击"修改"按钮，进入"修改面板"，单击"变形"按钮将其展开，单击"缩放"按钮，弹出"缩放变形"窗口，对左右两个控制点分别单击右键，选择"Bezier- 角点"命令，调整如图 4-57 所示。

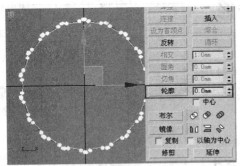

图 4-55　星形线条生成轮廓

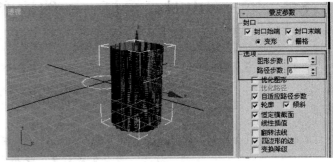

图 4-56　星形线条生成轮廓

07 继续单击"扭曲"按钮，弹出"扭曲变形"窗口，对左右两个控制点进行调整，如图 4-58 所示。

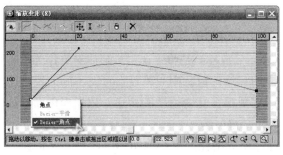

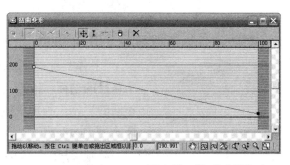

图 4-57 "缩放变形"窗口   图 4-58 "扭曲变形"窗口

08 进入顶视图，单击"标准基本体"下拉列表，单击"圆柱体"按钮，拉出一个圆柱体，作为台灯的支架，参数设置如图 4-59 所示。

09 选中支架，再单击"对齐"按钮 ，然后单击灯罩，在弹出的"对齐当前选择"对话框中，参数设置如图 4-60 所示。设置完成后单击"确定"按钮，即可将支架完全置于灯罩中间位置。

10 单击"扩展基本体"下拉列表，单击"切角圆柱体"按钮，拉出一个切角圆柱体作为台灯底座，参数设置如图 4-61 所示。

11 打开"材质编辑器"，为灯罩赋予一种布料材质。

12 单击另一个空白的材质球，在"明暗器基本参数"栏下，选择"金属"下拉列表，在"反射高光"栏下设置参数，如图 4-62 所示。

图 4-59 圆柱体参数

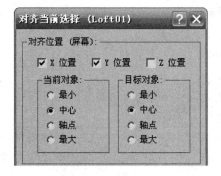

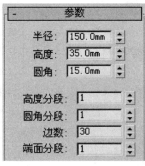

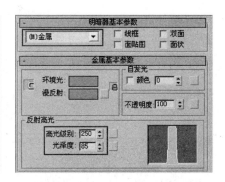

图 4-60 "对齐当前选择"对话框   图 4-61 切角圆柱体参数   图 4-62 设置金属样式

13 打开"贴图卷展栏"，在"反射"级别赋予金属材质贴图，单击贴图类型按钮 Map #4 (metal03.jpg)，进入"反射"子层级。选中"应用"单选按钮，单击"查看图像"按钮，在弹出的窗口中缩小贴图选择范围，关闭窗口即可，如图 4-63 所示。

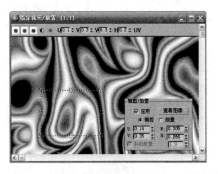

图 4-63 "指定裁剪/放置"窗口

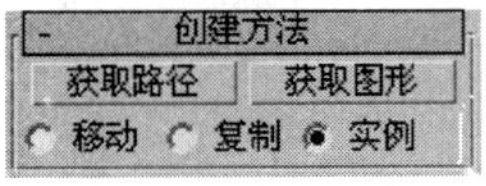

图 4-64 放样操作面板

相关知识

"放样"命令：Loft Object（放样）是将一个二维形体对象作为沿某个路径的剖面，而形成复杂的三维对象。同一路径上可在不同的段给予不同的形体。利用放样可以实现很多复杂模型的构建。放样操作面板如图 4-64 所示。

放样（Loft）可以通过"获取路径"、"获取图形"两种方法创建三维实体造型。可以选择物体的截面图形后获取路径放样物体，也可通过选择路径后获取图形的方法放样物体。

任务检测与评估

	检测项目	评分标准	分值	学生自评	教师评估
知识内容	认识"放样"命令	基本了解该命令的功能和作用	10		
	认识"缩放"命令	基本了解该命令的功能和作用	10		
	认识"变形"命令	基本了解该命令的功能和作用	10		
操作技能	使用"放样"命令生成灯罩	能熟练使用该命令设计作品	20		
	使用"缩放"和"变形"功能来设计灯罩造型	能熟练使用该命令设计作品	40		
	保存源文件，发布作品	保存源文件，并能多角度发布作品的最终效果图（JPG 格式）	10		

任务四　客厅水晶吸顶灯——阵列

■任务目标　使用"阵列"等命令来制作一个客厅水晶吸顶灯，最终效果如图 4-65 所示（见彩插）。

■任务说明　完成一个客厅水晶吸顶灯的制作。其中吸顶灯底座使用"插入"和"挤出"命令来生成；灯罩、水晶灯和灯珠使用"长方体"建模进行组合，并使用"布尔"、"放样"等命令综合制作完成；最后使用"阵列"命令将组合后的灯罩、水晶灯和灯珠进行阵列复制。

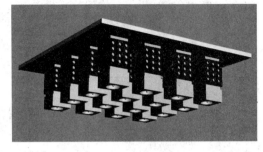

图 4-65　客厅水晶吸顶灯效果图

本实例操作步骤较多，涉及多种命令、工具按钮的配合使用，读者可以在本实例的基础上再进行自主创新。

实现步骤

01　启动 3ds Max 9.0 中文版，在菜单栏上执行"自定义"→"单位设置"→"公制"→"毫米"命令。

02　首先制作水晶吊灯底座。进入顶视图，执行"创建"→"几何体"→"标准基本体"→"长方体"命令，创建出一个长方体，具体参数设置如图 4-66 所示。

03　在菜单栏执行"修改器"→"网格编辑"→"编辑多边形"命令，在"命令面板"中选中"多边形"层级，如图 4-67 所示。

04　选中长方体顶部多边形，在"命令面板"中打开"编辑多边形"卷展栏，选择"插入"命令，设置按钮 ▣，弹出"插入多边形"对话框，设置"插入量"的值为 50，如图 4-68 所示，单击"确定"按钮完成设置。

05　在"命令面板"中打开"编辑多边形"卷展栏，选择"挤出"命令，设置按钮 ▣，弹出"挤出多边形"对话框，设置"挤出高度"的值为 20，如图 4-69 所示，单击"确定"按钮完成设置。

参数

长度：850.0mm
宽度：850.0mm
高度：20.0mm

长度分段：1
宽度分段：1
高度分段：1
☑ 生成贴图坐标

图 4-66　长方体参数

图 4-67　选择"多边形"层级

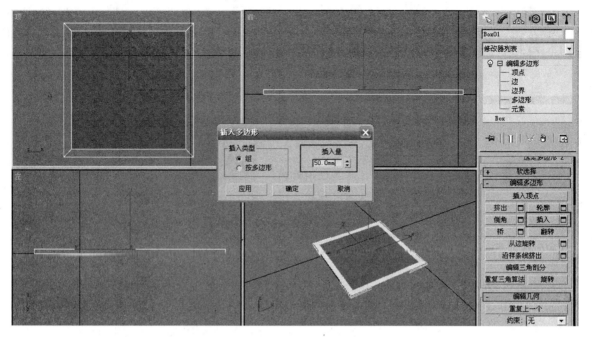

图 4-68　设置插入量

06 接着制作吸顶灯灯罩。进入顶视图，执行"创建"→"几何体"→"标准基本体"→"长方体"命令，创建出一个长方体，具体参数设置如图 4-70 所示。

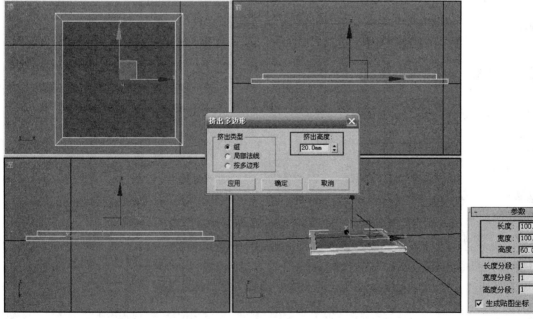

图 4-69　设置挤出高度

图 4-70　长方体参数

07 在菜单栏执行"修改器"→"网格编辑"→"编辑多边形"命令，在"命令面板"中选中"多边形"层级。

08 在"命令面板"中打开"编辑多边形"卷展栏，选择"插入"命令，设置按钮 ▣，弹出"插入多边形"对话框，设置"插入量"的值为 5，如图 4-71 所示，单击"确定"按钮完成设置。

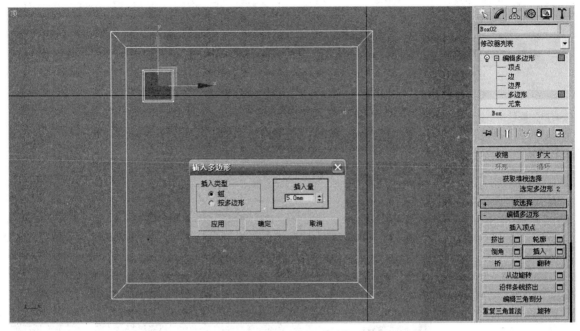

图 4-71 设置长方体"插入量"

09 在"命令面板"中打开"编辑多边形"卷展栏，选择"挤出"命令，设置按钮 ▣，弹出"挤出多边形"对话框，设置"挤出高度"的值为 150，如图 4-72 所示，单击"确定"按钮完成设置。

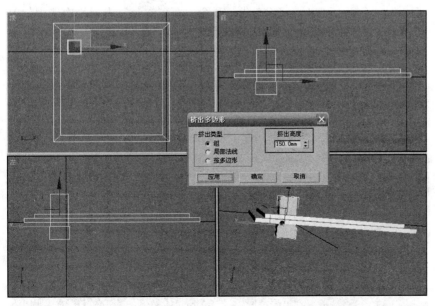

图 4-72 设置长方体挤出高度

小提示

各视图快捷键
F：前视图
T：顶视图
L：左视图
P：透视图
C：相机视图
B：底视图

图 4-73　圆柱体参数设置

小提示

3ds Max 9.0 开始把 R 键改为缩放工具。

10 进入顶视图，按下快捷键 B，切换为底视图。执行"创建"→"几何体"→"标准基本体"→"圆柱体"命令，创建出一个圆柱体，具体参数设置如图 4-73 所示。

11 使用"对齐"工具按钮 ，将圆柱体与灯罩对齐，在"对齐当前选择"对话框中将 X 位置和 Y 位置都设为中心对齐，单击"确定"按钮完成设置。然后进入左视图，将圆柱体向下拖动，稍微突出灯罩，如图 4-74 所示。

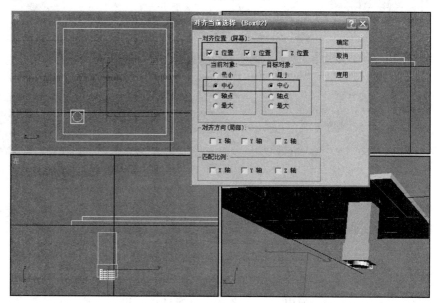

图 4-74　圆柱体与灯罩中心对齐

12 在左视图中选中灯罩，在"命令面板"上执行"创建"→"几何体"→"复合对象"→"布尔"命令，在"参数"卷展栏中选中"差集 (A–B)"复选框。单击"拾取操作对象 B"按钮，再单击圆柱体即可完成布尔命令，如图 4-75 所示。

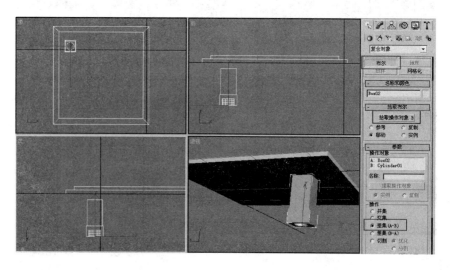

图 4-75　使用"布尔"命令

13 接着制作灯珠。进入前视图，在"命令面板"上执行"创建"→"图形"→"样条线"→"线"命令，创建出灯珠样条线，使用"圆角"命令进行调整，效果如图 4-76 所示。

14 在菜单栏执行"修改器"→"面片/样条线编辑"→"车削"命令，在"命令面板"下进入"轴"层级进行调整。然后将灯珠放置到灯罩正下方，如图 4-77 所示。

15 接下来制作灯罩装饰。进入顶视图，执行"创建"→"几何体"→"标准基本体"→"长方体"命令，创建出一个长方体，具体参数设置如图 4-78 所示。

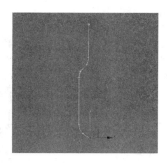

图 4-76　灯珠样条线效果

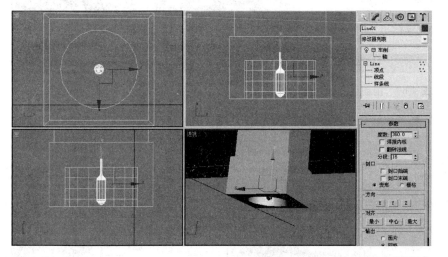

图 4-77　灯珠放置到灯罩正下方

图 4-78　长方体参数

16 进入前视图，执行"创建"→"几何体"→"标准基本体"→"圆柱体"命令，创建出一个圆柱体，具体参数设置如图 4-79 所示。

17 重新进入顶视图，按住 Shift 键不动，使用"选择并移动"工具按钮 ✛，向右拖动复制圆柱体，弹出"克隆选项"对话框，将"副本数"值设为 5，如图 4-80 所示。单击"确定"按钮完成设置，将复制出 5 份圆柱体。

18 框选后面三个圆柱体，在主工具栏上右键单击"选择并旋转"工具按钮 ↻，弹出"旋转变换输入"对话框。在该对话框的"绝对：世界"选项组中将 Z 坐标轴的值设为 90，如图 4-81 所示。

图 4-79　圆柱体参数

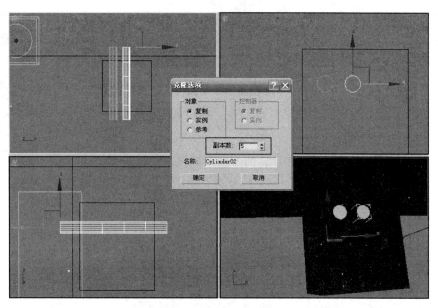

图 4-80 拖动复制圆柱体

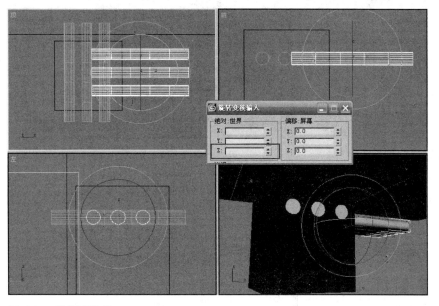

图 4-81 旋转圆柱体

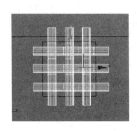

图 4-82 圆柱体形成交叉状

19 将旋转后的三个圆柱体向左拖动，使其与之前三个圆柱体交叉在一起，如图 4-82 所示。

20 进入前视图，按住 Shift 键不动，使用"选择并移动"工具按钮 ✛，向下拖动复制圆柱体，弹出"克隆选项"对话框，将"副本数"值设为 3，单击"确定"按钮完成设置，将复制出 3 份圆柱体，如图 4-83 所示。

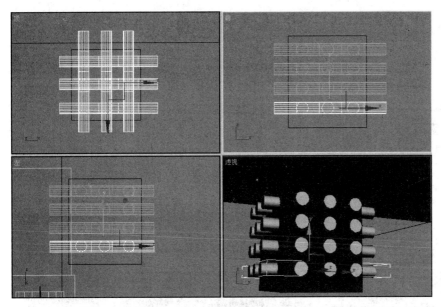

图 4-83　复制圆柱体

21　选中任意一个圆柱体，在菜单栏执行"修改器"→"网格编辑"→"编辑多边形"命令。在"命令面板"中打开"编辑几何"卷展栏，选择"附加"命令，设置按钮 ◻，弹出"附加列表"对话框，在对话框中选中全部圆柱体，如图 4-84 所示，单击"附加"按钮完成设置。

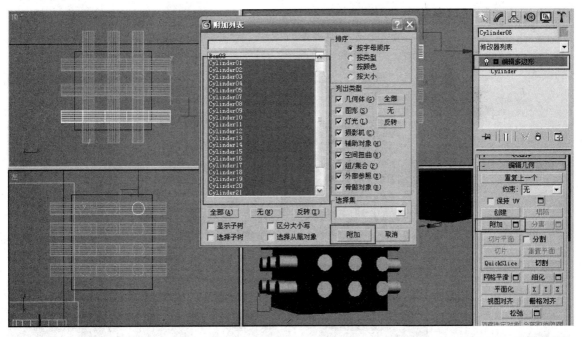

图 4-84　附加圆柱体

22 重新选中长方体，在"命令面板"上执行"创建"→"几何体"→"复合对象"→"布尔"命令，在"参数"卷展栏中选中"差集(A–B)"复选项。单击"拾取操作对象 B"按钮，再将鼠标单击圆柱体完成布尔命令，如图 4-85 所示。

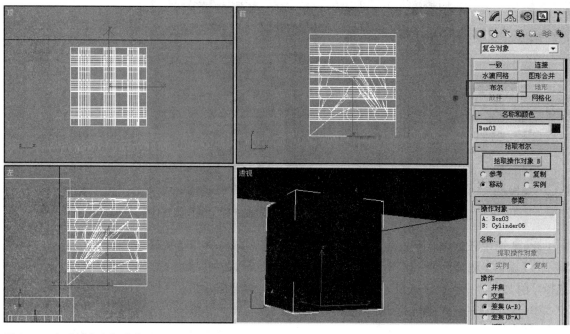

图 4-85 完成"布尔"命令

23 进入顶视图，使用"对齐"工具按钮 ，将灯罩装饰与灯罩对齐，在"对齐当前选择"对话框中将 X 位置和 Y 位置都设为中心对齐，单击"确定"按钮完成设置。然后进入左视图，将灯罩装饰调整到如图 4-86 所示。

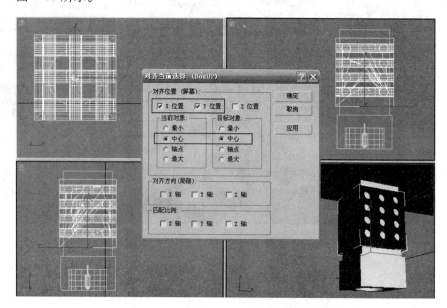

图 4-86 调整灯罩装饰
位置

24 框选灯罩全部部件，在菜单栏执行"组"→"成组"命令，将其命名为"灯罩"。进入左视图，激活"捕捉开关"工具按钮 ▣，将灯罩拖动到紧贴灯座底部位置；然后进入顶视图，将灯座调整到适当位置，如图4-87所示。

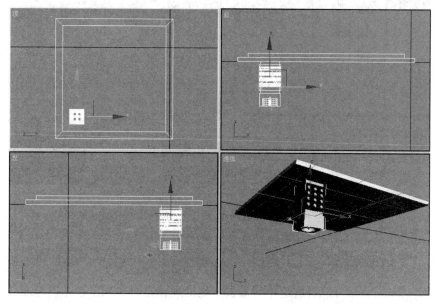

图4-87　将灯罩调整到适当位置

25 在菜单栏执行"工具"→"阵列"命令，将弹出"阵列"对话框。在"阵列变换"选项组中将"移动"的X轴值设为720；在"阵列维度"选项组中选择"2D"，将"数量"设置为4，Y轴偏移量设置为180，阵列命令参数设置如图4-88所示，单击"确定"按钮完成设置。

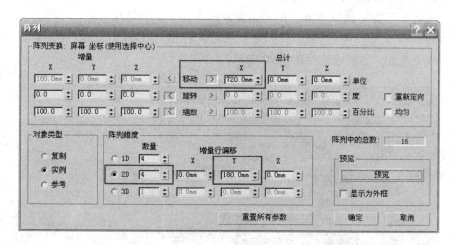

图4-88　阵列命令参数设置

26 客厅水晶吸顶灯制作完成后整体效果如图 4-89 所示。

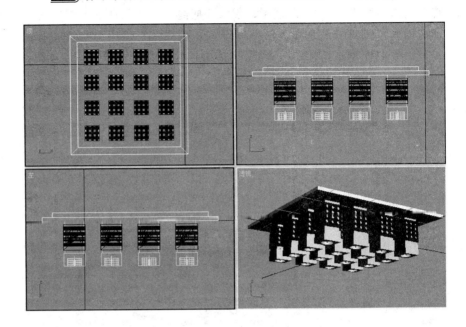

图 4-89 客厅水晶吸顶
灯整体效果图

相关知识

阵列命令可以将被选中对象按一定的规律进行排列、选择，并进行重复性的复制。在菜单栏执行"工具"→"阵列"命令，将弹出"阵列"命令对话框，如图 4-90 所示。在该对话框中包括"阵列变换"、"对象类型"和"阵列维度"三个选项组。

（1）"阵列变换"选项组

可以按"增量"或按"总计"来设置阵列对象在不同轴向的移动距离、旋转角度获缩放比例。例如，在"移动"行左边 Y 轴输入 50，则表示阵列对象沿着 Y 轴以 50mm 的距离复制八个对象；如果在"旋转"行右边的 Z 轴输入 180，则表示阵列对象沿着 Z 轴在 180 度的范围内旋转复制八个对象，参数设置如图 4-90 所示。

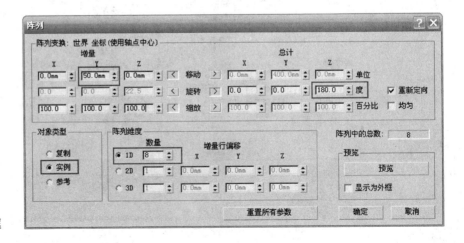

图 4-90 "阵列"对话框

（2）"对象类型"选项组

可选择阵列命令所创建副本对象的类型，默认为"实例"。

（3）"阵列维度"选项组

在该选项组可以设置阵列对象在一维、二维或三维三个维度中 X、Y、Z 三个坐标轴方向复制的数量，默认为一维阵列。

任务检测与评估

	检测项目	评分标准	分值	学生自评	教师评估
任务知识内容	认识"插入"和"挤出"命令	基本了解该命令的功能和作用	10		
	认识"布尔"、"放样"等命令	基本了解该命令的功能和作用	10		
	认识"阵列"命令	基本了解该命令的功能和作用	10		
操作技能	吸顶灯底座使用"插入"和"挤出"命令来生成	能熟练使用该命令设计作品	20		
	灯罩、水晶灯和灯珠使用"长方体"建模进行组合，并使用"布尔"、"放样"等命令综合制作完成	能熟练使用该命令设计作品	20		
	使用"阵列"命令将组合后的灯罩、水晶灯和灯珠进行阵列复制	能熟练使用该命令设计作品	20		
	保存源文件，发布作品	保存源文件，并能多角度发布作品的最终效果图（JPG 格式）	10		

任务五 餐厅水晶吊灯——对齐

任务目标 使用"对齐"等命令来制作一个餐厅水晶吊灯,最终效果如图 4-91 所示(见彩插)。

任务说明 完成一个餐厅水晶吊灯的制作。其中使用了"挤出"、"插入"等命令生成吊灯主体,使用"对齐"命令将吊灯各个部件进行对齐操作。本实例操作步骤较多,涉及多种命令、工具按钮的配合使用,读者可以在本实例的基础上再进行自主创新,设计出更加新颖漂亮的水晶吊灯。

图 4-91 餐厅水晶吊灯效果图

实现步骤

01 启动 3ds Max 9.0 中文版,执行操作"自定义"→"单位设置"→"公制"→"毫米"命令。

02 首先制作吊灯灯头。进入顶视图,在"命令面板"上执行"创建"→"图形"→"样条线"→"星形"命令,创建出一个星形线条,参数设置如图 4-92 所示。

03 选中星形样条线,在菜单栏执行"修改器"→"网格编辑"→"挤出"命令,将挤出"数量"设为 30,如图 4-93 所示。

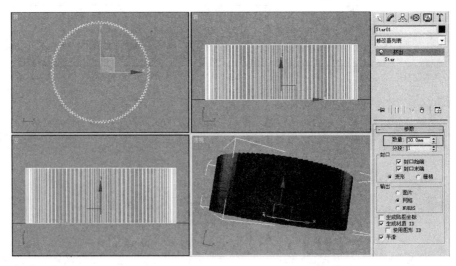

参数	
半径 1:	82.0mm
半径 2:	80.0mm
点:	100
扭曲:	0.0
圆角半径 1:	0.0mm
圆角半径 2:	0.0mm

图 4-92 星形线条 参数设置

图 4-93 "挤出"星形线条

04 进入顶视图，执行"创建"→"几何体"→"标准基本体"→"圆柱体"命令，创建出一个圆柱体，参数设置如图4-94所示。

05 使用"对齐"工具按钮 ，将圆柱体与挤出星形线条对齐，在"对齐当前选择"对话框中将X位置、Y位置和Z位置都设为"中心"对齐，单击"确定"按钮完成设置，如图4-95所示。

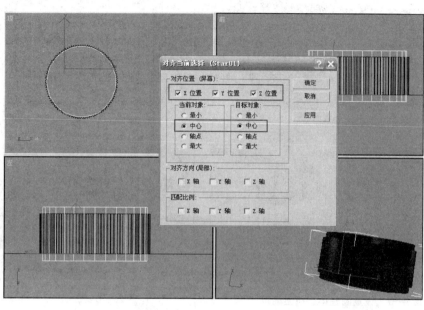

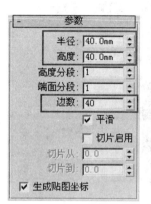

图4-94 圆柱体参数设置

图4-95 将圆柱体与挤出星形线条对齐

06 选中圆柱体，在菜单栏执行"修改器"→"网格编辑"→"编辑多边形"命令，在"命令面板"中选中"多边形"层级。

07 进入透视图，按住Ctrl键不动，分别把圆柱体的顶部和底部"多边形"选中。在"命令面板"中打开"编辑多边形"卷展栏，选择"插入"命令，设置按钮 ，弹出"插入多边形"对话框，设置"插入量"的值为2，如图4-96所示。单击"确定"按钮完成设置。

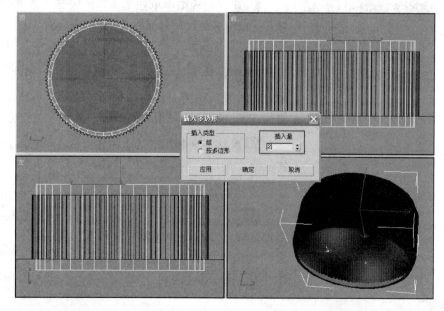

图4-96 设置圆柱体"插入量"

08 继续在"命令面板"中打开"编辑多边形"卷展栏，选择"挤出"命令，设置按钮 回，弹出"挤出多边形"对话框，设置"挤出高度"的值为8，如图4-97所示，单击"确定"按钮完成设置。

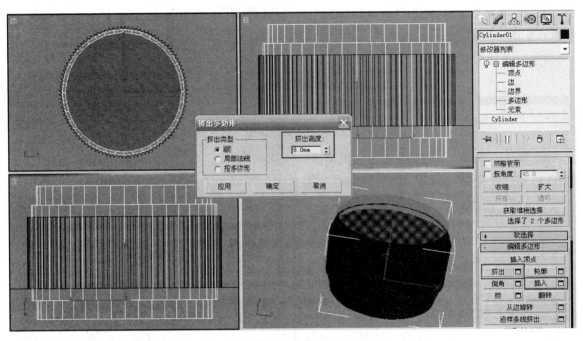

图4-97 设置圆柱体"挤出高度"

图4-98 设置圆柱体底部"插入量"

09 在透视图中单独把圆柱体底部"多边形"选中，在命令面板中打开"编辑多边形"卷展栏，选择"插入"命令，设置按钮 回，弹出"插入多边形"对话框，设置"插入量"的值为2，如图4-98所示。

10 继续在命令面板中打开"编辑多边形"卷展栏，选择"挤出"命令，设置按钮 回，弹出"挤出多边形"对话框，设置"挤出高度"的值为–20，如图4-99所示，单击"确定"按钮完成设置。

11 接下来制作吊灯水晶柱。进入顶视图，执行"创建"→"几何体"→"扩展基本体"→"球棱柱"命令，创建一个球棱柱，参数设置如图4-100所示。

12 使用"对齐"工具按钮 ，将球棱柱与灯头对齐，在"对齐当前选择"对话框中将 X 位置和 Y 位置都设为"中心"对齐，单击"确定"按钮完成设置。进入左视图，将球棱柱调整到灯头下方位置，如图4-101所示。

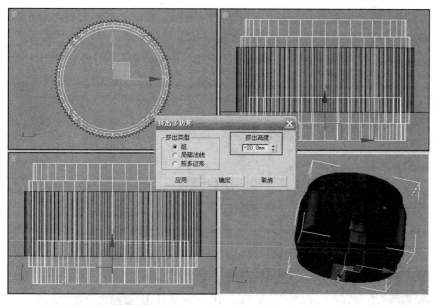

图 4-99　设置圆柱体底部"挤出高度"

图 4-100　球棱柱参数

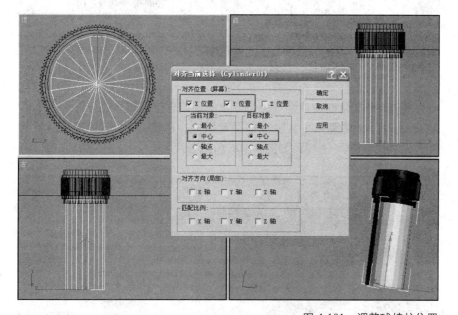

图 4-101　调整球棱柱位置

13 接着制作连接灯头和水晶柱的"螺丝钉"。进入左视图，在"命令面板"上执行"创建"→"图形"→"样条线"→"星形"命令，创建出一个星形线条，参数设置如图 4-102 所示。

14 选中星形线条，在菜单栏执行"修改器"→"网格编辑"→"挤出"命令，将挤出"数量"设为 3。

15 执行"创建"→"几何体"→"标准基本体"→"球体"命令，创建一个球，参数设置如图 4-103 所示。

图 4-102　星形线条
参数

16 在左视图中使用"对齐"工具按钮 ，将球体与挤出星形线条中心对齐，在顶视图中拖动球体紧贴挤出星形线条，如图 4-104 所示。框选两者，在菜单栏执行"组"→"成组"命令，将其命名为"螺丝钉"。

参数

半径:	4.0mm
分段:	32
☑ 平滑	
半球:	0.8
⦿ 切除 ○ 挤压	
□ 切片启用	
切片从	0.0
切片到	0.0
□ 轴心在底部	
☑ 生成贴图坐标	

图 4-103 球体参数

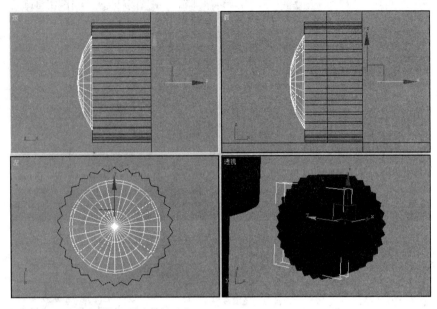

图 4-104 球体与挤出星形中心对齐

17 将螺丝钉移动至灯头下方正中间位置。右键单击"镜像"工具按钮 ，弹出"镜像：世界坐标"对话框，选择 X 轴，"偏移值"设为80，选择"复制"选项，如图 4-105 所示。

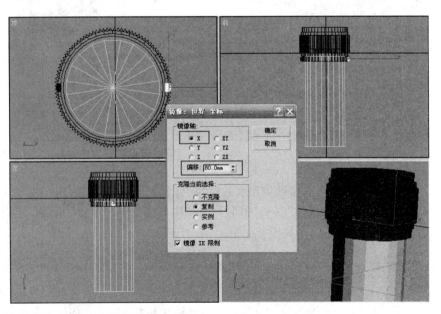

图 4-105 为螺丝钉设置镜像

18 框选当前所有部件，在菜单栏执行"组"→"成组"命令，将其命名为"水晶灯"。按住 Shift 键不动，使用"选择并移动"工具按钮 ⊕，拖动复制水晶灯，弹出"克隆选项"对话框，将"副本数"设为2，单击"确定"按钮完成设置，将复制出两份水晶灯。

19 进入顶视图，执行"创建"→"几何体"→"扩展基本体"→"切角圆柱体"命令，创建出一个切角圆柱体，作为灯座，参数设置如图 4-106 所示。

20 将水晶灯错落有致地放置于灯座下方。在顶视图中执行"创建"→"几何体"→"标准基本体"→"圆柱体"命令，创建出一个圆柱体，作为连接灯座和水晶灯的电线，参数设置如图 4-107 所示，拖动复制出两条电线。

21 在顶视图中使用"对齐"工具按钮 ◙，将三条电线分别与三只水晶灯 X 轴和 Y 轴中心对齐。

22 餐厅水晶吊灯制作完成后整体效果如图 4-108 所示。

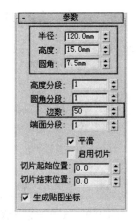

图 4-106 切角圆柱体参数

图 4-107 圆柱体参数

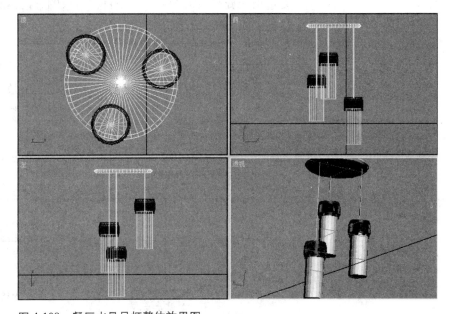

图 4-108 餐厅水晶吊灯整体效果图

相关知识

(1)"对齐"命令

可以对任何可变换的选择使用"对齐"工具按钮。执行子对象对齐时，"当前对象"选项和"匹配比例"复选项处于禁用状态。如果要对齐子对象的方向，请先切换到"局部"变换模式。"对齐"弹出按钮上的其他对齐工具按钮包括"快速对齐"、"法线对齐"、"放置高光"、"对齐摄影机"和"对齐到视图"。"对齐当前选择"对话框如图 4-109 所示。

图 4-109 "对齐当前选择"
对话框

（2）"对齐位置"选项组

X/Y/Z 位置——指定要在其中执行对齐操作的一个或多个轴。启用所有三个选项可以将当前对象移动到目标对象位置。

（3）"当前对象"/"目标对象"选项组

指定对象边界框上用于对齐的点。可以为当前对象和目标对象选择不同的点。例如，可以将当前对象的轴点与目标对象的中心对齐。

最小——将具有最小 X、Y 和 Z 值的对象边界框上的点与其他对象上选定的点对齐。

中心——将对象边界框的中心与其他对象上的选定点对齐。

轴点——将对象的轴点与其他对象上的选定点对齐。

最大——将具有最大 X、Y 和 Z 值的对象边界框上的点与其他对象上选定的点对齐。

（4）"对齐方向（局部）"选项组

这些设置用于在轴的任意组合上匹配两个对象之间的局部坐标系的方向。该选项与位置对齐设置无关。可以不管"位置"设置，选中"方向"复选项，旋转当前对象以便与目标对象的方向匹配。位置对齐使用世界坐标，而方向对齐使用局部坐标。

（5）"匹配比例"选项组

使用"X 轴"、"Y 轴"和"Z 轴"选项，可匹配两个选定对象之间的缩放轴值。该操作仅对变换输入中显示的缩放值进行匹配。这不一定会使两个对象的大小相同。如果两个对象先前都未进行缩放，则其大小不会更改。

任务检测与评估

检测项目		评分标准	分值	学生自评	教师评估
知识内容	认识"挤出"、"插入"命令	基本了解该命令的功能和作用	10		
	认识"对齐"命令	基本了解该命令的功能和作用	20		
操作技能	对使用"挤出"、"插入"等命令生成吊灯主体	能熟练使用该命令设计作品	30		
	使用"对齐"命令将吊灯各个部件进行对齐操作	能熟练使用该命令设计作品	30		
	保存源文件，发布作品	保存源文件，并能多角度发布作品的最终效果图（JPG 格式）	10		

5

单元五 室内家电建模设计

单元导读

　　随着社会进步，现在每个家庭都拥有形形色色的电器，在本单元主要挑选了家庭中最常用的数款电器，例如液晶显示器、洗衣机、空调等，其中液晶显示器主要使用了编辑网格修改三维物体的方法，及使用布尔命令制作模型；洗衣机的底座、机身、按钮面板、顶板等主要构件主要使用切角长方体、合并、分离等功能创建，洗衣机的凹槽及滚筒造型主要使用图形合并、倒角、布尔壳等命令来制作完成；挂式空调机身通过拖动多边形"顶点"来调整其圆滑度和造型设计；空调出风口和入风口通过"挤出"功能生成；入风口栅栏通过"晶格"命令创建出来。读者需要掌握"车削"、"网格平滑"、"晶格"等常用命令。

单元内容

- 液晶显示器——编辑网格
- 液晶电视——多边形建模
- 组合音响——车削
- 立式电风扇——网格平滑
- 饮水机——倒角
- 洗衣机——分离
- 冰箱——FFD 自由变形
- 挂式空调——晶格
- 立式空调机——多边形建模

任务一 液晶显示器——编辑网格

任务目标 制作一个液晶显示器造型来学习"编辑网格"命令在制作效果图过程中的使用方法与技巧,显示器的效果如图 5-1 所示。

任务说明 完成一个液晶显示器的制作。其中显示器机身使用"切角长方体"及"编辑网格"命令制作显示器机身;使用"样条线"及"倒角"命令配合制作显示器机壳;显示器底座通过"布尔"功能生成。

图 5-1 渲染后的效果图

本例通过制作一个现代简单的液晶显示器造型,主要练习了"编辑网格"修改三维物体的方法,及使用"布尔命令"制作模型。

实现步骤

01 启动 3ds Max 9.0 中文版,在菜单栏上执行"自定义"→"单位设置"→"公制"→"毫米"命令。

02 在前视图中执行"创建"→"几何体"→"扩展基本体"→"切角长方体"命令,其参数设置及形态如图 5-2 所示。

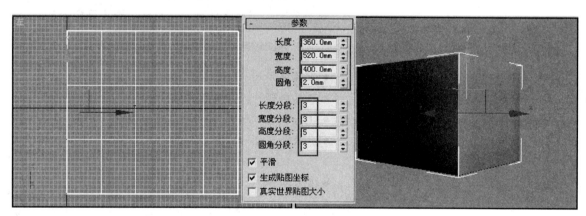

图 5-2 切角长方体形态和参数设置

03 确认切角长方体处于选择状态,在"控制面板"中执行"修改"→"编辑网格"→"顶点"命令,在顶视图中选择中间的两排顶点,及前视图中间两排点,分别向四周移动,制作出显示器屏幕外壳,如图 5-3 所示。

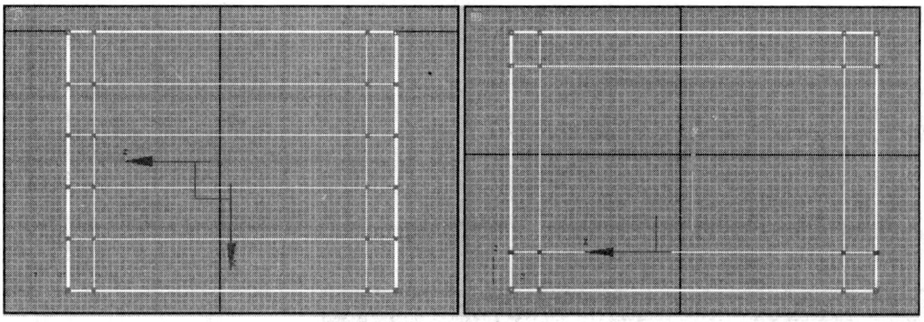

图 5-3　创建的切角长方体的形态

04 进入顶点子物体层级，在顶视图使用“选择并均匀缩放”工具按钮，及“选择并移动”工具按钮，移动各排顶点的位置，效果如图 5-4 所示。

05 然后制作显示器机壳。在“命令面板”上执行“创建”→“图形”→“样条线”→“矩形”命令，在前视图中创建出一个矩形并命名为“矩形 01”，具体参数如图 5-5 所示。

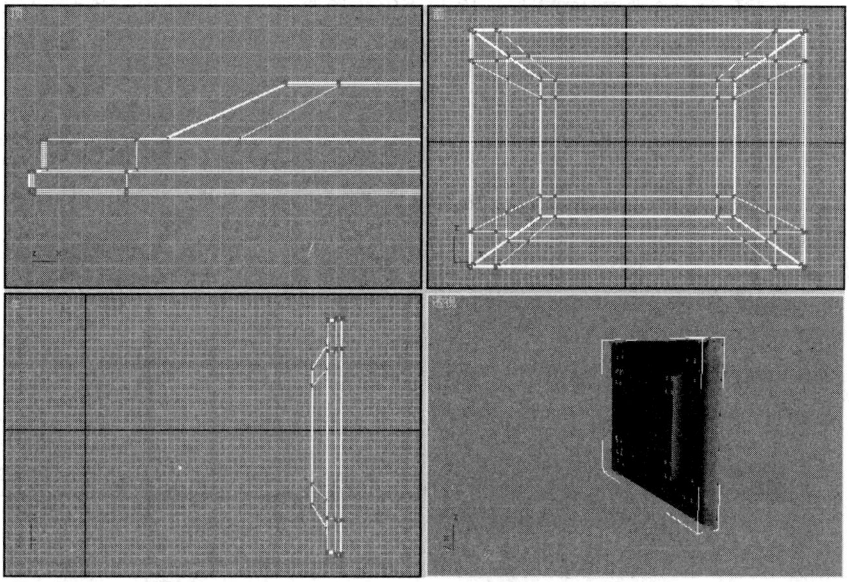

图 5-4　移动各排顶点制作显示器机身

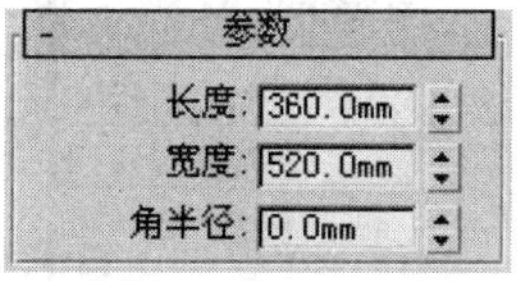

图 5-5　矩形 01 参数

06 继续在“命令面板”上执行“创建”→“图形”→“样条线”→“矩形”命令，在前视图中创建出一个“长度”为 320、“宽度”为 480 的矩形，并命名为“矩形 02”，调整其位置如图 5-6 所示。

07 选择“矩形 01”，并切换至“修改”面板，在“修改器列表”下拉列表中选择“编辑样条线”修改器，单击“几何体”卷展栏中的“附加”按钮，单击“矩形 02”附加图形，参数的具体设置如图 5-7 所示。

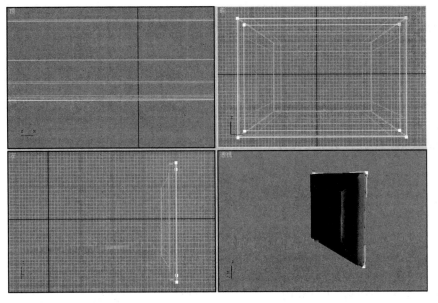

图 5-6 调整矩形位置 图 5-7 附加矩形

图 5-8 设置倒角参数

08 在"命令面板"中,单击"修改器列表"下拉列表,选择"倒角"修改器选项,在"倒角值"卷展栏的"级别 1"选择区中,设置"高度"为 10,"轮廓"为 –4,进行倒角,如图 5-8 所示。

09 接下来使用"布尔"命令制作显示器结合处,进入顶视图,执行"创建"→"几何体"→"标准基本体"→"长方体"命令,具体参数及位置如图 5-9 所示。

10 确认选择显示器机身,进入"命令面板",执行"创建"→"几何体"→"符合对象"→"布尔"命令,在选项卡中选择差集(A–B),然后单击"拾取操作对象 B"按钮,选择刚才制作的长方体,具体操作及效果如图 5-10 所示。

11 完成结合处后,继续制作显示器结合口,进入前视图,执行"创建"→"几何体"→"扩展基本体"→"切角长方体"命令,制作一个切角长方体,具体参数及位置如图 5-11 所示。

12 继续创作显示器底座部件,进入左视图,执行"创建"→"图形"→"样条线"→"线"命令,绘制一条密封的样条线,如图 5-12 所示。

13 进入"命令面板",执行"修改"→"line"→"顶点"命令,在"命令面板"选择"圆角"命令,选择需要的顶点,将鼠标向上拖动进行圆角,效果如图 5-13 所示。

14 进入顶视图,执行"创建"→"图形"→"样条线"→"线"命令,创建一条笔直的样条线,位置如图 5-14 所示。

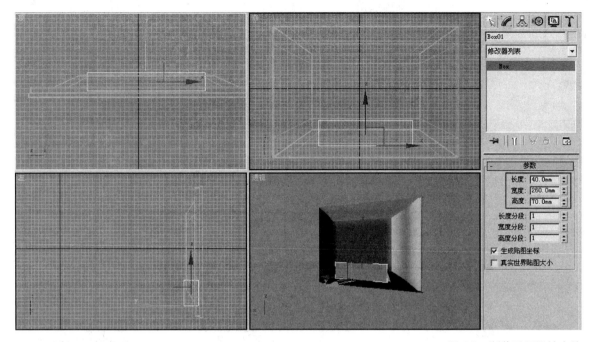

图 5-9 制作显示器结合处

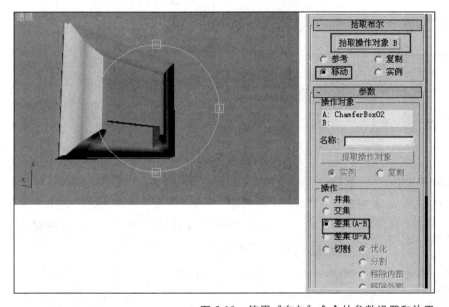

图 5-10 使用"布尔"命令的参数设置和效果

小提示

使用"放样"命令可根据绘制路径的方向进行放样，绘制线时每一个顶点会视作一个步骤。在绘制线时可以单击鼠标右键结束。

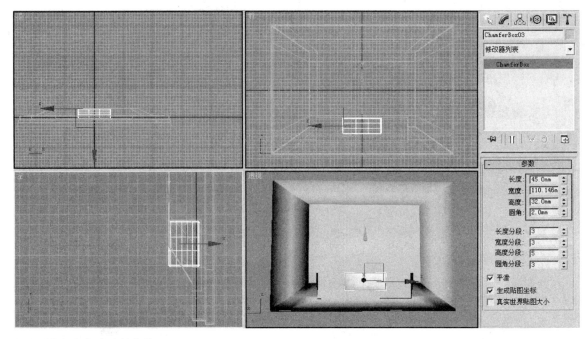

图 5-11　显示器底座结合处

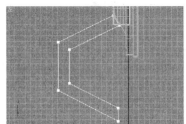

图 5-12　绘制结合处部件

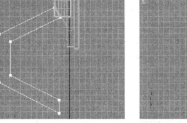

图 5-13　结合处部件的圆角

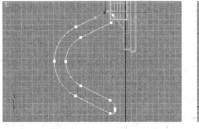

图 5-14　绘制线段

图 5-15　使用放样命令制作底座

15 单击"几何体"按钮，在"命令面板"执行"创作"→"符合对象"→"放样"→"获取图像"命令，选择画好的底座轮廓，获取图形，运用"选择并旋转"工具按钮 🔃 与"选择并移动"工具按钮 ➕，调整图形的位置，如图 5-15 所示。

16 接下来制作显示器底座，进入前视图，执行"创建"→"几何体"→"扩展基本体"→"切角长方体"命令，具体参数设置及图形位置如图 5-16 所示。

17 液晶显示器最终效果如图 5-17 所示。

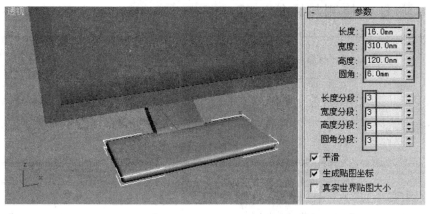

图 5-16　底座参数设置及图形位置

图 5-17　液晶显示器最终效果

相关知识

可编辑网格：像"编辑网格"修改器一样，在三种子对象层级上像操纵普通对象那样，它提供由三角面组成的网格对象的操纵控制：顶点、边和面。可以将 3ds Max 中的大多数对象转化为可编辑网格，但是对于开口样条线对象，只有顶点可用，因为在被转化为网格时开放样条线没有面和边。

任务检测与评估

检测项目		评分标准	分值	学生自评	教师评估
知识内容	认识"编辑网格"命令	基本了解该命令的功能和作用	10		
	认识"布尔"命令	基本了解该命令的功能和作用	10		
	认识"放样"命令	基本了解该命令的功能和作用	10		
操作技能	对显示器机身使用"编辑网格"命令控制机身形状变化	能熟练使用该命令设计作品	20		
	使用"布尔"命令制作底座结合处	能熟练使用该命令设计作品	20		
	使用"放样"命令生成底座	能熟练使用该命令设计作品	20		
	保存源文件，发布作品	保存源文件，并能多角度发布作品的最终效果图（JPG格式）	10		

任务二 液晶电视——多边形建模

任务目标 通过多边形建模及放样来设计一个液晶电视机，最终效果如图5-18所示。

任务说明 完成一个液晶电视机造型的制作。其中电视机身使用"长方体"命令；使用"样条线"命令制作电视机壳；电视底座通过"放样"命令生成。本例通过制作一个现代简约的液晶电视造型，主要学习了"长方体"、"样条线"及"放样"的创建及修改。

图5-18 液晶电视机的最终效果

实现步骤

01 启动 3ds Max 9.0 中文版,在菜单栏执行"自定义"→"单位设置"→"公制"→"毫米"命令。

02 首先制作电视机身。在"命令面板"上执行"创建"→"几何体"→"标准基本体"→"长方体"命令,在前视图中创建出一个长方体,具体参数的设置如图 5-19 所示。

03 然后制作电视机壳。在"命令面板"上执行"创建"→"图形"→"样条线"→"矩形"命令,在前视图中创建出一个矩形并命名为"矩形 01",具体参数如图 5-20 所示。

04 继续在"命令面板"上执行"创建"→"图形"→"样条线"→"矩形"命令,在前视图中创建出一个"长度"为 550、"宽度"为 950 的矩形,并命名为"矩形 02",调整其位置如图 5-21 所示。

图 5-19 长方体参数

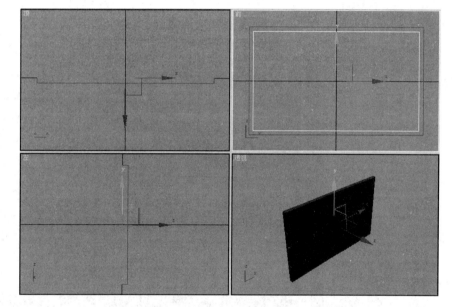

图 5-20 矩形参数

图 5-21 调整矩形位置

05 选择"矩形 01",切换至"修改面板",在"修改器列表"下拉列表中选择"编辑样条线"修改器选项,单击"几何体"卷展栏下的"附加"按钮,单击"矩形 02"附加图形,其参数设置如图 5-22 所示。

06 在"命令面板"执行操作,单击"修改器列表"下拉列表,选择"倒角"修改器选项,在"倒角值"卷展栏的"级别 1"选择区中设置"高度"为 10,"轮廓"为 -4,进行倒角,如图 5-23 所示。

07 然后调整电视机壳位置,进入左视图进行操作,单击"选择对象"工具按钮 ，选择电视壳,单击"镜像"工具按钮 ，参数设置如图 5-24 所示。

图 5-22 附加矩形参数

08 选择"选择并移动"工具按钮 ✛，调整电视机壳位置如图 5-25 所示。

图 5-23 倒角参数

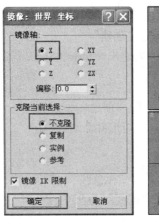

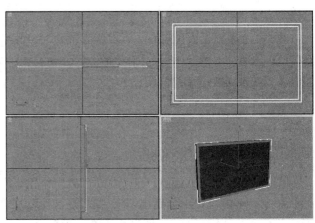

图 5-24 调整顶点位置　图 5-25 调整电视机壳位置

09 进入前视图，在"命令面板"上执行"创建"→"几何体"→"标准基本体"→"平面"命令，其参数及图形位置如图 5-26 所示。

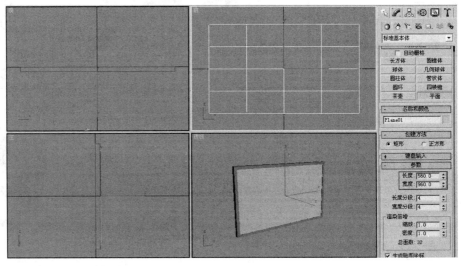

图 5-26 创建平面的位置及参数设置

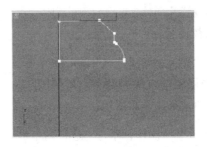

图 5-27 创建电视底座

10 继续创作电视底座，进入左视图，执行"创建"→"图形"→"样条线"→"线"命令，绘制一条密封的样条线，如图 5-27 所示。

11 进入"命令面板",执行"修改"→ line →"顶点"命令,进入左视图,选择其右下方倒数第二个节点,在命令面板选择"圆角"命令,将鼠标向上拖动,进行圆角,如图 5-28 所示。

12 进入顶视图,执行"创建"→"图形"→"样条线"→"线"命令,创建一条笔直的样条线,位置如图 5-29 所示。

图 5-28　进行圆角设置

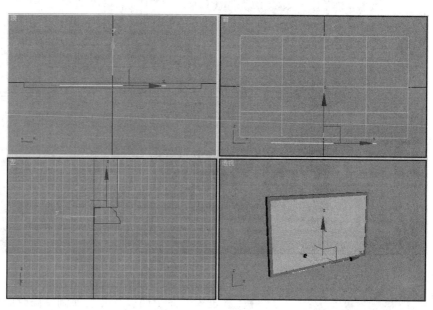

图 5-29　样条线的位置

13 单击"几何体"按钮,在"命令面板"中,执行"创作"→"符合对象"→"放样"→"获取图像"命令,选择画好的底座轮廓,获取图形,运用"选择并旋转"工具按钮 和"选择并移动"工具按钮 ,调整图形的位置,如图 5-30 所示。

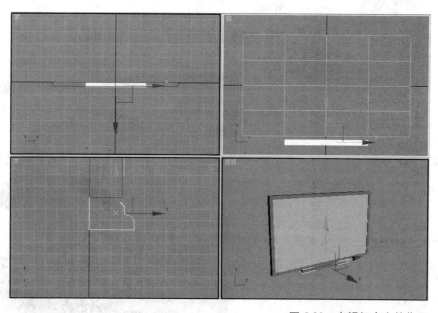

图 5-30　电视机底座的位置

14 现在制作电视机上的文字。进入前视图，执行"创建"→"图形"→"样条线"→"文本"命令，其参数及位置如图 5-31 所示。

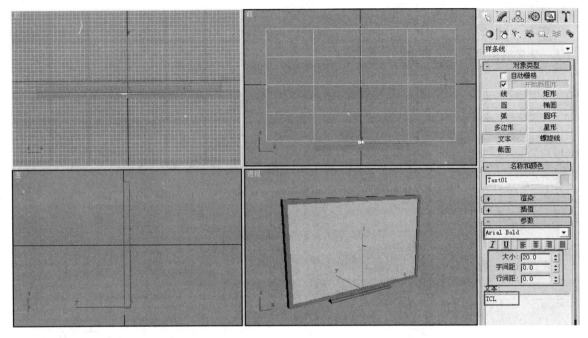

图 5-31 制作电视机上的文字

图 5-32 挤出文字的效果

15 进入"命令面板"并切换到"修改面板"，选择"挤出"修改器选项，在"参数"卷展栏中设置"数量"为 5，得到的效果如图 5-32 所示。

16 液晶电视机的最终效果如图 5-33 所示。

图 5-33 液晶电视机最终效果

相关知识

U 放样：创建 U 放样后，可以在活动的 NURBS 模型中选择非子对象的曲线。可以在场景中选择其他曲线或样条线对象。在选择曲线时，自动将其附加到当前的对象上，与使用了"附加"按钮效果相同。

任务检测与评估

	检测项目	评分标准	分值	学生自评	教师评估
知识内容	认识"附加"命令	基本了解该命令的功能和作用	10		
	认识"放样"命令	基本了解该命令的功能和作用	10		
	认识"倒角"命令	基本了解该命令的功能和作用	10		
操作技能	使用"附加"命令组合矩形，制作电视机壳雏型	能熟练使用该命令设计作品	20		
	使用"倒角"命令制作机壳	能熟练使用该命令设计作品	20		
	使用"放样"命令制作电视机底座	能熟练使用该命令设计作品	20		
	保存源文件，发布作品	保存源文件，并能多角度发布作品的最终效果图（JPG 格式）	10		

任务三 组合音响——车削

图 5-34 组合音响的效果图

任务目标 通过制作组合音响造型来熟练掌握"挤出"、"编辑多边形"及"车削"命令的使用，组合音响的效果如图 5-34 所示。

任务说明 通过制作组合音响造型，学习"挤出"和"编辑多边形"命令。其中机身使用"挤出"命令制作，喇叭口使用"车削"命令完成。

本实例操作步骤较多，涉及多种命令、工具按钮的配合使用，用户可以在本实例的基础上进行造型的创新设计，例如，音响机身、喇叭口、CDROM 等都可以重新进行造型设计，制作出更加新颖、漂亮，造型独特的组合音响。

实现步骤

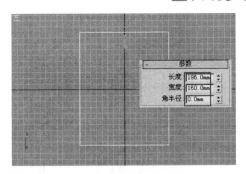

图 5-35 创建矩形的形态及参数设置

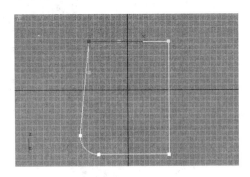

图 5-36 绘制机身侧面

01 启动 3ds Max 9.0 中文版，在菜单栏上执行"自定义"→"单位设置"→"公制"→"毫米"命令。

02 在前视图中执行"创建"→"图形"→"样条线"→"矩形"命令，其参数设置及形态如图 5-35 所示。

03 在"控制面板"执行"修改"→"编辑样条线"→"顶点"命令，在"命令面板"单击"圆角"命令，鼠标移动到左下角的顶点，鼠标向上拖动绘制出圆角，然后选择左上角的顶点，单击"选择并移动"工具按钮 ✛，如图 5-36 所示。

04 在"控制面板"执行"修改"→"挤出"命令，其"数量"为 130，效果如图 5-37 所示。

05 制作音响的控制面板。进入前视图执行"创建"→"几何体"→"扩展基本体"→"切角长方体"命令，创建出一个切角长方体，具体参数及位置如图 5-38 所示。

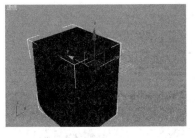

图 5-37　挤出机身的效果

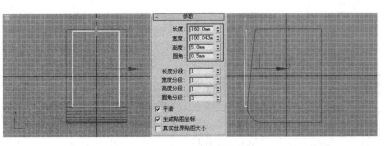

图 5-38　制作控制面板的位置及参数设置

06 使用"选择并旋转"工具按钮 ⟳ 及"选择并移动"工具按钮 ✛，调节控制面板方向，如图 5-39 所示。

07 确认选择了机身及控制面板，单击"镜像"工具按钮 ▶，其参数如图 5-40 所示。

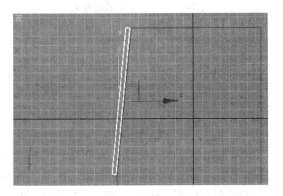

图 5-39　调整控制面板位置

图 5-40　镜像的参数

小提示

如果绘制的样条线太大或太小影响到车削效果，可以使用"选择并均匀缩放"工具按钮 ▣，进行调整。

08 现在制作喇叭。在顶视图中执行"创建"→"图形"→"样条线"→"线"命令，绘制出一条开放的样条线，并对其进行圆角，效果如图 5-41 所示。

09 切换到"修改面板"，执行"修改"→"车削"命令，在控制面板中单击"最小"按钮，进行车削；然后执行"修改"→"网格平滑"命令，使用"选择并旋转"工具按钮 ⟳ 及"选择并移动"工具按钮 ✛，调节喇叭口的方向，其效果如图 5-42 所示。

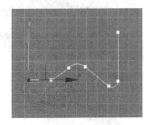

图 5-41　绘制喇叭

10 这样就完成了组合音响的音响部分，然后继续完成音响控制面板的其余部分。首先，复制一个喇叭，进入"修改面板"执行"修改"→ line →"顶点"命令，把多余的顶点按 Delete 键删除，绘制出如图 5-43 所示的图形。

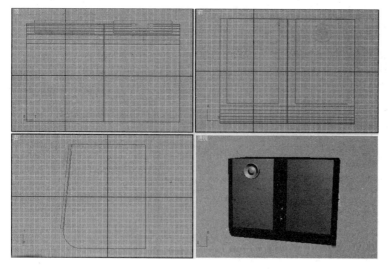

图 5-42　绘制喇叭及调节喇叭位置

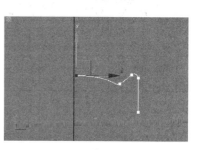

图 5-43　绘制显示器面板

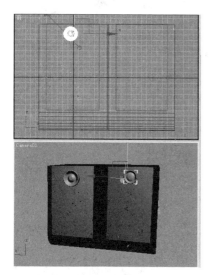

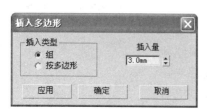

图 5-44　调节显示器面板位置

11 退出"修改面板",使用"选择并旋转"工具按钮 及"选择并移动"工具按钮 ,调节音响控制面板的方向,如图 5-44 所示。

12 现在调节一下音响控制面板的轮廓,选择音响控制面板,进入"修改面板",执行"修改"→"编辑多边形"→"多边形"命令,选择控制面正面,进入"命令面板"打开"编辑多边形"卷展栏,选择"插入"命令,设置按钮 ,弹出"插入多边形"对话框,设置"插入量"为 2,如图 5-45 所示,单击"确定"按钮完成设置。

13 进入"命令面板",打开"编辑多边形"卷展栏,选择"倒角"命令,设置按钮 ,弹出"倒角"对话框,设置"高度"为 5,如图 5-46 所示,单击"确定"按钮完成设置,其效果如图 5-47 所示。

图 5-45　插入参数的设置

图 5-46　倒角参数

图 5-47　调节轮廓后的效果

14 接下来绘制组合音响的 CD-ROM 设置，进入顶视图，执行"创建"→"几何体"→"扩展基本体"→"切角长方体"命令，设置长度为 6，宽度为 98，高度为 100，圆角为 0.2。使用"选择并旋转"工具按钮 🔄 及"选择并移动"工具按钮 ✤，调节 CD-ROM 位置，如图 5-48 所示。

15 选择音响控制面板，进入"命令面板"，执行"创建"→"几何体"→"符合对象"→"布尔"命令，在操作选项卡选择差集（A–B），然后单击"拾取操作对象 B"，选择刚才制作的切角长方体，其效果如图 5-49 所示。

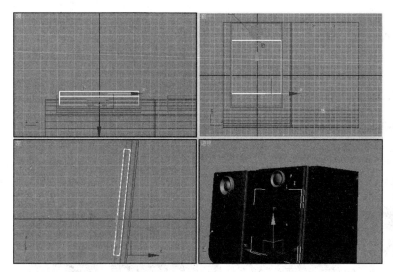

图 5-48　CD-ROM 造型的位置　　　图 5-49　"布尔"命令的效果

16 进入顶视图，执行"创建"→"几何体"→"扩展基本体"→"切角长方体"命令，具体参数设置如图 5-50 所示。

17 进入顶视图，执行"创建"→"几何体"→"标准基本体"→"圆柱体"命令，圆柱体半径为 42，高度为 20，高度分段为 5，端面分段为 1，边数为 36，使用"选择并旋转"工具按钮 🔄 及"选择并移动"工具按钮 ✤，调节圆柱体位置，其位置如图 5-51 所示。

18 进入顶视图，执行"创建"→"几何体"→"扩展基本体"→"切角长方体"命令，其位置及参数设置如图 5-52 所示。

19 选择圆柱体，进入"命令面板"，执行"创建"→"几何体"→"符合对象"→"布尔"命令，在操作选项卡选择差集（A–B），然后单击"拾取操作对象 B"按钮，选择切角长方体，其效果如图 5-53 所示。

图 5-50　切角长方体参数

图 5-51 调节圆柱体位置

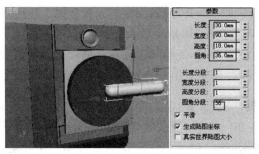

图 5-52 切角长方体的位置及参数设置

图 5-53 执行"布尔"命令后的效果

20 选择 CD-ROM，进入"命令面板"，执行"创建"→"几何体"→"符合对象"→"布尔"命令，在操作选项卡选择差集（A-B），然后单击"拾取操作对象 B"按钮，选择刚才进行"布尔"操作的图形，其效果如图 5-54 所示。

21 进入"修改面板"，执行"修改"→"编辑多边形"→"多边形"命令，选择 CD-ROM 正面，进入顶视图将其拖动，其位置及效果如图 5-55 所示。

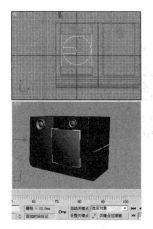

图 5-54 CD-ROM "布尔"效果

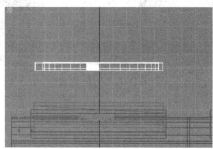

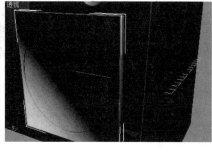

图 5-55 CD-ROM 的位置及效果

图 5-56 调节 CD-ROM 位置

22 使用"选择并旋转"工具按钮 及"选择并移动"工具按钮 ，调节 CD-ROM 位置，其位置如图 5-56 所示。

23 接下来绘制按钮，绘制五个半径为 3，高度为 15，圆角为 2，边数为 36 的切角圆柱体，如图 5-57 所示。

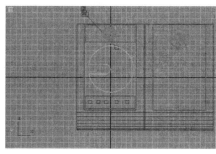 

图 5-57　创建按钮

24 最后选择音响，单击"镜像"工具按钮 ，其具体参数如图 5-58。

图 5-58　进行镜像参数设置

25 组合音响的最终效果如图 5-59 所示。

图 5-59　组合音响的最终效果图

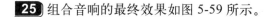 **相关知识**

U 放样：创建 U 放样后，可以在活动的 NURBS 模型中选择非子对挤出曲面将从曲面子对象中挤出。这与使用"挤出"修改器创建的曲面类似。但是其优势在于挤出子对象是 NURBS 模型的一部分，因此可以使用它来构造曲线和曲面子对象。

任务检测与评估

	检测项目	评分标准	分值	学生自评	教师评估
知识内容	认识"车削"命令	基本了解该命令的功能和作用	10		
	认识"挤出"命令	基本了解该命令的功能和作用	10		
	认识"插入"命令	基本了解该命令的功能和作用	10		
操作技能	对音响机身使用"挤出"命令控制机身形状变化	能熟练使用该命令设计作品	20		
	使用"车削"命令制作，制作喇叭	能熟练使用该命令设计作品	20		
	使用"插入"及"倒角"控制面板	能熟练使用该命令设计作品	20		
	保存源文件，发布作品	保存源文件，并能多角度发布作品的最终效果图（JPG 格式）	10		

任务四 立式电风扇——网格平滑

任务目标 使用"软选择"、"倒角"、"车削"、"网格平滑"、"阵列"等命令来制作一台立式电风扇，其最终效果如图 5-60 所示。

任务说明 完成一台立式电风扇的制作。其中底座主要使用对"圆角"矩形挤出后利用"软选择"调整顶点，达到变形效果；支柱主要使用对边数较多的圆柱体选取间隔多边形进行挤出、倒角等操作得到；护网和扇叶主要使用"阵列"命令生成，护网中心圆盖和扇叶中轴造型主要使用"车削"命令来完成。

用户可以在本实例的基础上进行创新，制作出造型更加新颖的电风扇。

图 5-60 立式电风扇的效果图

□ **实现步骤**

01 启动 3ds Max 9.0 中文版，在菜单栏上执行"自定义"→"单位设置"→"公制"→"毫米"命令。

02 制作电风扇底座。进入"顶视图"，执行"创建"→"图形"→"样条线"→"矩形"命令，绘制一个长度为 300mm、宽度为 300mm、角半径为 50mm 的矩形，在视图区单击鼠标滚轮将操作点定位到视图区，在英文输入法状态下按 Z 键，最大化显示当前圆角矩形对象，效果如图 5-61 所示。

03 切换至"修改面板"，选择"修改器列表"→"挤出"修改器选项，在"参数"卷展栏中设置"数量"为 20mm、"分段"为 5；再选择"修改器列表"→"编辑网格"修改器选项，单击编辑网格修改器前面的"+"号，展开修改器堆栈，选择"顶点"选项，在前视图中，框选最上面一排顶点，选中"软选择"卷展栏中的"使用软选择"复选项，调整"衰减"值，使最下面一排点为"深蓝色"不受影响的状态，此处为 20mm 即可，其效果如图 5-62 所示。

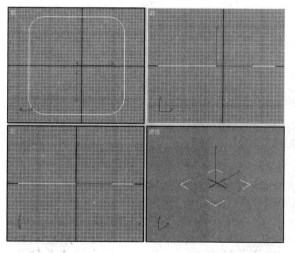

图 5-61 圆角矩形

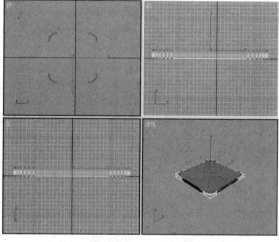

图 5-62 软选择最上面一排点

04 按 R 键切换到缩放操作，将鼠标移动到黄色三角形位置，按下左键拖动进行均匀缩小操作，然后再取消选中"使用软选择"选项，单独对最上面一排顶点进行均匀缩小，使棱角过渡更平滑自然些，效果如图 5-63 所示。

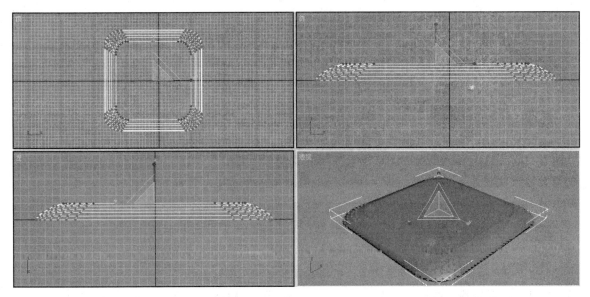

图 5-63 均匀缩放后的效果

05 单击"顶点"选项，退出顶点层级。选择"修改器列表"→"网格平滑"修改器选项，对整体进行平滑操作。按 W 键切换到移动操作，按住 Shift 键，在前视图 Y 轴方向上稍微向上拖拉复制一份。右击工具栏中的"缩放"按钮，在弹出的"缩放变换输入"对话框中，输入偏移屏幕值 75%，其效果如图 5-64 所示。

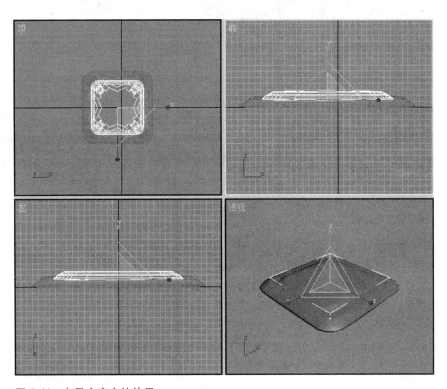

图 5-64 电风扇底座的效果

06 制作支柱。在顶视图中，执行"创建"→"几何体"→"标准基本体"→"圆柱体"命令，绘制一个半径为25mm、高度为300mm、高度分段为1、端面分段为1、边数为18的圆柱体。与底座水平方向上中心对齐。选择"修改器列表"→"编辑网格"修改器选项，单击编辑网格修改器前面的"+"号，展开修改器堆栈，选择"多边形"选项，在透视图下，按下F4键增强显示，按下Ctrl键，旋转视图，同时选中高度方向上间隔的多边形，其效果如图5-65所示。

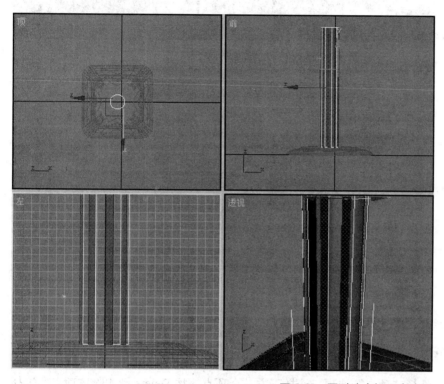

图 5-65　同时选中间隔多边形

07 在"编辑几何体"卷展栏中，设置"挤出"为3mm，"倒角"为 –2mm，并在高度方向上稍微向下移动当前选中的间隔多边形，使顶端面挤出后过渡自然。单击"顶端面"，设置"挤出"为2mm，再"挤出"为5mm，"倒角"为 –2mm，再"挤出"为5mm，"倒角"为 –2mm，再"挤出"为10mm，"倒角"为 –8mm。单击"多边形"选项，退出多边形层级，选择"修改器列表"→"平滑"修改器选项，选中"自动平滑"参数卷展栏，其效果如图5-66所示。

08 在顶视图创建半径为15mm、高度为240mm的圆柱体，与底座在水平方向上中心对齐，向上移动到支柱上端。将上面制作的支柱在高度方向上拖拉复制一份并做镜像操作，选择"编辑网格"修改器中的"顶点"选项，在前视图框选上端顶点向下移动，调整高度，退出顶点层级，其效果如图5-67所示。

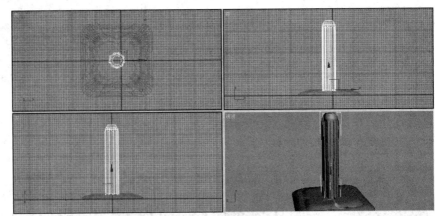

图 5-66　电风扇下端支柱
　　　　　的效果

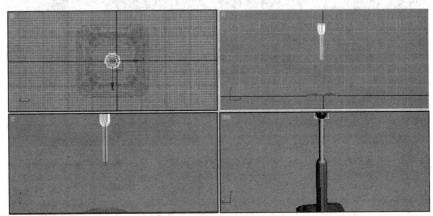

图 5-67　整体支柱效果

09 制作电风扇开关按钮面板。进入顶视图，执行"创建"→"图形"→"样条线"→"椭圆"命令，绘制一个长度为 150mm、宽度为 100mm 的椭圆。切换到"修改面板"，选择"修改器列表"中的"编辑样条线"选项，单击编辑样条线修改器前面的"+"号，展开修改器堆栈，选择"顶点"选项，选择下方一个顶点，按 Delete 键删除该顶点。选择"修改器列表"中的"挤出"选项，设置"挤出"数值为 300mm，"分段"为 5。与底座在水平方向上中心对齐，向上移动到支柱顶端，其效果如图 5-68 所示。

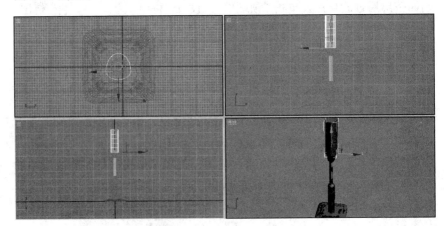

图 5-68　开关按钮面板的
　　　　　效果

10 选择"修改器列表"中的"编辑网格"选项,单击编辑网格修改器前面的"+"号,展开修改器堆栈,选择"顶点"层级,在前视图框选从下向上数第二排顶点向下移动,再框选从上向下数第二排顶点向上移动,并对顶端与底端顶点进行均匀缩放操作,其效果如图5-69所示。

11 选择"多边形"层级,选中"选择"卷展栏中的"忽略背面"复选项,在前视图框选多边形,其效果如图5-70所示。

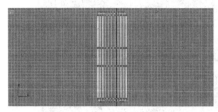 

图5-69 调整顶点后效果   图5-70 框选多边形

12 在"编辑几何体"卷展栏中,设置"挤出"为-10mm,"倒角"为-10mm。单击选择"边"层级,在透视图选择凹陷部位周围的边,如图5-71所示。

13 在"编辑几何体"卷展栏中,设置"切角"为2mm。单击"边"选项,退出边层级,在"修改器列表"中选择"网格平滑"选项。定位到左视图,在"修改器列表"中选择"FFD 3×3×3"选项,单击FFD 3×3×3修改器前面的"+"号,展开修改器堆栈,选择"控制点"选项,分别框选右上角的控制点和右侧中间的控制点向左侧移动,其效果如图5-72所示。

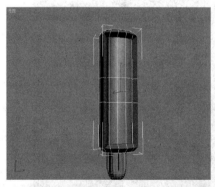 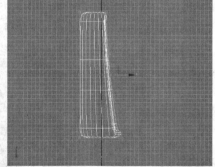

图5-71 选择边   图5-72 FFD变形

14 制作开关按钮。在前视图绘制半径为20mm、半球为0.5的球体,再绘制半径为20mm、半球为0.0的球体,Y轴方向上进行放大,调整位置,以半球中心为轴心复制一个球体,其效果如图5-73所示。

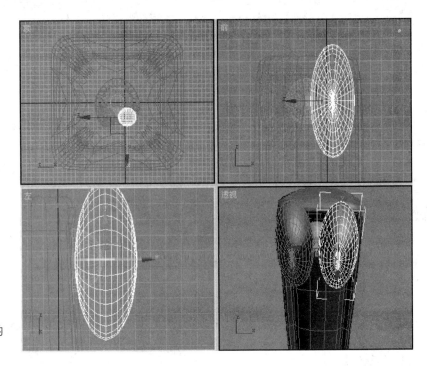

图 5-73　制作旋转开关的
球体

15 选中半球，执行"创建"→"几何体"→"复合对象"→"布尔"命令，单击"拾取布尔"卷展栏的"拾取操作对象 B"按钮，单击椭球。按 W 键后，再次执行"复合对象"→"布尔"命令，单击"拾取布尔"卷展栏的"拾取操作对象 B"按钮，单击另一个椭球，得到旋钮的造型，其效果如图 5-74 所示。

小提示

　　Ring 环形的应用，此处直接在左视图框选多边形更加方便快捷，之所以使用上述方法，是为了熟悉 Ring 环形命令的应用方法。使用 Ring 环形、Loop循环等命令可以很方便地帮助用户选择成行或成列的边，这个技巧对有些操作非常有用。

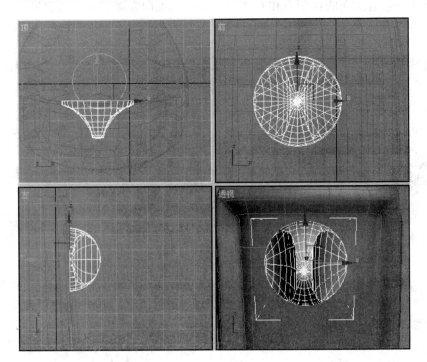

图 5-74　旋钮的效果

16 在前视图绘制一个长度为 20mm、宽度为 40mm、高度为 15mm、圆角为 5mm 的切角长方体并移动到旋钮下方位置。再在下方绘制一个长度为 6mm、宽度为 6mm、高度为 15mm、圆角为 2mm 的切角长方体并拖拉实例复制八个。再在下方绘制一个长度为 10mm、宽度为 30mm、高度为 15mm、圆角为 5mm 的切角长方体并拖拉实例复制一个。可以切换到左视图，稍微旋转以匹配面板弯曲度，其效果如图 5-75 所示。

17 在前视图中选择按钮面板下方没有倒角的圆柱体，按住 Shift 键沿 Y 轴方向向上拖拉复制一份，将高度改为 150mm，其效果如图 5-76 所示。

18 制作电机模型。在前视图中，创建半径为 60mm、高度为 160mm、圆角为 20mm、高度分段为 2、圆角分段为 4、边数为 20、端面分段为 1 的切角圆柱体，如图 5-77 所示。

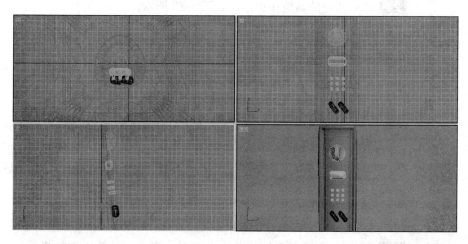
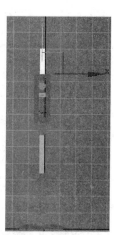

图 5-75　按钮的效果　　图 5-76　复制圆柱体

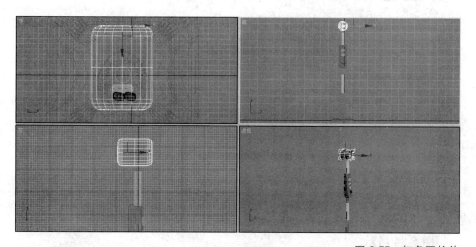

图 5-77　切角圆柱体

19 右击刚制作好的切角圆柱体，转换为可编辑多边形。单击可编辑多边形前面的"+"，展开修改器堆栈，选择"边"层级。在左视图中选中切角长方体前端圆角部位的两条边，单击"选择"卷展栏中的"环形"选项，最终选中两圈边。按住 Ctrl 键单击"选择"卷展栏的多边形图标 ■，可以选中与这些边相关的多边形，如图 5-78 所示。

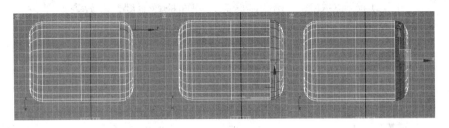

图 5-78 选中切角圆柱体两圈边

20 单击"编辑多边形"卷展栏中挤出后的设置按钮，对这两圈边进行挤出，其设置参数和效果如图 5-79 所示。

21 选中两端的两组多边形，如图 5-80 所示。

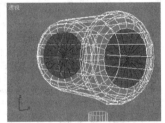

图 5-79 挤出多边形的参数设置和效果　　　　图 5-80 选择两组多边形

22 单击"编辑多边形"卷展栏中插入后的设置按钮，对这些多边形执行插入操作，其参数设置和效果如图 5-81 所示。

23 按 Delete 键删除新插入的多边形，形成电机的镂空效果，如图 5-82 所示。

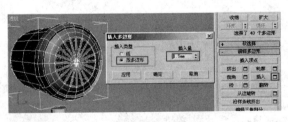
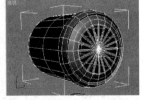

图 5-81 插入多边形的参数设置和效果　　　　图 5-82 电机的镂空效果

24 选中电机下方的一组多边形，如图 5-83 所示。

25 对选中的多边形执行"挤出"操作，其参数设置和效果如图 5-84 所示。

26 选择电机后部下端的一组边，如图 5-85 所示。

27 执行切角命令，其参数设置和效果如图 5-86 所示。

28 再次执行"切角"命令，其参数设置和效果如图 5-87 所示。

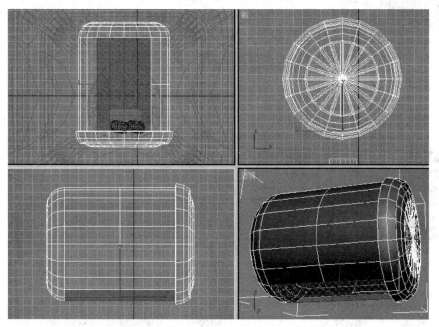

图 5-83　选中多边形

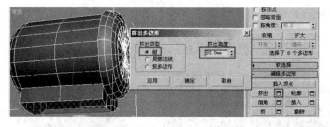

图 5-84　挤出多边形的参数设置和效果

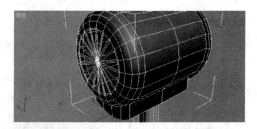

图 5-85　选择边

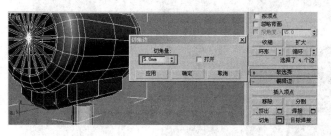

图 5-86　"切角"的参数设置和效果

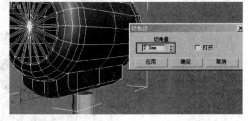

图 5-87　再次"切角"的参数设置和效果

图 5-88　圆盖的侧面轮廓曲线

29 制作电风扇护网中心的圆盖。在左视图中，执行"创建"→"图形"→"样条线"→"线"命令，绘制圆盖的侧面轮廓曲线，如图 5-88 所示。

30 切换到"层次面板"，执行"轴"→"调整轴"→"仅影响轴"命令，在左视图中沿 Y 轴方向将轴心向下移动到曲线的下端，如图 5-89 所示。

31 再次单击"仅影响轴"选项，退出层次面板。切换到"修改面板"，单击"修改器列表"下的"车削"选项，其参数设置和效果如图 5-90 所示。

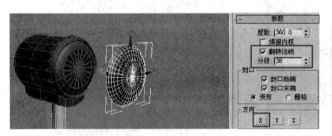

小提示

进入"车削"修改器的"轴"层级，在高度方向上移动轴的位置，可以解决封口不严的问题。

图 5-89　移动轴心　图 5-90　车削出圆盖的参数设置和效果

32 制作电风扇护网。在左视图中，执行"创建"→"图形"→"样条线"→"线"命令，绘制护网的侧面形状，其参数设置和效果如图 5-91 所示。

33 在左视图沿 Y 轴方向调整轴心位置，如图 5-92 所示。

34 阵列出护网，其参数设置如图 5-93 所示。

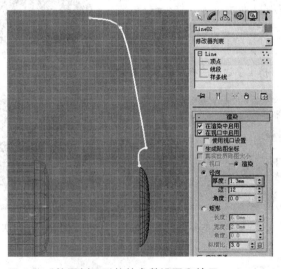

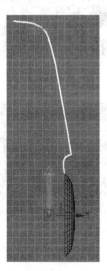

图 5-91　护网侧面形状的参数设置和效果　　图 5-92　调整轴心位置

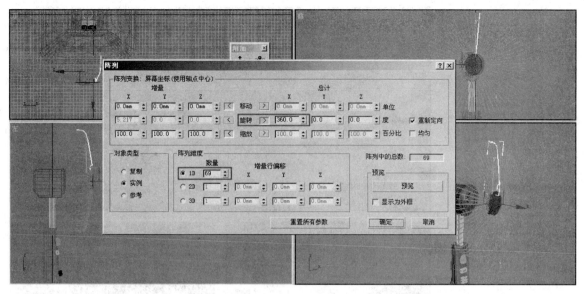

图 5-93　护网侧面形状的参数设置

35 制作护网支架。在前视图绘制两个圆，对护网边缘的圆设置参数和效果如图 5-94 所示。

36 调整好支架位置。同时选中护网及支架进行镜像复制并调整位置，如图 5-95 所示。

37 选中后侧护网上方中心的一条线，进入"顶点"层级调整形态，后侧护网形态都发生变化，如图 5-96 所示。

38 制作扇叶中轴。在左视图中，执行"创建"→"图形"→"样条线"→"线"命令，绘制中轴侧面轮廓图形，如图 5-97 所示。

39 调整轴心，使用车削修改器完成中轴模型的制作，调整好位置，如图 5-98 所示。

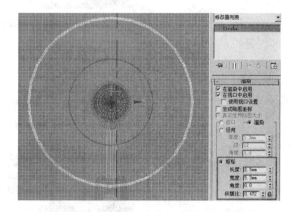

图 5-94　护网边缘的圆的设置参数和效果

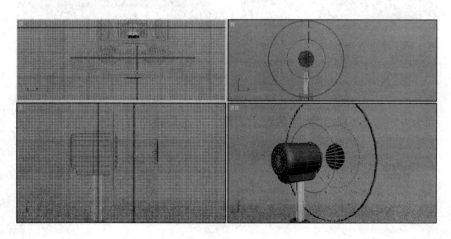

图 5-95　镜像复制

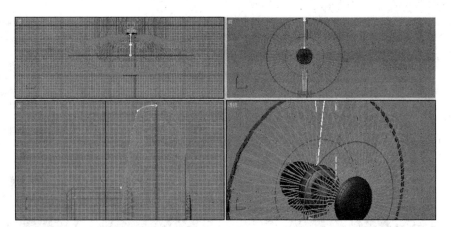

图 5-96 调整后侧护网
形状

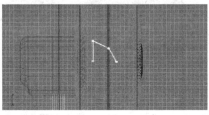

图 5-97 中轴侧面轮廓图形

图 5-98 扇叶中轴

40 制作扇叶。在前视图中，执行"创建"→"图形"→"样条线"→"线"命令，绘制扇叶的正面轮廓图形，如图 5-99 所示。

41 在前视图绘制一个比扇叶正面轮廓图形略大、长度分段为 14、宽度分段为 14 的平面，如图 5-100 所示。

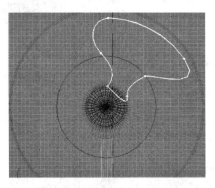

图 5-99 扇叶正面轮廓

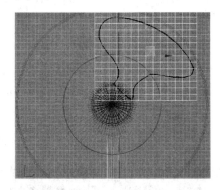

图 5-100 绘制平面

42 转换为可编辑多边形，执行"创建"→"几何体"→"复合对象"→"图形合并"命令，单击"拾取图形"按钮将扇叶轮廓图形与平面合并，原有扇叶轮廓图形可以删除。再次转换为可编辑多边形，选择多边形层级，扇叶形状的多边形正好处于选中状态，如图 5-101 所示。

43 在"编辑"菜单下单击"反选"（快捷键是 Ctrl+I）命令，按 Delete 键将外围多余部分删除。添加 Shell 壳修改器，为扇叶增加厚度，内部量为 1mm、外部量为 1mm。添加 Twist 扭曲修改器，使扇叶产生弧度，角度为 25，扭曲轴 X。在前视图调整轴心到电风扇护网中心位置，绕 Z 轴旋转 360 度并阵列三个，如图 5-102 所示。

44 在透视图中观察电风扇整体模型，并作调整，整体效果如图 5-103 所示。

45 赋予材质，其效果如图 5-104 所示。

图 5-101　扇叶形状的多边形

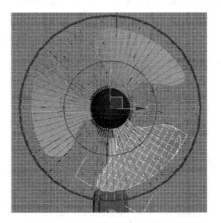

图 5-102　扇叶的效果

图 5-103　电风扇的整体效果

图 5-104　赋材质后电风扇的效果

相关知识

相同的模型，不同的人去制作可能采用的方法不同，但可以达到异曲同工的效果。例如，本实例中的电风扇护网也可以采用对圆柱体增加段，对两端的两排顶点分别缩放不同程度，赋予线框材质得到。护网中心的圆盖也可以采用 0.7 左右的半球得到。扇叶也可以通过调整矩形形状后进行倒角得到。

用户可以在本实例的基础上摸索更多更实用快捷的方法来制作电风扇模型。

任务检测与评估

	检测项目	评分标准	分值	学生自评	教师评估
知识内容	认识"网格平滑"修改器	基本了解该修改器的功能和作用	10		
	认识"可编辑多边形"修改器	基本了解该修改器的功能和作用	10		
	认识"布尔"命令	基本了解该命令的功能和作用	10		
	认识"车削"命令	基本了解该命令的功能和作用	10		
	认识"图形合并"命令	基本了解该命令的功能和作用	10		
	认识"壳"命令	基本了解该命令的功能和作用	5		
操作技能	对底座使用"软选择"选项来控制其形状变化	能熟练使用"软选择"选项设计作品	5		
	使用"编辑网格"的"挤出"、"倒角"命令对支柱圆柱体进行变形	能分清"顶点、边、面、多边形、元素"层级，熟练使用"挤出"、"倒角"命令设计作品	10		
	在"层次"面板中调整轴	能把握物体轴心的最佳调整方式	10		
	使用"阵列"命令旋转出护网	能熟练使用该命令设计作品	10		
	使用"可编辑多边形"的切角命令制作电机	能熟练使用该命令设计作品	10		

任务五 饮水机——倒角

■ **任务目标** 使用"车削"、"网格平滑"、"倒角"、"成组"等命令来制作一台饮水机,最终效果如图 5-105 所示(见彩插)。

■ **任务说明** 完成一台饮水机的制作。其中水桶主要是由对绘制出的样条线执行"车削"命令生成;饮水机机身造型主要是由"插入"、"倒角"、"连接"等命令来完成;水桶、水桶放置槽、水龙头底座、水龙头手柄、防溢水接水槽等都是在绘制的样条线的基础上添加修改器进行改造得到的。

图 5-105 饮水机效果图

🔲 实现步骤

01 启动 3ds Max 9.0 中文版,在菜单栏上执行"自定义"→"单位设置"→"公制"→"毫米"命令。

02 制作饮水机机身。在顶视图中,执行"创建"→"几何体"→"扩展基本体"→"切角长方体"命令,绘制一个切角长方体作为饮水机机身,切角长方体效果及其参数设置如图 5-106 所示。

小提示

绘制顺序并不是固定的,每个制作者都可能采用不同的顺序或方法,在此先绘制机身是为了便于后面定位水桶及水桶放置槽。水桶直径为 280mm、桶高为 400mm,使用线绘制水桶截面形状时可以参照栅格大小及机身大小,避免绘制好的形状因大小不合适还需再进行多次缩放变形。

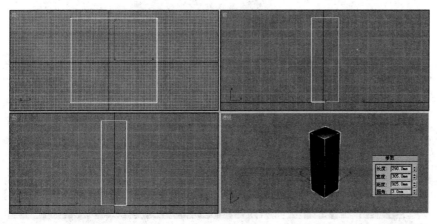

图 5-106 切角长方体效果及其参数设置

切角长方体参数调整完后，在任意视图中单击鼠标滚轮，将操作点定位到视图中（当前选择对象不会发生改变），在英文输入法状态下按 Z 键最大化显示当前选择的对象切角长方体。

03 制作水桶。在前视图中，执行"创建"→"图形"→"样条线"→"线"命令，绘制一条开放的样条线，即水桶侧面的纵截面形状。单击 Line 修改器前面的"+"号，展开修改器堆栈，选择"顶点"层级，选择中间所有的顶点。在"几何体"卷展栏中，单击"圆角"按钮，在其后的文本框中输入圆角值为 5mm，按回车键确认进行圆角，其效果如图 5-107 所示。

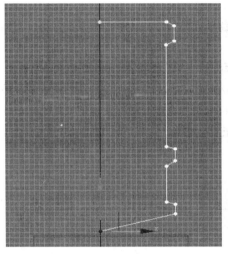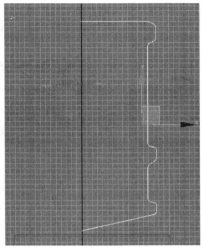

图 5-107　样条线圆角前后的效果

用线绘制出的形状若不满意可以选择"顶点"层级对不合适的节点的位置及走向进行调整，使用手柄调整弯曲度时若不好固定调整轴，可使用轴约束的方法，也可以单击定位需要调整的轴向为黄色当前轴后再进行调整。另外，即使后面添加了车削、网格平滑等修改器，也可以再次返回样条线的"顶点"层级进行调整，然后回到网格平滑状态看效果是否满意。

04 切换至"修改面板"，选择"修改器列表"→"车削"修改器选项，在"参数"卷展栏中单击"最小"按钮，选中"翻转法线"复选项；再选择"修改器列表"→"网格平滑"修改器选项，进行网格平滑，其效果如图 5-108 所示。

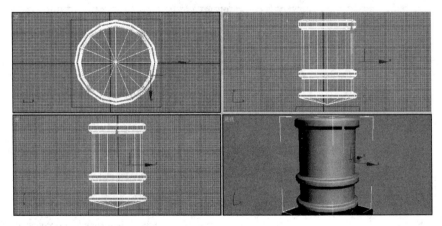

图 5-108　水桶的效果

05 制作水桶放置槽。在前视图中，执行"创建"→"图形"→"样条线"→"线"命令，绘制一条开放的样条线，即水桶放置槽侧面的纵截面形状。单击 Line 修改器前面的"＋"号，展开修改器堆栈，选择"顶点"层级，选择上方中间的顶点。在"几何体"卷展栏中单击"圆角"按钮，在其后的文本框中用鼠标左键按下微调按钮不松手拖动鼠标，观察形状变化，当圆角值为 5mm 时，其形状比较合适，松开鼠标左键，圆角后效果如图 5-109 所示。

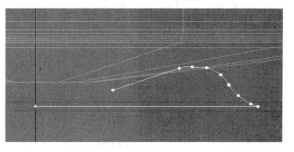

图 5-109　制作水桶放置槽的样条线

06 切换至"修改面板"，选择"修改器列表"→"车削"修改器选项，在"参数"卷展栏中单击"最小"按钮，取消选中"翻转法线"复选项；再选择"修改器列表"→"网格平滑"修改器选项，进行网格平滑，移动位置使水桶、水桶放置槽、饮水机机身上下中心对齐，水桶与水桶放置槽可以放置在饮水机机身稍微靠后侧的位置，其效果如图 5-110 所示。

小提示

除了使用上述方法选择"多边形"层级外，也可以通过键盘左侧编辑区的数字键选择"编辑多边形"修改器下的不同层级，1 选择"顶点"，2 选择"边"，3 选择"边界"，4 选择"多边形"，5 选择"元素"。

在使用"编辑多边形"修改器时，默认不选中"忽略背面"复选项。因此，要同时选择机身左右两侧的面，也可以按 Q 键切换到"选择"状态下，在左视图中，当鼠标变成十字形状时，按住左键不松手进行框选，在透视图中旋转视图进行观察，可以发现左右两侧的面被同时选中。

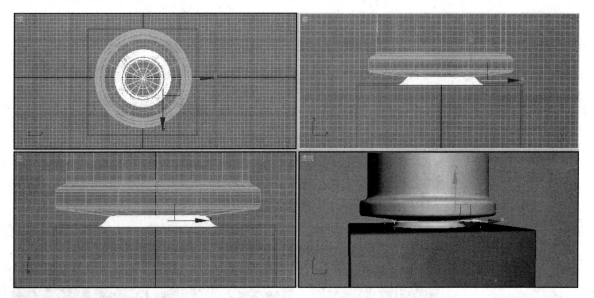

图 5-110　水桶放置槽的效果

07 制作机身左右两个侧面上的造型。选中作为机身的切角长方体，在"修改器列表"中选择"编辑多边形"选项，单击"编辑多边形修改器"前面的"+"号，展开修改器堆栈，选择"多边形"层级，在左视图选择机身左侧的面，按住 Alt 键，同时按住鼠标滚轮旋转透视图到右侧后，松开 Alt 键和鼠标滚轮，按住 Ctrl 键，鼠标变成十字形状时单击机身右侧的面，同时选中左侧和右侧的两个面。展开"编辑多边形"卷展栏，单击"插入"后的设置按钮，弹出"插入多边形"对话框，插入类型为"组"，插入量为 15mm，单击"确定"按钮。不要取消面的选择状态，单击"倒角"后的设置按钮，高度为 –2mm，轮廓量为 –4mm，单击"确定"按钮，其效果如图 5-111 所示。

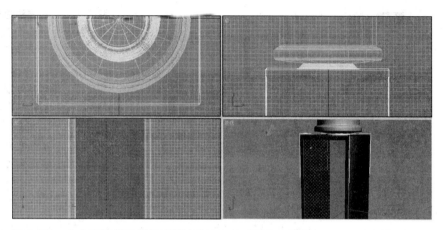

图 5-111 左右两侧的面倒角后的效果

小提示

因为此处只需要在机身正面进行连接边的操作，划分出指示灯区、取水区、水杯存放柜三个区域，若选中"忽略背面"复选项，则可以进行框选，否则会同时选中机身背面上的边。

08 选择"编辑多边形"修改器下的"边"层级，在左视图中，按住 Ctrl 键不松手分别框选上下内侧的边，将左侧上下内侧的边和右侧上下内侧的边同时选中，单击"编辑边"卷展栏中的"连接"按钮，按默认的分段 1 连接边，其效果如图 5-112 所示。

09 切换到"多边形"选项，两侧的面正好是选中状态，单击"插入"后的设置按钮，插入类型为"按多边形"，插入量为 15mm，单击"确定"按钮。单击"倒角"后的设置按钮，倒角类型为"按多边形"，高度为 2mm，轮廓量为 –4mm，单击"确定"按钮，其效果如图 5-113 所示。

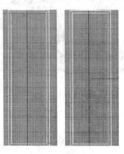  

图 5-112 连接边前后的效果　　图 5-113 多边形倒角前后的效果

10 分割出机身正面的指示灯、取水区、水杯存放柜三个区域。定位到前视图，单击选择"编辑多边形"修改器下的"边"层级，按住 Ctrl 键不松手，分别单击选择左右内侧的边，将机身正面左右内侧的两条边同时选中，松开 Ctrl 键。单击"编辑边"卷展栏下"连接"后的设置按钮，设置"分段"为 2，"收缩"为 10，"滑块"为 50，单击"确定"按钮。将机身正面分割为指示灯区、取水区、水杯存放柜三个区域，其效果如图 5-114 所示。

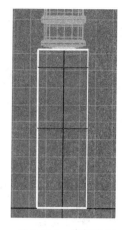

图 5-114　分割出三个区域

11 制作指示灯及标示文字。在前视图中，执行"创建"→"几何体"→"标准基本体"→"球体"命令，创建半径为 3mm 的球体作为指示灯，移动到合适位置，按住 Shift 键沿 Y 轴方向拖拉复制出另外两个球体。执行"创建"→"图形"→"样条线"→"文本"命令，创建文本"电源加热保温"，在"源"和"热"后按回车键换行，设置"大小"为 16.45mm，"行间距"为 6.59mm。调整至指示灯左侧对应位置，其效果如图 5-115 所示。

12 制作取水区造型。选中机身，选择"编辑多边形"修改器下的"多边形"层级，在前视图中，选择取水区的多边形，单击"编辑多边形"卷展栏中"插入"后的设置按钮，设置插入量为 30mm，单击"确定"按钮，再单击"倒角"后的设置按钮，设置"高度"为 –50mm，单击"确定"按钮，其效果如图 5-116 所示。

图 5-115　指示灯及标示文字

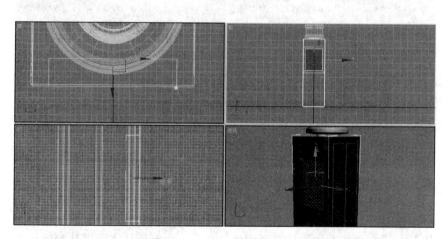

图 5-116　倒角出取水区

13 制作水龙头底座。在顶视图中，执行"创建"→"图形"→"样条线"→"线"命令，绘制开放样条线，即水龙头底座右侧横截面形状，如图 5-117 所示。

14 单击 Line 修改器前面的"+"号，展开修改器堆栈，选择"顶点"层级，框选中间的顶点，在"几何体"卷展栏中单击"圆角"按钮，将鼠标移至选中的顶点位置，发现鼠标箭头变成十字圆角状态 时，按下鼠标左键不松手并拖动鼠标，可以观察形状变化，同时圆角值也在发生变化，形状合适时松开鼠标左键，再次单击"圆角"按钮，退出圆角状态，对中间顶点进行圆角后的效果如图 5-118 所示。

15 执行"修改器列表"→"车削"命令，添加"车削"修改器，在"参数"卷展栏中单击"最小"按钮，选中"翻转法线"复选项；再选择"修改器列表"→"网格平滑"修改器选项，进行网格平滑，其效果如图 5-119 所示。

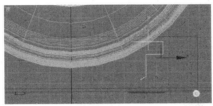 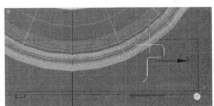

图 5-117 底座右侧横截面形状　　图 5-118 圆角后效果

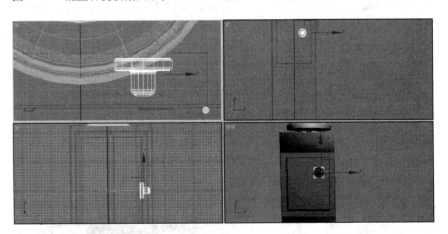

图 5-119 底座的效果

16 制作水龙头出水嘴。在顶视图中，执行"创建"→"几何体"→"标准基本体"→"圆柱体"命令，绘制圆柱体，调整参数使其粗细与水龙头底座接口吻合，高度为 65mm。移动到合适位置，单击"修改器列表"→"FFD（圆柱体）"命令，单击 FFD（圆柱体）4×6×4 修改器前面的"+"号，展开修改器堆栈，选择"控制点"选项，在前视图中依次框选下面三排控制点，按 R 键切换到"选择并均匀缩放"操作，在顶视图中单击鼠标滚轮，将鼠标移至坐标轴平行四边形位置变为黄色当前状态时对圆柱体在水平方向上进行等比例缩放，其效果如图 5-120 所示。

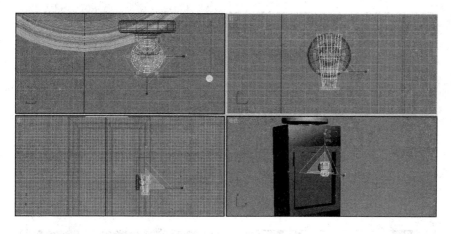

图 5-120　出水嘴的效果

17 制作出水嘴与水龙头开关手柄之间的连接。在顶视图中绘制比水龙头出水嘴稍细些的圆柱体作为出水嘴与水龙头开关手柄之间的连接，其效果如图 5-121 所示。

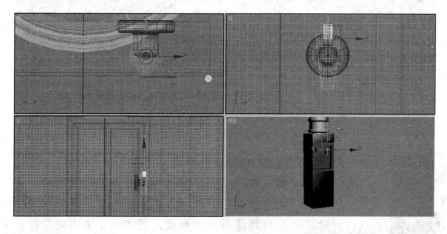

图 5-121　出水嘴与手柄
之间的连接

18 制作水龙头开关手柄。在顶视图中，执行"创建"→"图形"→"样条线"→"线"命令，绘制封闭样条线，即水龙头开关手柄横截面形状，其效果如图 5-122 所示。

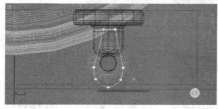

图 5-122　手柄形状的封
闭样条线

19 执行"修改器列表"→"挤出"命令，"挤出"数量为 2mm，手柄效果如图 5-123 所示。

20 在顶视图中，同时选中水龙头底座、出水嘴、连接、手柄，按住 Shift 键不松手，同时拖动鼠标左键向左复制一份，其效果如图 5-124 所示。

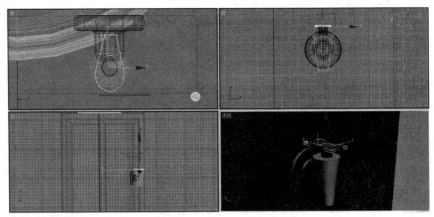

图 5-123　手柄效果

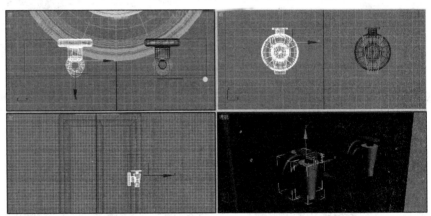

图 5-124　复制水龙头效果

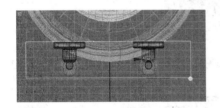

图 5-125　捕捉矩形

图 5-126　圆角操作的效果

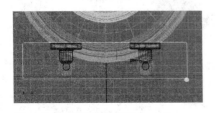

图 5-127　退出顶点层级

21 制作防溢水接水槽。执行"创建"→"图形"→"样条线"→"矩形"命令，按 S 键打开捕捉开关，右击捕捉开关，只选中"顶点捕捉"复选项，在顶视图中，鼠标指向顶点位置时，会观察到蓝色十字形状，当蓝色十字出现在接水槽顶点位置时按下鼠标左键向对角顶点拖动，当对角顶点处出现蓝色十字时松开鼠标左键，捕捉防溢水接水槽大小的矩形，如图 5-125 所示。

22 再次按 S 键关闭捕捉开关，执行"修改"→"修改器列表"→"编辑样条线"命令，单击"编辑样条线"修改器前面的"+"号，展开修改器堆栈，选择"顶点"层级，在顶视图中框选上面的两个顶点并执行圆角操作，稍微给出一点弧度即可，其效果如图 5-126 所示。

23 再次单击"顶点"，退出顶点层级，如图 5-127 所示。

24 按住 Shift 键单击，原地不动复制两份，选中其中一份，执行"修改"→"修改器列表"→"挤出"命令，设置"挤出"数量为 2mm。在前视图中单击鼠标滚轮切换到前视图中，沿 Y 轴方向向下移动，作为防溢水接水槽底板，其效果如图 5-128 所示。

25 选择另外一份水槽底板，执行"修改"→"修改器列表"→"编辑样条线"命令，单击编辑样条线修改器前面的"+"号，展开修改器堆栈，选择"样条线"层级，单击矩形使其变为红色选中状态，在"几何体"卷展栏中设置"轮廓"为 2mm，其效果如图 5-129 所示。

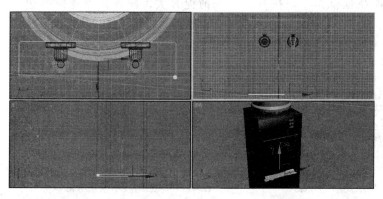

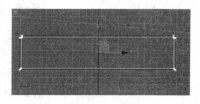

图 5-128 防溢水接水槽底板　　图 5-129 轮廓设置后的效果

26 再次单击"样条线"选项，退出"样条线"层级。执行"修改"→"修改器列表"→"挤出"命令，设置"挤出"数量为 40mm，对轮廓后的矩形整体挤出 40mm，向下移动到接水槽底板上端，作为防溢水接水槽的边框，其效果如图 5-130 所示。

27 按组合键 Shift+G，隐藏三维状态，只显示另一份矩形，用于制作防溢水接水槽顶板。在顶视图中选中矩形，在状态栏中调整其 Z 轴坐标值为 0.0mm，这样做是为了与后面绘制的图形在同一平面上，因为在顶视图中绘制的图形默认都在水平栅格面上。执行"层次"→"轴"→"仅影响轴"命令，沿 Y 轴方向调整轴心到矩形底边位置，如图 5-131 所示。调整好轴心位置后，再次单击"仅影响轴"按钮，退出调整轴心状态。

> **小提示**
>
> 轴心位置调整好后，要再次单击"仅影响轴"按钮，退出调整轴心状态再做其他操作。

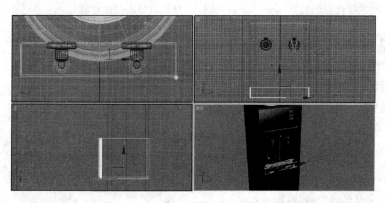

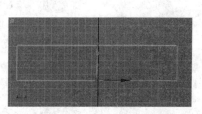

图 5-130 防溢水接水槽边框的效果　　图 5-131 调整轴心

28 按 E 键切换到"选择并均匀缩放"操作状态，按住 Shift 键不松手单击矩形，在弹出的"克隆选项"对话框中选择"对象"为"复制"，"输入副本数"为 4，将矩形原地不动复制四份。在顶视图中依次单击选中一份，在 X 轴、Y 轴方向上分别进行均匀缩放，其效果如图 5-132 所示。

29 在顶视图中，按 S 键打开捕捉开关，配合顶点捕捉或边捕捉，绘制线、圆，绘制完成后再次按 S 键关闭捕捉开关，其绘制效果如图 5-133 所示。

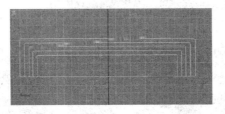

图 5-132　缩放矩形的效果

图 5-133　绘制接水槽顶板形状

30 因为后面做布尔操作时，圆会有缺失，因此将两个圆形提前在原地复制一份。选中与圆交叉的矩形，添加"编辑样条线"修改器，"附加"圆为同体对象，进入样条线层级，选中矩形样条线，与圆进行"布尔"操作，另一条与圆交叉的矩形同样与圆做"布尔"操作，其完成效果如图 5-134 所示。

31 将所有二维图形附加成同体对象，如图 5-135 所示。

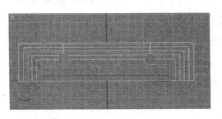

图 5-134　布尔操作后的效果

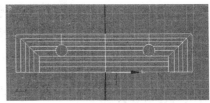

图 5-135　附加成同体对象

32 这时，发现线条太细，可以回到最初的矩形状态调整"渲染"属性。如图 5-136 所示，单击右侧修改面板中的 Rectangle 选项，在弹出的警告对话框中单击"是"按钮。在"渲染"卷展栏中进行如图 5-137 所示的设置。按组合键 Shift+G，显示三维对象，调整顶板位置，如图 5-138 所示。

将线条设置为矩形状态，不采用"径向"显示，而采用"矩形"显示。

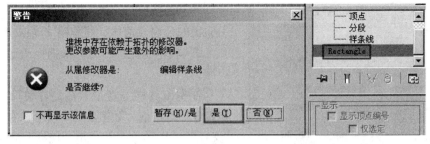

图 5-136 "警告"对话框

图 5-137 在"渲染"卷展栏中设置参数

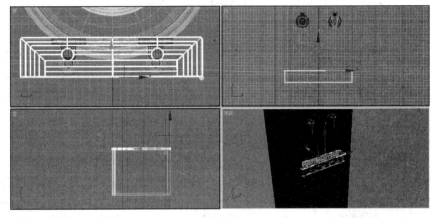

图 5-138 防溢水接水槽顶板

33 对饮水机整体形态作调整。在透视图中，旋转视图观察饮水机整体形态并作调整，整体效果如图 5-139 所示。

34 给饮水机赋材质。用户对建模操作熟练后可以试着为建好的饮水机模型赋上合适的材质。如图 5-140 所示为对饮水机模型各部件赋材质之后的效果。

□ 相关知识

（1）捕捉命令

通过按键盘上的 S 键或单击主工具栏上的"捕捉开关"按钮  启用捕捉功能，在该按钮上按下鼠标左键进行拖动可以看到三种捕捉模式。

3D 捕捉——这是默认设置，光标直接捕捉到 3D 空间中的任何几何体。3D 捕捉用于创建和移动所有尺寸的几何体，而不考虑构造平面。

图 5-139 饮水机整体效果 　图 5-140 赋材质后饮水机效果图

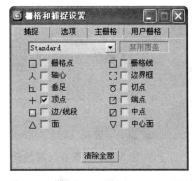

图 5-141 栅格和捕捉设置

2D 捕捉——光标仅捕捉到活动构建栅格，包括该栅格平面上的任何几何体，将忽略 Z 轴或垂直尺寸。

2.5D 捕捉——光标仅捕捉活动栅格上对象投影的顶点或边缘。

在主工具栏上右击"捕捉开关"按钮，将弹出"栅格和捕捉设置"对话框，如图 5-141 所示。在该对话框中包括"捕捉"、"选项"、"主栅格"和"用户栅格"四个选项组，在其中可以更改捕捉类别、调整捕捉准星大小、调整捕捉范围的大小和设置其他选项。

（2）"捕捉"选项组

这些是标准捕捉类型，用于栅格、网格和图形对象。当非栅格捕捉类型处于活动状态时，优先于"栅格点"和"栅格线"捕捉。如果鼠标与栅格点和某些其他捕捉类型同等相近，则将选择其他捕捉类型。

栅格点——捕捉到栅格交点，默认情况下，此捕捉类型处于启用状态。键盘快捷键为 ALT+F5。

栅格线——捕捉到栅格线上的任何点。

轴——捕捉到对象的轴点，键盘快捷键为 ALT+F6。

边界框——捕捉到对象边界框的八个角中的一个。

垂足——捕捉到样条线上与上一个点相对的垂直点。

切线——捕捉到样条线上与上一个点相对的相切点。

顶点——捕捉到网格对象或可以转换为可编辑网格对象的顶点。捕捉到样条线上的分段，键盘快捷键为 ALT+F7。

端点——捕捉到网格边的端点或样条线的顶点。

边/线段——捕捉沿着边（可见或不可见）或样条线分段的任何位置，键盘快捷键为 ALT+F9。

中点——捕捉到网格边的中点和样条线分段的中点，键盘快捷键为 ALT+F8。

面——捕捉到面的曲面上的任何位置。已默认选择背面，因此它们无效。键盘快捷键为 ALT+F10。

中心面——捕捉到三角形面的中心。

▢ 任务检测与评估

	检测项目	评分标准	分值	学生自评	教师评估
知识内容	认识"FFD（圆柱体）"命令	基本了解该命令的功能和作用	10		
	认识"编辑多边形"命令	基本了解该命令的功能和作用	10		
	认识"捕捉"命令	基本了解该命令的功能和作用	10		
操作技能	通过绘制的样条线制作水桶、水桶放置槽、水龙头底座、水龙头开关手柄、防溢水接水槽等	熟练绘制不同造型的截面形状	20		
	对水龙头出水嘴使用"FFD（圆柱体）"命令来控制形状变化	能熟练使用该命令设计作品	10		
操作技能	使用了编辑多边形修改器的"插入"、"倒角"、"连接"命令制作饮水机机身造型等	能熟练使用该命令设计作品	20		
	使用"捕捉"命令在合适的位置捕捉出需要的形状，如防溢水接水槽及其顶板	能熟练使用该命令设计作品	10		
	通过调整样条线的"渲染"属性使防溢水接水槽的顶板显示更加逼真	会合理调整样条线属性	10		

任务六 | 洗衣机——分离

图 5-142 滚筒洗衣机的效果图

■ 任务目标 使用"连接"、"图形合并"、"编辑多边形"、"分离"、"布尔"等命令来制作一台滚筒洗衣机，其最终效果如图 5-142 所示（见彩插）。

■ 任务说明 完成一台滚筒式洗衣机的制作。其中洗衣机的底座、机身、按钮面板、顶板等主要构件主要使用"切角长方体"命令创建，然后使用"轮廓"、"倒角"、"连接"、"切角"、"挤出"、"缩放"等命令进行变形；洗衣机的凹槽及滚筒造型主要使用"图形合并"、"倒角"、"切角"、"镜像"、"布尔壳"等命令来制作完成；滚筒罩主要使用"绘制线"、"调整轴"、"车削"等命令制作完成。

🔲 实现步骤

01 启动 3ds Max 9.0 中文版，在菜单栏上执行"自定义"→"单位设置"→"公制"→"毫米"命令。

02 创建洗衣机的底座、机身、按钮面板、顶板等构件。在顶视图中，执行"创建"→"几何体"→"扩展基本体"→"切角长方体"命令，创建"长度"为595mm、"宽度"为640mm、"高度"为130mm、"圆角"为2mm、"长度分段"为1、"宽度分段"为1、"高度分段"为1、"圆角分段"为3的切角长方体，作为洗衣机底座。此时，还处在"创建"切角长方体状态，按 W 键切换到"选择并移动"状态，在前视图中，按住 Shift 键沿 Y 轴方向向上拖拉复制一份线条，将"高度"修改为560mm，作为洗衣机机身。再向上拖拉复制一份线条，将"高度"修改为130mm，作为洗衣机按钮面板区。再向上拖拉复制一份线条，将"高度"修改为30mm，作为洗衣机顶板。在前视图选中机身，单击主工具栏中的"对齐"工具按钮 ，将光标移动到底座边框的位置并变成十字形状 ChamferBox01 时，单击底座，在弹出的"对齐当前选择"对话框中选中 Y 位置，设置"当前对象"为"最小"，"目标对象"为"最大"，将机身与底座对齐。同样的方法依次做对齐操作，使上层构件的底面紧贴下层构件的顶面，其效果如图 5-143 所示。

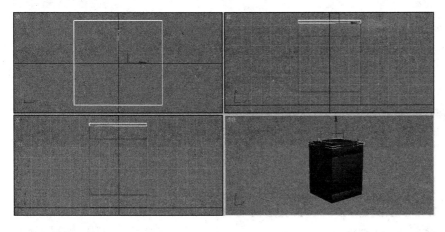

图 5-143　洗衣机构件的
效果图

03　制作顶板造型。选择"修改器列表"中的"编辑多边形"修改器选项，选择"多边形"层级，选择顶面，先设置"轮廓"为 –10mm，再进行倒角，设置"高度"为 –5mm，"轮廓量"为 -10mm，其效果如图 5-144 所示。

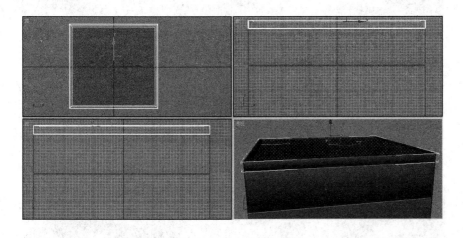

图 5-144　顶板造型

04　制作底座造型。为便于观察，可以按 F3、F4 键切换网格、颜色显示方式。选中底座，右击转换为可编辑多边形，在"修改面板"中选择"边"层级，选中"忽略背面"复选项，在顶视图中框选下面的边，即把底座正前面的水平边同时选中，打开"编辑边"卷展栏，单击"连接"后面的设置按钮 ▣，连接出两条边，其参数及效果如图 5-145 所示。

05　打开"编辑边"卷展栏，单击"切角"后面的设置按钮 ▣，对连接出来的边进行切角操作，其参数及效果如图 5-146 所示。

06　按住 Ctrl 键不松手，同时单击"选择"卷展栏中的"多边形" ▣ 按钮，同时把与切角后的边相关的多边形选中，松开 Ctrl 键，其效果如图 5-147 所示。

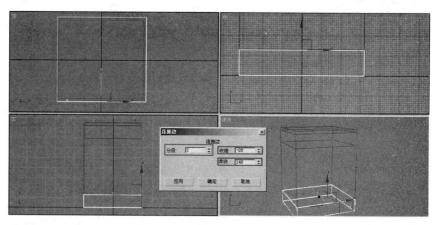

图 5-145　连接边

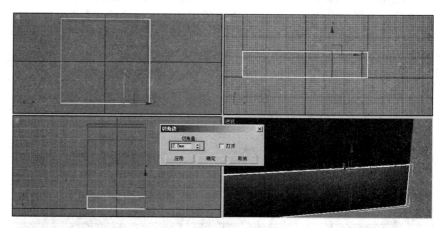

图 5-146　切角

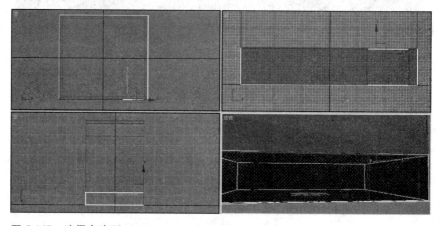

图 5-147　选择多边形

07 在前视图中，按住 Alt 键同时框选多余的多边形进行减选，只剩下切角边内的多边形处于选中状态，松开 Alt 键，其效果如图 5-148 所示。

08 单击"编辑多边形"卷展栏中"倒角"后面的设置按钮 ▣，进行倒角操作，其参数及效果如图 5-149 所示。

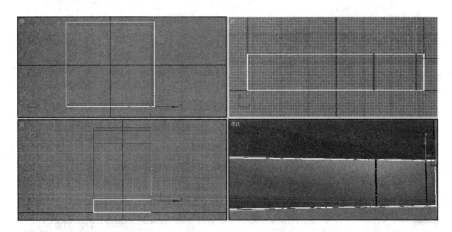

图 5-148　减选多边形

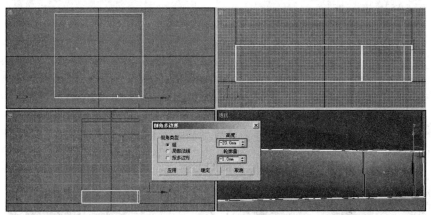

图 5-149　倒角

09 定位到透视图，按 Shift+Q 组合键快速渲染透视图，观察倒角出的缝隙效果，如图 5-150 所示。

10 在"修改面板"中选择"边"层级，在顶视图中框选缝隙之间的水平边，其效果如图 5-151 所示。

图 5-150　缝隙

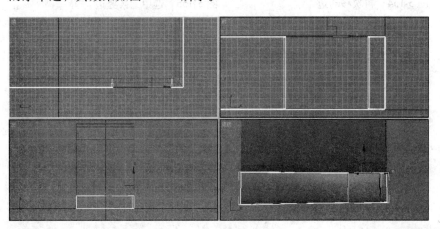

图 5-151　框选边

185

11 单击"编辑边"卷展栏中"连接"后面的设置按钮 ▣，连接出五条竖直边，其参数及效果如图 5-152 所示。

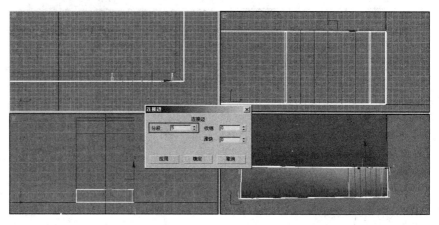

图 5-152　连接边

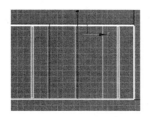

图 5-153　移动边

12 在顶视图中，按住 Alt 键框选从左至右 1、3、5 位置的边减选，只剩下 2、4 位置的边为选中状态，松开 Alt 键，将 2、4 位置的边向左移动到靠近 1 位置的边处，其效果如图 5-153 所示。

13 在顶视图中再减选 2 位置的边，只剩 4 位置的边为选中状态，向右移动到靠近 5 位置的边处，其效果如图 5-154 所示。

14 在前视图中框选缝隙内侧的七条边，其效果如图 5-155 所示。

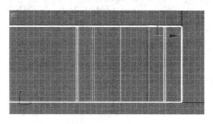

图 5-154　再次移动边

图 5-155　选中七条竖边

15 单击"编辑边"卷展栏中"连接"后面的设置按钮 ▣，连接出六条水平边，其参数及效果如图 5-156 所示。

16 选中如图 5-157 所示的一圈边。

17 单击"编辑边"卷展栏中"切角"后面的设置按钮 ▣，进行切角操作，设置"切角量"为 2mm，其效果如图 5-158 所示。

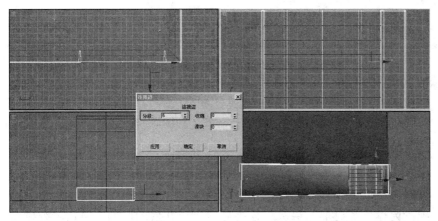

图 5-156　连接六条水平边

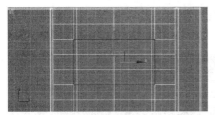

图 5-157　选中一圈边

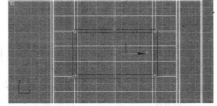

图 5-158　切角

18 选中如图 5-159 所示的多边形。

19 单击"编辑多边形"卷展栏中"挤出"后面的设置按钮 ，进行挤出操作，挤出高度为 -3mm。右击主工具栏中的"选择并均匀缩放"按钮 ，进行缩放操作，在弹出的"缩放变换输入"对话框中设置偏移为屏幕 98%。对选中的多边形依次进行挤出 -3mm，缩放 98% 的相同操作十次，其效果如图 5-160 所示。

图 5-159　选中多边形

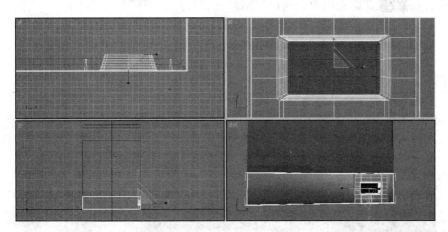

图 5-160　挤出凹槽

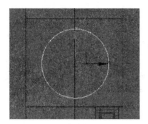

图 5-161 绘制圆

20 制作机身造型。在前视图中，执行"创建"→"图形"→"样条线"→"圆"命令，绘制半径为 220mm 的圆，在"插值"卷展栏中设置"步数"为 36。单击主工具栏中的"对齐"工具按钮 ，将光标移动到机身的位置并变成十字形状时单击机身，在弹出的"对齐当前选择"对话框中只选中 X 位置，"当前对象"为"中心"，"目标对象"为"中心"，将圆在左右水平方向上与机身中心对齐，如图 5-161 所示。

21 选中机身，执行"创建"→"几何体"→"复合对象" →"图形合并"命令，单击"拾取操作对象"卷展栏中的"拾取图形"按钮，单击圆，进行图形合并。在"修改器列表"中选择"编辑多边形"选项，选择"多边形"层级，直接显示出合并后的圆面。单击"编辑多边形"卷展栏中"挤出"后面的设置按钮 ，进行挤出操作，挤出高度为 –550mm，挤出滚筒的位置，其效果如图 5-162 所示。拾取过的圆可以删除。

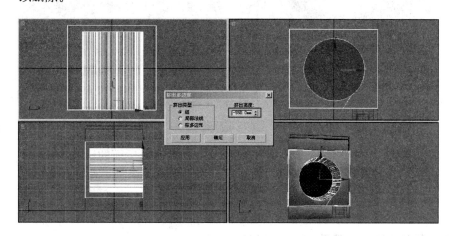

图 5-162 挤出滚筒位置

22 在前视图中，执行"创建"→"几何体"→"标准基本体"→"管状体"命令，创建一个半径 1 为 225mm、半径 2 为 165mm、高度为 30mm、高度分段为 3、端面分段为 3、边数为 36 的管状体。调整其到合适的位置，在左右水平方向上与机身中心对齐，如图 5-163 所示。

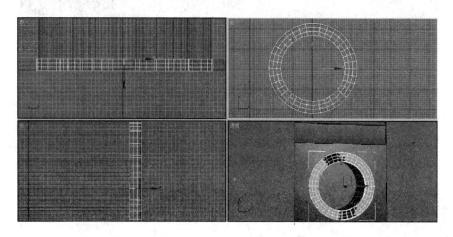

图 5-163 管状体

23 添加"编辑多边形"修改器，选择"顶点"层级，选择管状体外面内侧的一圈点，在透视图中沿 Y 轴方向向里移动 6mm，使管状体外侧立面形成弧度，其效果如图 5-164 所示。

24 选择"多边形"层级，选择如图 5-165 所示的多边形，单击"编辑几何体"卷展栏中的"分离"按钮，在弹出的"分离"对话框中选中"分离到元素"、"分离到克隆"复选项，将选中的多边形分离出来一份。

图 5-164　调整点的位置

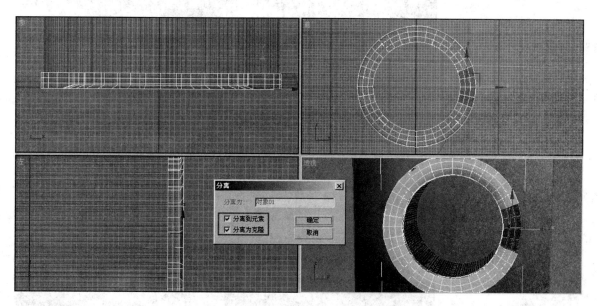

图 5-165　分离

25 进入"顶点"层级，调整分离出的多边形元素的形状。单击"编辑多边形"卷展栏中"挤出"后面的设置按钮，进行挤出操作，挤出高度为 5mm，如图 5-166 所示。

26 单击"编辑几何体"卷展栏中的"网格平滑"选项对其进行平滑，如图 5-167 所示。

27 制作滚筒罩。在左视图中，执行"创建"→"图形"→"样条线"→"线"命令，绘制滚筒罩侧面的纵截面形状。执行"层次"→"轴"→"调整轴"→"仅影响轴"命令，沿 Y 轴方向调整轴心位置到中心，如图 5-168 所示。

28 再次单击"仅影响轴"按钮，退出调整轴心状态。选择"修改器列表"中的"车削"选项，选中"翻转法线"复选项，设置分段为 36，方向为 X。在前视图中与管状体在 X 轴和 Y 轴方向上中心对齐，其效果如图 5-169 所示。可以选择"修改器列表"中的"壳"修改器选项，增加其厚度。

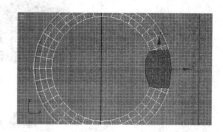

图 5-166　调整形状并挤出

图 5-167　网格平滑

图 5-168　滚筒罩侧面形状

29 制作滚筒。在前视图中绘制一个"半径"为215mm、"高度"为500mm、"高度分段"为8、"端面分段"为1、"边数"为24的圆柱体。在X轴和Y轴方向上与滚筒罩中心对齐。切换到左视图调整其X轴方向的位置，如图5-170所示。

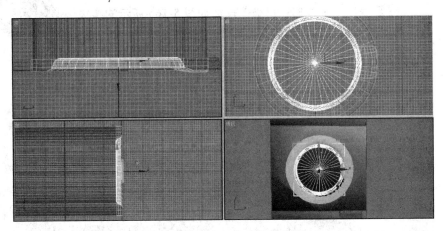

图5-169　滚筒罩

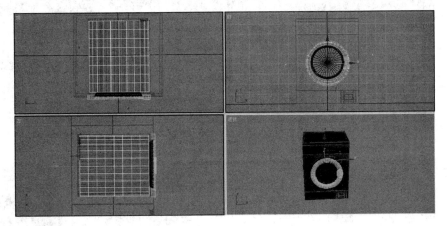

图5-170　圆柱体

30 在视图区右击，在弹出的菜单中选择"隐藏未选定对象"命令，只显示圆柱体。在前视图中创建Torus圆环，"半径1"为280mm，"半径2"为25mm，与圆柱体中心对齐，如图5-171所示。

31 右击工具栏中的"旋转"按钮，在"旋转变换输入框"中输入50，如图5-172所示。

32 在前视图中沿X轴方向均匀缩放圆环，使圆环管径的一部分在圆柱体内侧，一部分在圆柱体外侧，如图5-173所示。

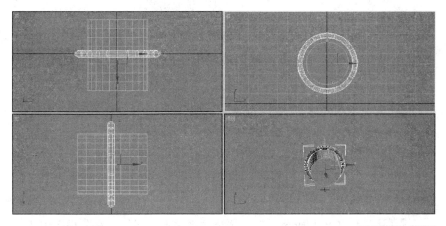

图 5-171　圆环

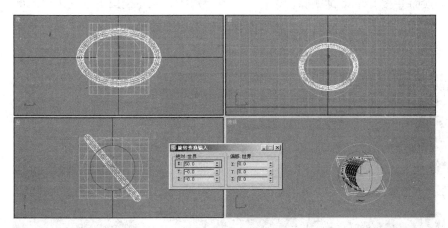

图 5-172　旋转圆环

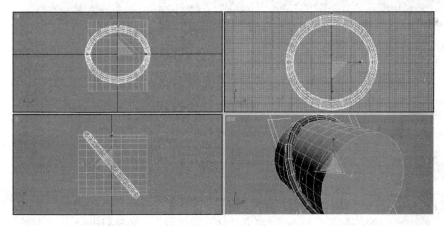

图 5-173　缩放圆环

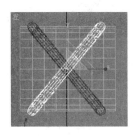

图 5-174 镜像圆环

33 在左视图中单击鼠标滚轮切换到左视图中，单击主工具栏中的镜像工具 ![镜像] 按钮，在弹出的"镜像：屏幕坐标"对话框中选择 X 轴为镜像轴，克隆当前选择为复制镜像出一份圆环，其效果如图 5-174 所示。

34 选中圆柱体，执行"创建"→"几何体"→"复合对象"→"布尔"命令，单击"拾取布尔"卷展栏中的"拾取操作对象 B"按钮，单击一份圆环并布尔出凹陷效果，按 W 键切换状态后，再次执行"布尔"→"拾取布尔"→"拾取操作对象 B"命令，单击另一份圆环，布尔出另一个凹陷效果，如图 5-175 所示。

35 转换为可编辑多边形，选择"多边形"层级，在前视图中选中顶面并按 Delete 键删除。选择"顶点"层级，在左视图中框选出凹陷部位和最左侧、最右侧部分之外的顶点，离凹陷部位太近的顶点也不要选择，如图 5-176 所示。

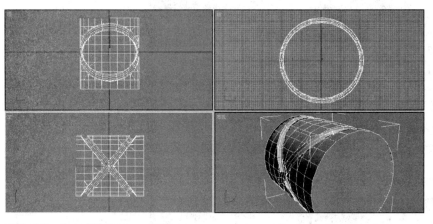

图 5-175 布尔凹陷效果

图 5-176 框选顶点

36 单击"编辑顶点"卷展栏中切角后的设置按钮 ![设置]，设置"切角量"为 10mm，选中"打开"复选项，切出洞的效果，如图 5-177 所示。

37 添加"网格平滑"修改器进行平滑操作。再添加"壳"修改器，设置"内部量"为 1mm，"外部量"为 1mm，增加其厚度，其渲染效果如图 5-178 所示。

38 在视图区右击，在弹出的菜单中选择"全部取消隐藏"命令。单击选中的滚筒罩，按 M 键打开"材质编辑器"，单击"Blinn 基本参数"卷展栏中漫反射后的颜色框，将颜色改为茶色，再将不透明度值修改为 50，单击材质球下方第三个按钮"将材质指定给选定对象"，赋给滚筒罩透明材质，其渲染效果如图 5-179 所示。

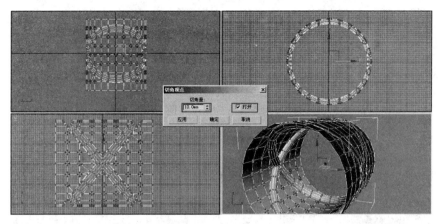

图 5-177　切洞　　图 5-178　滚筒的效果图

小提示

　　滚筒的圆洞除使用切角的方法制作外，也可以使用材质贴图的方法贴出圆洞的效果。洞的数量少时也可以使用布尔的方法，但是多次使用布尔操作会增加系统运算的负担。

　　为了简化操作，也可以直接合并现成的洗衣机滚筒文件。从网上或是其他资源库中可以找到做好的滚筒模型。

图 5-179　赋给滚筒罩透明
材质后的渲染效果

39　制作按钮面板造型。在前视图中创建"长度"为 35mm、"宽度"为 120mm、"高度"为 25mm、"圆角"为 6mm 的切角长方体，在顶视图和左视图调整其位置，使其大部分在按钮面板内部，只露出一小部分，如图 5-180 所示。

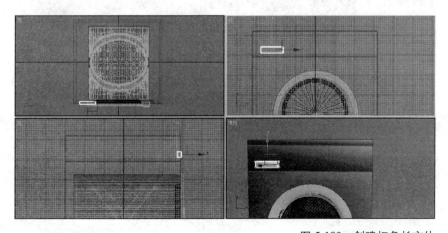

图 5-180　创建切角长方体

40 选中按钮面板，执行"创建"→"几何体"→"复合对象"→"布尔"命令，单击"拾取布尔"卷展栏中的"拾取操作对象 B"按钮，单击刚创建的切角长方体，布尔出凹陷效果，如图 5-181 所示。

41 制作按钮。在前视图中创建一个"长度"为 15mm、"宽度"为 25mm、"高度"为 5mm、"圆角"为 2mm 的切角长方体，调整好位置，再实例复制出七个，其效果如图 5-182 所示。

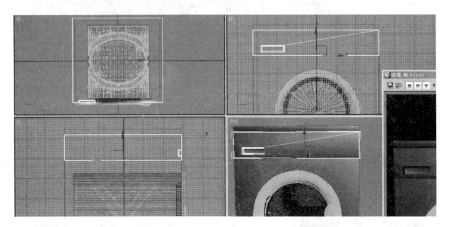

图 5-181　布尔出凹陷效果

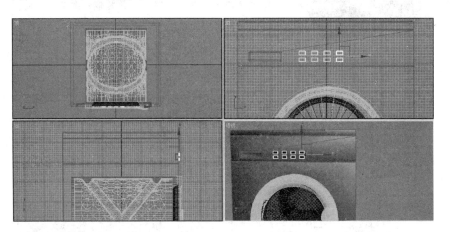

图 5-182　按钮

42 制作旋钮。在前视图创建一个"半径"为 30mm、"高度"为 15mm、"圆角"为 5mm、"高度分段"为 1、"圆角分段"为 3、"边数"为 24、"端面分段"为 1 的切角圆柱体，并调整其位置。再创建一个"长度"为 55mm、"宽度"为 18mm、"高度"为 12mm、"圆角"为 10mm 的切角长方体，与切角圆柱体中心对齐后再在左视图中沿 X 轴方向稍微向外侧移动，如图 5-183 所示。

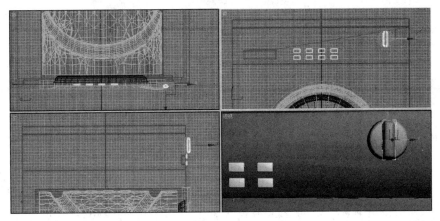

图 5-183　旋钮

43 在透视图中观察洗衣机的整体形态，并作调整，整体效果如图 5-184 所示。

44 给洗衣机赋材质，效果如图 5-185 所示。

小提示

可以在按钮面板区利用材质贴图的方法，也可以使用执行"创建"→"图形"命令的方法。

图 5-184　洗衣机的整体形态

图 5-185　赋材质后洗衣机的效果

相关知识

　　壳修改器是通过添加一组与现有面相反方向的额外面，"壳"修改器"凝固"对象或者为对象赋予厚度，无论曲面在原始对象中的任何地方消失，边将连接内部和外部曲面。可以为内部和外部曲面、材质 ID 以及边的贴图类型指定偏移距离。

　　同时，由于"壳"修改器没有子对象，所以可以使用"选择"选项指定面选择，该面选择在其他修改器的堆栈上传递。请注意，"壳"修改器并不能识别现有子对象选择，也不能通过这些堆栈上的选择。

📋 任务检测与评估

	检测项目	评分标准	分值	学生自评	教师评估
知识内容	认识"对齐"命令	基本了解该命令的功能和作用	10		
	认识"分离"命令	基本了解该命令的功能和作用	10		
	认识"壳"命令	基本了解该命令的功能和作用	10		
操作技能	对底座、机身、按钮面板、顶板等对象使用"对齐"命令进行对齐操作	能熟练使用这些命令设计作品	5		
	对底座使用"连接"、"切角"、"倒角"、"挤出"、"缩放"等命令来控制形状变化	能熟练使用这些命令设计作品	20		
	对机身使用"图形合并"、"挤出"等命令来控制形状变化	能熟练使用这些命令设计作品	20		
	使用"绘制线"、"调整轴"、"车削"等命令制作滚筒罩	能熟练使用这些操作设计作品	5		
	使用"镜像"、"布尔"、"切角"、"壳"等命令制作滚筒	能熟练使用这些命令设计作品	20		

任务七 电冰箱——FFD 自由变形

任务目标 使用"编辑样条线"、"FFD 自由变形"、"放样"、"多边形"等命令来制作一台电冰箱，其最终效果如图 5-186 所示（见彩插）。

任务说明 完成一台电冰箱的制作。其中电冰箱的门主要使用到"Extrude 挤出"修改器和"FFD（长方体）"修改器制作；电冰箱的门把手主要使用"编辑样条线"、"挤出"、"缩放"命令制作；冰箱腿及其他部分主要使用"样条线"及"挤出"修改器制作；冰箱门与冰箱主体之间的密封条主要使用"放样"来制作完成。

通过放样变形制作密封条时，如放样后的效果并非所要效果，只需要将其沿 Z 轴方向旋转 180° 就可以达到预期效果了。

图 5-186 电冰箱的效果图

实现步骤

01 启动 3ds Max 9.0 中文版，在菜单栏上执行"自定义"→"单位设置"→"公制"→"毫米"命令。

02 制作电冰箱主体。在顶视图中，执行"创建"→"几何体"→"扩展基本体"→"切角长方体"命令，绘制一个"长度"为 540mm、"宽度"为 580mm、"高度"为 1600mm、"圆角"为 3mm 的切角长方体，在视图区单击鼠标滚轮将操作点定位到视图区，在英文输入法状态下按 Z 键，最大化显示当前切角长方体对象，其效果如图 5-187 所示。

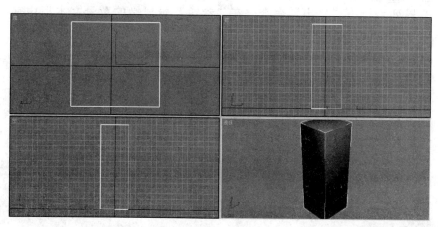

图 5-187 电冰箱主体

03 制作电冰箱门。在顶视图中，执行"创建"→"图形"→"样条线"→"矩形"命令，绘制一个"长度"为30mm、"宽度"为580mm、"角半径"为3mm的矩形，作为电冰箱门的横截面形状的初始图形。在顶视图中，单击主工具栏中的"对齐"工具按钮 📵，将光标移至电冰箱主体边框处变成十字形状时单击电冰箱主体，与电冰箱主体做"对齐"操作，在Y轴方向上最大对齐最小、X轴方向上中心对齐、Z轴方向上最大对齐最大。选中矩形，右击主工具栏中的"选择并移动"工具按钮 ✥，在弹出的"移动变换输入"对话框中设置"偏移"为"屏幕"：在Y后的文本框中输入 –20mm，按回车键确认，使矩形沿Y轴方向移动 –20mm，其效果如图 5-188 所示。

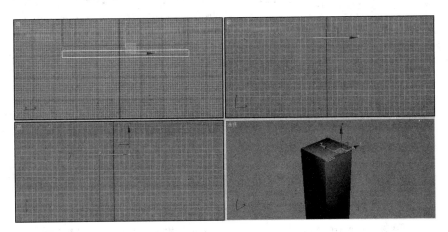

图 5-188　绘制矩形

04 执行"修改"→"修改器列表"→"编辑样条线"命令，单击"编辑样条线"修改器前面的"+"将其堆栈展开，选择"顶点"层级，对矩形下端的顶点调整位置并使用Bezier角点的手柄调整其弯曲度，其效果如图 5-189 所示，形成电冰箱门外侧的弧形状态。

05 再次单击"顶点"选项，退出"顶点"层级。执行"修改"→"修改器列表"→"挤出"命令，在"参数"卷展栏的数量文本框中输入 –980mm。执行"修改"→"修改器列表"→"编辑多边形"命令，单击"编辑多边形"修改器前面的"+"，将其堆栈展开，单击"顶点"选项，选择"顶点"层级，单击"编辑几何体"卷展栏的"切割"按钮，进入切割状态。在顶视图中，依次在下端边单击添加顶点，将光标移动到上端边，再次单击添加顶点，右键单击结束操作，切出如图 5-190 所示的六条边。

 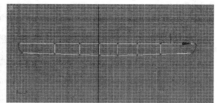

图 5-189　电冰箱门横截面形状　　　　　　　　图 5-190　切割

06 再次单击"顶点"选项，退出"顶点"层级。执行"修改"→"修改器列表"→"FFD（长方体）"命令，单击"FFD（长方体）4×4×4"修改器前面的"+"，将其堆栈展开，单击选择"控制点"选项，进入"控制点"层级状态。在前视图中框选顶端中间的两个控制点，在顶视图或透视图中可以观察到实际上选中了两列控制点，沿 Y 轴方向稍微向上移动，得到冰箱冷藏室门向上拱起的效果，如图 5-191 所示。

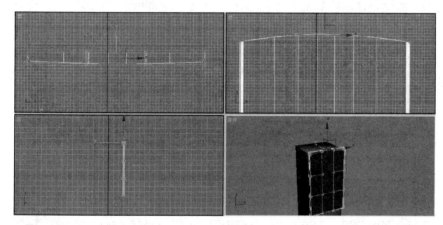

图 5-191　电冰箱冷藏室门的效果

07 在前视图中，执行"创建"→"图形"→"样条线"→"矩形"命令，创建"长度"为 960mm、"宽度"为 560mm、"角半径"为 3mm 的矩形，作为制作电冰箱门与电冰箱主体之间的密封条的放样路径。在前视图中，单击主工具栏中的"对齐"工具按钮 ，将光标移至电冰箱主体处，变成十字形状时单击电冰箱主体，与电冰箱主体做对齐操作，在 Y 轴方向上最大对齐最大、X 轴方向上中心对齐、Z 轴方向上最大对齐最大。选中矩形，右击主工具栏中的"选择并移动"工具按钮 ，在弹出的"移动变换输入"对话框中，"偏移"为"屏幕"：在 Y 后的文本框中输入 –10mm，按回车键确认，使矩形沿 Y 轴方向移动 –10mm，其效果如图 5-192 所示。

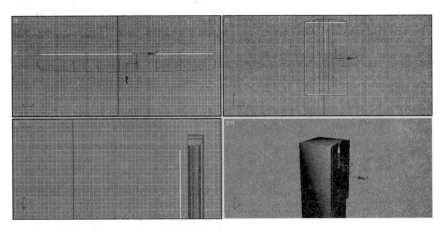

图 5-192　放样路径

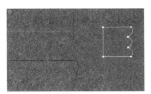

图 5-193　密封条截面图形

08 在顶视图中，执行"创建"→"图形"→"样条线"→"矩形"命令，创建"长度"为 20mm、"宽度"为 20mm 的矩形。执行"修改"→"修改器列表"→"编辑样条线"命令，单击"编辑样条线"修改器前的"+"，将其堆栈展开，单击"顶点"选项，进入"顶点"层级。在"几何体"卷展栏中，单击"优化"按钮，在矩形右侧边上单击，添加两个顶点，将右侧边均匀地分成三份，调整顶点的位置及弯曲度，形成如图 5-193 所示的密封条截面形状。

09 选中作为放样路径的矩形，执行"创建"→"几何体"→"复合对象"→"放样"命令，单击"创建方法"卷展栏中的"获取图形"按钮，单击密封条截面图形，产生放样对象。右击工具栏中的"移动"按钮，设置"Z 轴偏移值"为 –10mm，使密封条正好移动到电冰箱主体和电冰箱门之间的位置。切换到"修改面板"，单击"放样"修改器前面的"+"，展开堆栈，在堆栈中选择"图形"选项，进入"图形"层级。在"顶视图"中，单击放样对象右侧选择截面图形，右击主工具栏中的"旋转"工具按钮 ↻，设置"Z 轴偏移值"为 180，其效果如图 5-194 所示。

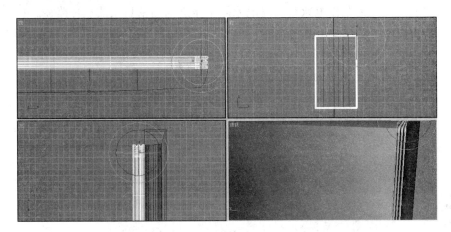

图 5-194　密封条的形状

10 制作冷藏室门顶部的包边。按住 Shift 键单击冷藏室门线条，原地不动复制一份线条。在前视图中，单击"FFD（长方体）4×4×4"修改器堆栈中的"控制点"选项，进入 FFD 修改器的"控制点"层级，框选下面三排控制点向上移动，框选最下面一排中间的顶点稍微向下移动，在左视图中进一步调整形状，再次单击"控制点"选项，退出控制点层级。按 R 键切换到"选择并均匀缩放"操作，将光标移动到黄色三角形区域并按下鼠标左键拖动，使用"均匀缩放"命令使变形后的造型稍微均匀放大，形成包边效果，如图 5-195 所示。

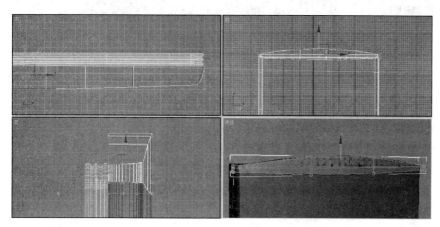

图 5-195　冷藏室门顶部的包边效果

11 制作冷藏室门底部包边。在前视图中，按 W 键切换到"选择并移动"操作，按住 Shift 键不松手，沿 Y 轴方向向下拖动顶部包边到冷藏室门底部的位置，松开鼠标左键，松开 Shift 键，在弹出的"克隆选项"对话框中对象类型选择"复制"，"副本数"输入 1。单击"FFD（长方体）4×4×4"修改器堆栈中的"控制点"选项，进入"控制点"层级，框选底部中间的控制点，将底部顶点拉平，其效果如图 5-196 所示。

12 制作冷冻室门的密封条、冷冻室门及包边。将冷藏室门的密封条向下复制一份，在"修改"面板选择"Loft 放样"的"路径"层级，然后单击"路径"下面的 Rectangle 选项，回到放样路径矩形的参数设置状态。在"参数"卷展栏中将"长度"修改为 580mm，再次单击"路径"选项，退出"路径"层级。按 W 键切换到"选择并移动"操作调整其位置，与冰箱主体下沿对齐。框选冷藏室门及顶部、底部的包边并向下复制一份。选中复制的冷藏室门，在"修改面板"中删除 FFD 自由变形和编辑多边形修改器。将"挤出"数量修改为 –600mm，调整其位置，作为冷冻室门。选中复制的顶部包边，进入 FFD 修改器的"控制点"层级，框选顶部中间的控制点，将顶部顶点拉平。调整冷冻室门的顶部包边和底部包边的位置，如图 5-197 所示。

图 5-196　冷藏室门底部
包边效果

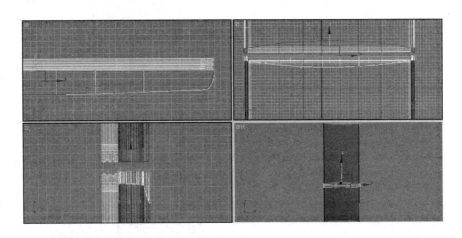

图 5-197 冷冻室门顶部
包边的效果

13 制作门把手。在顶视图中，执行"创建"→"图形"→"样条线"→"椭圆"命令，创建"长度"为 25mm、"宽度"为 15mm 的椭圆。执行"修改"→"修改器列表"→"编辑样条线"命令，单击"编辑样条线"修改器前的"+"，将其堆栈展开，单击"顶点"选项，进入"顶点"层级。选中底部顶点并按 Delete 键删除底部顶点。再次单击"顶点"选项，退出"顶点"层级。执行"修改"→"修改器列表"→"挤出"命令，在"参数"卷展栏中输入"挤出数量"为 245mm。调整其位置，作为冷藏室的门把手拉杆，其效果如图 5-198 所示。

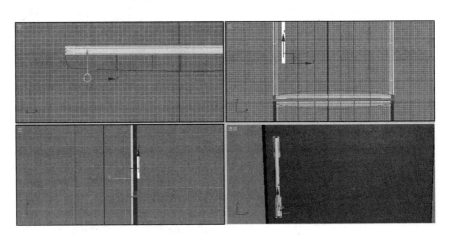

图 5-198 冷藏室门把手
拉杆的效果

14 在顶视图中，执行"创建"→"几何体"→"扩展基本体"→"切角长方体"命令，创建"长度"为 20mm、"宽度"为 20mm、"高度"为 20mm、"圆角"为 1mm 的切角长方体，调整其位置，将冷藏室门与门把手拉杆连接起来，其效果如图 5-199 所示。

15 执行"修改"→"修改器列表"→"编辑多边形"命令，添加"编辑多边形"修改器，选择"顶点"层级，在顶视图中框选下面的顶点，即外侧的顶点，做均匀缩放操作，稍微缩小到与门把手拉杆等宽，其效果如图 5-200 所示。

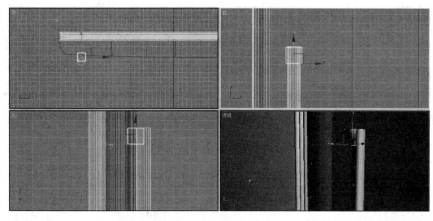

图 5-199　冷藏室门和把
手拉杆间的连接

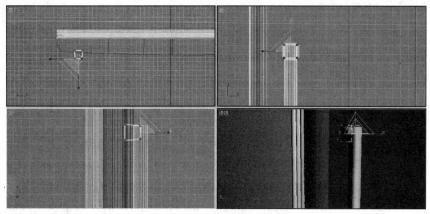

图 5-200　对连接缩放变形

16 再次单击"顶点"选项，退出"顶点"层级。在前视图中，按 W 键切换到"选择并移动"操作，按住 Shift 键不松手沿 Y 轴方向向下拖动到拉杆底端位置，松开鼠标左键，松开 Shift 键，在弹出的"克隆选项"对话框中，其"对象"类型选择"实例"，"副本数"为 1。同时选中拉杆和两个连接，按住 Shift 键不松手并沿 Y 轴方向向下拖动到冷冻室门的位置，松开鼠标左键，松开 Shift 键，在弹出的"克隆选项"对话框中，其"对象"类型选择"实例"，"副本数"为 1。效果如图 5-201 所示。

17 制作品牌标志牌。在前视图中，执行"创建"→"几何体"→"标准基本体"→"球体"命令，创建"半径"为 60mm 的球体。按 R 键切换到"选择并均匀缩放"操作，在顶视图中，将光标移动到 Y 轴，仅 Y 轴变成黄色当前轴时，按住鼠标左键向下拖动将球体沿 Y 轴方向均匀缩放，同样，在左视图中，将光标移动到 Y 轴，仅 Y 轴变成黄色当前轴时，按住鼠标左键向下拖动将球体沿 Y 轴方向均匀缩放。按 W 键切换到"选择并移动"操作，调整其位置到冷藏室门的上部外侧，其效果如图 5-202 所示。

图 5-201　门把手的效果

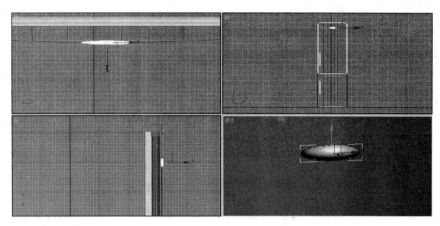

图 5-202　品牌标志牌

18 制作液晶显示牌。在前视图中，执行"创建"→"图形"→"样条线"→"矩形"命令，在品牌标志牌下方的位置创建"长度"为60mm、"宽度"为160mm、"角半径"为28mm的矩形。单击主工具栏中的"对齐"工具按钮 ，将光标移动到品牌标志牌边框的位置并变成十字形状时，单击品牌标志牌，在弹出的"对齐当前选择"对话框中选中"X位置"复选项，当前对象选择中心，目标对象选择中心，单击"应用"按钮；再选中"Z位置"，当前对象选择最大，目标对象选择最大，单击"确定"按钮，完成与品牌标志牌的对齐操作。执行"修改"→"修改器列表"→"挤出"命令，"挤出数量"为 −5mm，作为液晶显示牌框架，如图 5-203 所示。

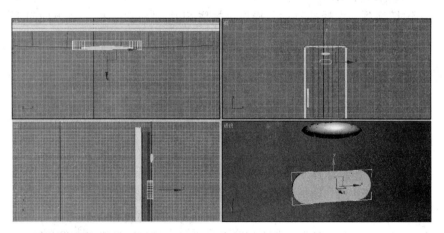

图 5-203　液晶显示牌框架

19 在前视图中，执行"创建"→"几何体"→"扩展基本体"→"切角长方体"命令，创建"长度"为40mm、"宽度"为120mm、"高度"为5mm、"圆角"为2mm的切角长方体。与上步挤出的液晶显示牌框架在X轴和Y轴方向上中心对齐。在左视图中沿X轴方向移动到如图 5-204所示的位置。

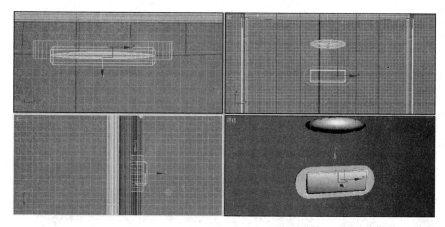

图 5-204　切角长方体的位置

20 选择液晶显示牌框架，执行"创建"→"几何体"→"复合对象"→"布尔"命令，在"拾取布尔"卷展栏下选择"复制"单选项，单击"拾取操作对象 B"按钮，单击上步创建的切角长方体使用"布尔"命令做凹槽。选中切角长方体，修改其"高度"参数为 1mm，移动其位置到液晶显示牌框架的外侧，作为显示屏，为其赋透明材质，如图 5-205 所示。

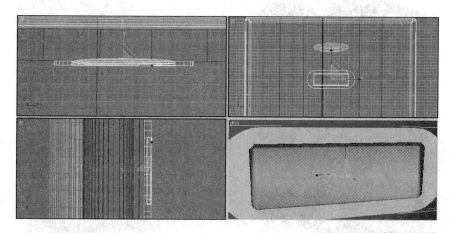

图 5-205　液晶显示牌

21 制作电冰箱腿。在顶视图中，执行"创建"→"图形"→"样条线"→"多边形"命令，设置"半径"为 16mm、"边数"为 11 的多边形。执行"修改"→"修改器列表"→"挤出"命令，"挤出数量"为 40mm。调整其位置到电冰箱主体下面。添加"编辑多边形"修改器，进入"顶点"层级，在左视图中，框选上面的顶点，将光标放在黄色的三角形位置并拖动鼠标进行均匀缩放操作，其效果如图 5-206 所示。

22 再次单击"顶点"选项，退出顶点层级。在顶视图中，按住 Shift 键不松手，向另一个角拖拉，松开鼠标左键，松开 Shift 键，复制一个实例。再同时选中这一侧的两个电冰箱腿，按住 Shift 键不松手，向另一侧拖拉，松开鼠标左键，松开 Shift 键，复制一份实例。即四个冰箱腿分别在冰箱四个角的位置，其效果如图 5-207 所示。

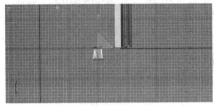

图 5-206 均匀缩放　　　　　　　　　图 5-207 复制冰箱腿

23 在透视图中，观察电冰箱整体形态并进行适当调整，其效果如图 5-208 所示。

24 给冰箱赋材质后，其效果如图 5-209 所示。

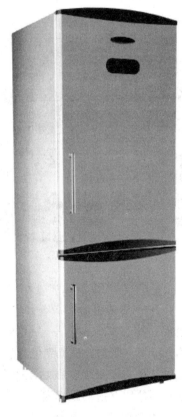

图 5-208 冰箱的整体效果　　　　　　　　图 5-209 赋材质后冰箱的效果

相关知识

FFD（长方体/圆柱体）修改器：FFD代表"自由形式变形"。FFD（长方体）与FFD（圆柱体）修改器可以用于对象修改器和空间扭曲中。也可将它用于构建类似椅子和雕塑这样的圆图形。还可以创建长方体形状与圆柱体形状晶格自由形式变形动画。它的效果用于舞蹈、汽车或坦克的计算机动画中。

FFD修改器的源晶格和在堆栈中将其指定到的几何体相匹配。这可以是整个对象，也可以是面或顶点的子对象选择。

FFD修改器使用晶格框包围选中几何体。通过调整晶格的控制点，可以改变封闭几何体的形状。例如，在蛇上创建一个凸起。使用"自动关键点"按钮可以设置晶格点动画，因此可以使几何体变形。

展开FFD修改器堆栈，可以看到以下三个选项。

控制点——在此子对象层级，可以选择并操纵晶格的控制点，可以一次处理一个或以组为单位处理（使用标准方法选择多个对象）。操纵控制点将影响基本对象的形状，可以给控制点使用标准变形方法。当修改控制点时如果启用了"自动关键点"按钮，此点将变为动画。

晶格——在此子对象层级，可从几何体中单独的摆放、旋转或缩放晶格框。如果启用了"自动关键点"按钮，此晶格将变为动画。当首先应用FFD时，默认晶格是一个包围几何体的边界框。移动或缩放晶格时，仅位于体积内的顶点子集合可应用局部变形。

设置体积——在此子对象层级，变形晶格控制点变为绿色，可以选择并操作控制点而不影响修改对象。这使晶格更精确地符合不规则形状对象，当变形时这将提供更好的控制。

"设置体积"主要用于设置晶格原始状态。如果控制点已是动画或启用"动画"按钮时，此时"设置体积"与子对象层级上的"控制点"使用一样，当操作该点时改变对象形状。

FFD参数卷展栏如图5-210所示。

（1）"尺寸"组

晶格尺寸——此文本显示晶格中当前的控制点数目（例如，4×4×4），同时显示在"堆栈"列表中修改器名称的旁边。

设置点数——显示一个对话框，其中包含三个标为"长度"、"宽度"和"高度"的微调器以及"确定/取消"按钮。指定晶格中所需控制点数目，然后单击"确定"按钮，以进行更改。

警告：请在调整晶格控制点的位置之前更改其尺寸。当使用该对话框更改控制点的数目时，用户之前对控制点所作的任何调整都会丢失（可以撤销使用该对话框的操作）。

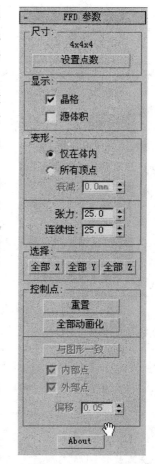

图5-210　FFD参数卷展栏

（2）"显示"组

晶格——绘制连接控制点的线条以形成栅格。 虽然绘制这些额外的线条时会使视口显得混乱，但它们可以使晶格形象化。

源体积——控制点和晶格会以未修改的状态显示。 当调整源体积以影响位于其内或其外的特定顶点时，该显示很重要。

（3）"变形"组

仅在体内——只有位于源体积内的顶点会变形，源体积外的顶点不受影响。

所有顶点——所有顶点都会变形，不管它们位于源体积的内部还是外部，具体情况取决于"衰减"微调器中的数值。 体积外的变形是对体积内的变形的延续。 请注意离源晶格较远的点的变形可能会很极端。

衰减——决定着 FFD 效果减为零时离晶格的距离，仅用于选择"所有顶点"时。 当设置为 0 时，它实际处于关闭状态，不存在衰减。 所有顶点无论到晶格的距离远近都会受到影响。"衰减"参数的单位是实际相对于晶格的大小指定的：衰减值 1 表示那些到晶格的距离为晶格的宽度 / 长度 / 高度的点（具体情况取决于点位于晶格的哪一侧）所受的影响降为 0。

张力 / 连续性——调整变形样条线的张力和连续性。 虽然无法看到 FFD 中的样条线，但晶格和控制点代表着控制样条线的结构。 在调整控制点时，会改变样条线（通过各个点），样条线使对象的几何结构变形。 通过改变样条线的张力和连续性，可以改变它们在对象上的效果。

（4）"选择"组

全部 X、全部 Y、全部 Z——选中沿着由该按钮指定的局部维度的所有控制点。通过打开两 / 三个按钮，可以选择两 / 三个维度中的所有控制点。

（5）"控制点"组

重置——将所有控制点返回到它们的原始位置。

全部动画化——默认情况下，FFD 晶格控制点将不在"轨迹视图"中显示出来，因为没有给它们指定控制器。 但是在设置控制点动画时，给它指定了控制器，则它在"轨迹视图"中可见。 也可以添加和删除关键点和执行其他关键点操作。 使用"全部动画化"将控制器指定给所有控制点，这样它们在"轨迹视图"中立即可见。

与图形一致——在对象中心控制点位置之间沿直线延长线将每一个 FFD 控制点移到修改对象的交叉点上，这将增加一个由"偏移"微调器指定的偏移距离。

小提示

将"与图形一致"应用到规则图形效果很好，如基本体。 它对退化（长、窄）面或锐角效果不佳，这些图形不可使用这些控件，因为它们没有用于晶格相交的面。

内部点——仅控制受"与图形一致"影响的对象内部点。

外部点——仅控制受"与图形一致"影响的对象外部点。

偏移——受"与图形一致"影响的控制点偏移对象曲面的距离。

关于——显示版权和许可信息对话框。

任务检测与评估

	检测项目	评分标准	分值	学生自评	教师评估
知识内容	认识"编辑多边形"的"切割"命令	基本了解该命令的功能和作用	10		
	认识"FFD长方体"修改器	基本了解该命令的功能和作用	10		
	认识"编辑样条线"的"优化"命令	基本了解该命令的功能和作用	10		
操作技能	使用"编辑样条线"修改器调整矩形形状,制作电冰箱门	能熟练使用该修改器设计作品	10		
	使用"切割"命令在电冰箱门上沿切出六条边	能熟练使用该命令设计作品	10		
	使用了"FFD(长方体)"修改器对电冰箱门变形	能熟练使用该修改器设计作品	20		
	使用"放样"命令制作电冰箱门与电冰箱主体之间的密封条	能熟练使用该命令设计作品	20		
	使用"布尔"命令制作液晶显示牌	能熟练使用该命令设计作品	10		

任务八 ▌ 挂式空调器——晶格

■ 任务目标 通过综合建模来设计一个挂式空调器，最终效果如图 5-211 所示（见彩插）。

■ 任务说明 完成一个挂式空调器的制作。其中空调器机身通过拖动多边形"顶点"来调整其圆滑度和造型设计；空调器出风口和入风口通过"挤出"命令生成；入风口栅栏通过"晶格"命令创建；此外，空调

图 5-211 挂式空调器的效果图

器装饰面板与"捕捉开关"功能配合使用，使其紧贴空调器机身。

本实例操作步骤较多，涉及多种命令、工具按钮的配合使用，用户可以在本实例的基础上进行造型的创新设计，例如，空调器机身、装饰面板等都可以改变其弧度、形状，设计出更加新颖、漂亮，造型独特的挂式空调器。

▢ 实现步骤

01 启动 3ds Max 9.0 中文版，在菜单栏执行"自定义"→"单位设置"→"公制"→"毫米"命令。

02 首先制作挂式空调器机身。进入前视图，在"命令面板"上执行"创建"→"图形"→"样条线"→"矩形"命令，创建出一个矩形，具体参数设置如图 5-212 所示。

图 5-212 矩形的参数设置

03 选中矩形，在"命令面板"中执行"修改"→"修改器列表"→"倒角"命令，设置矩形倒角值如图 5-213 所示。

04 在菜单栏执行"修改器"→"网格编辑"→"编辑多边形"命令，在"命令面板"中选中"边"层级。进入左视图，使用"选择对象"工具按钮 ▨ 框选空调器机身上、下方全部边，如图 5-214 所示。

图 5-213 设置矩形倒角参数

05 在"命令面板"中执行打开"编辑边"卷展栏，单击"连接"按钮，设置按钮 ▣，如图 5-215 所示。在弹出的"连接边"对话框中输入的值为 5。

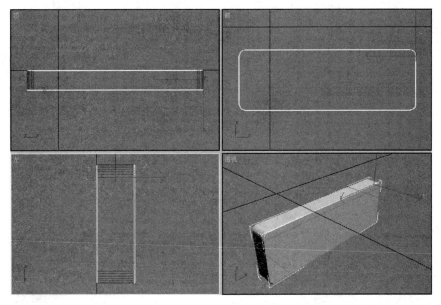

图 5-214　框选空调器机身上、下方全部边

图 5-215　单击"连接"
　　　　　按钮

06 接下来将对空调器机身进行细节优化，调整立式空调器机身弧度。进入左视图，在"命令面板"中选中"顶点"层级。使用"选择并移动"工具按钮 ✛ 的逐一拖动空调器机身上方顶点，让其产生弧线状，下方顶点执行同样操作，调整顶点后，效果如图 5-216 所示。

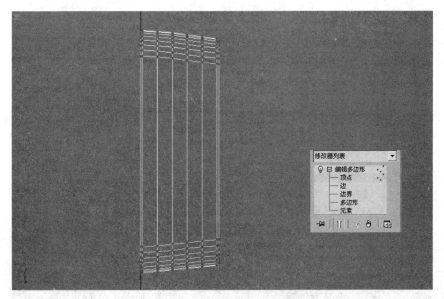

图 5-216　调整顶点后的效果

07 返回前视图，在"命令面板"中选中"多边形"层级，选中正前方面板，在"命令面板"中打开"编辑多边形"卷展栏单击"挤出"命令，设置按钮 ▣，弹出"挤出多边形"对话框，设置"挤出高度"的值为 30，如图 5-217 所示。

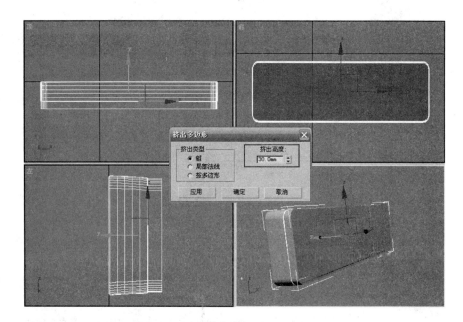

图 5-127 "挤出多边形"
对话框

图 5-218 "倒角多边形"
对话框

08 继续选中正前方面板，在"命令面板"中打开"编辑多边形"卷展栏，单击"倒角"命令，设置按钮 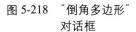，弹出"倒角多边形"对话框，设置"高度"的值为 3，"轮廓量"的值为 −3，"倒角多边形"对话框参数设置如图 5-218 所示。

09 返回左视图，在"命令面板"中选中"顶点"层级，使用"选择并移动"工具按钮 ⊕，将下方顶点向上拖动较大幅度，该位置将作为挂式空调器出风口，如图 5-219 所示，上方顶点向下拖动较小幅度。

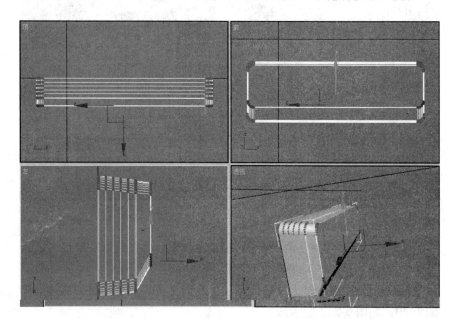

图 5-219 将下方顶点向
上拖动较大幅
度的效果

10 接下来制作空调器机身正前方的装饰面板。在"命令面板"上执行"创建"→"图形"→"样条线"→"矩形"命令，在左视图中创建出一个矩形，具体参数设置如图 5-220 所示。

图 5-220 设置矩形参数

11 选中矩形，在菜单栏执行"修改器"→"面片/样条线编辑"→"编辑样条线"命令，在"命令面板"中选中"顶点"层级，在"命令面板"中打开"几何体"卷展栏，单击"圆角"命令，使用"圆角"命令使矩形产生弧线状，矩形调整后如图 5-221 所示。

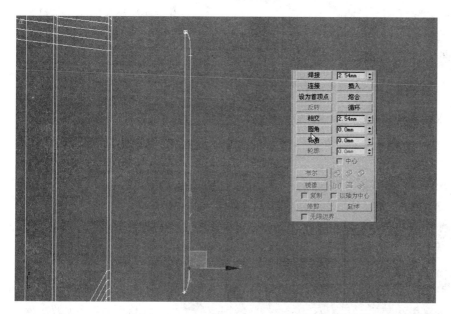

图 5-221 调整矩形

12 在"命令面板"中选中"分段"层级，选中矩形右边线段，在命令面板中打开"几何体"卷展栏，单击"拆分"命令，将线段拆分成两段。返回"顶点"层级，使用"选择并移动"工具按钮 ，向右拖动两条线段之间顶点，如图 5-222 所示。

13 在主工具栏中右键单击"捕捉开关"按钮 ，弹出"栅格和捕捉设置"对话框。在该对话框的"捕捉"选项组中，选中"边/线段"复选项，如图 5-223 所示。然后退出"顶点"层级，再次单击按钮 ，激活"捕捉开关"功能。

14 在左视图中使用"选择并移动"工具按钮 ，拖动矩形，使矩形左线段与空调器机身表面完全贴近，单击工具按钮 ，退出"捕捉开关"功能。

15 在菜单栏执行"修改器"→"网格编辑"→"挤出"命令，在"命令面板"中将"挤出数量"设置为 700，将装饰面板调整到合适位置，如图 5-224 所示。

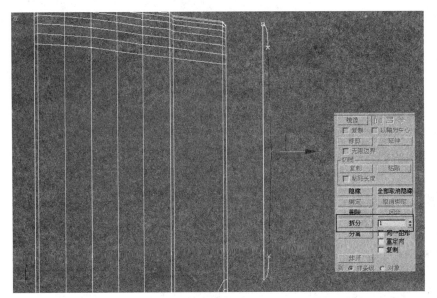

图 5-222 拆分线段

图 5-223 "栅格和捕捉设置"对话框

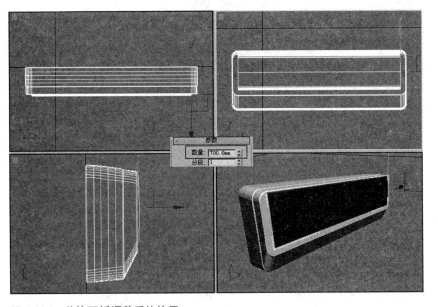

图 5-224 装饰面板调整后的效果

小提示

"捕捉开关"工具处于激活状态时,将光标指向线段将出现一个小方块,此时可以拖动矩形,需将光标指向矩形左边线段进行拖动。

图 5-225 长方体的参数

16 进入前视图,执行"创建"→"几何体"→"标准基本体"→"长方体"命令,创建出一个长方体,作为液晶显示屏,参数设置如图5-225所示。将液晶显示屏放置在空调装饰面板正下方。

17 接下来制作空调器的出风口。在"命令面板"中选中"多边形"层级,在前视图中选中出风口位置多边形,在"命令面板"中打开"编辑多边形"卷展栏,单击"挤出"命令,设置按钮 □ ,弹出"挤出多边形"对话框,设置"挤出高度"的值为−30,如图5-226所示。

18 继续制作空调器出风口扇叶。进入前视图，执行"创建"→"几何体"→"标准基本体"→"长方体"命令，创建出一个长方体，具体参数设置如图 5-227 所示。

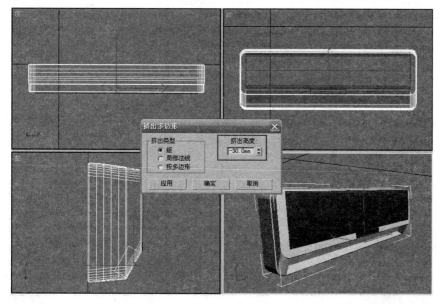

图 5-226　挤出空调器出风口

图 5-227　出风口扇叶参数设置

19 进入左视图，使用"选择并旋转"工具按钮 ↻，旋转出风口扇叶，将其角度调整到与出风口倾斜角度一致。通过多个视图调整，将扇叶放置到出风口位置，其效果如图 5-228 所示。

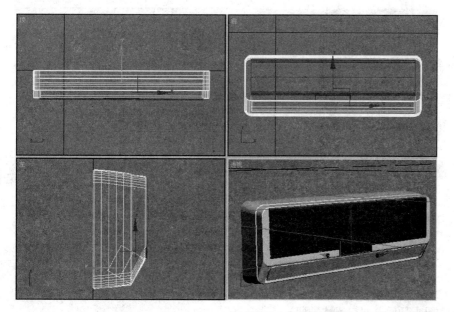

图 5-228　扇叶放置到出风口位置的效果

20 接下来制作空调器入风口。进入顶视图，在"命令面板"中选中"多边形"层级，使用"选择对象"工具按钮 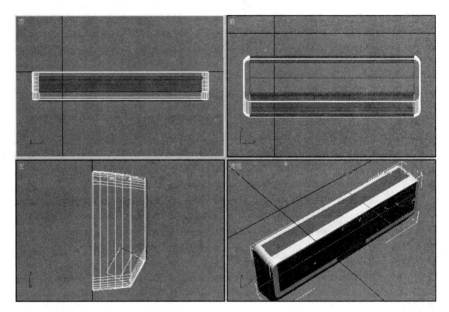，选择空调器机身顶部入风口位置多边形，如图5-229所示。

图 5-229 框选入风口位置多边形

21 在"命令面板"中打开"编辑多边形"卷展栏，单击"挤出"命令，设置按钮 回，弹出"挤出多边形"对话框，设置"挤出高度"的值为 -50，如图5-230所示。

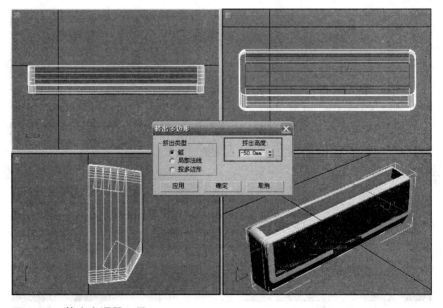

图 5-230 挤出空调器入风口

22 继续制作空调入风口栅栏。进入顶视图，执行"创建"→"几何体"→"标准基本体"→"长方体"命令，创建出一个长方体，作为入风口栅栏，具体参数设置如图 5-231 所示。将入风口栅栏长方体放置到空调入风口位置。

23 选中栅栏长方体，在菜单栏执行"修改器"→"参数化变形器"→"晶格"命令，其中在"几何体"选项组需选择"仅来自边的支柱"选项，具体参数设置如图 5-232 所示。

24 进入左视图，使用"选择并旋转"工具按钮 ↻，微调栅栏角度，挂式空调器最终完成效果如图 5-233 所示。

图 5-231　入风口栅栏
参数设置

图 5-232　"晶格"命令
时的参数设置

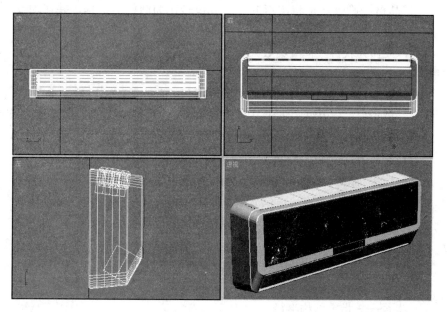

图 5-233　挂式空调器的完成效果

相关知识

1."捕捉开关"工具

该工具用于创建和变换对象或子对象时捕捉现有几何体的特定部分。也可以捕捉栅格、切换、中点、轴点、面中心和其他选项。该工具存在三种捕捉模式。

2D 捕捉模式：光标仅捕捉到活动构建栅格，包括该栅格平面上的任何几何体。将忽略 Z 轴或垂直尺寸。

2.5D 捕捉模式：光标仅捕捉活动栅格上对象投影的顶点或边缘。

小提示

使用捕捉时，如果光标出现在小于捕捉预览半径距离，但大于捕捉半径距离的潜在捕捉点的距离内，则捕捉光标跳到该点作为捕捉发生位置的预览，但实际上没有发生捕捉，要将预览点用作捕捉点。

小提示

为了获得最佳效果，请保持“捕捉预览半径”值比“捕捉半径”值多10像素或更多，这样就可以在实际发生捕捉之前预览任何捕捉。

小提示

当禁用“应用于整个对象”时，未选中对象正常渲染。

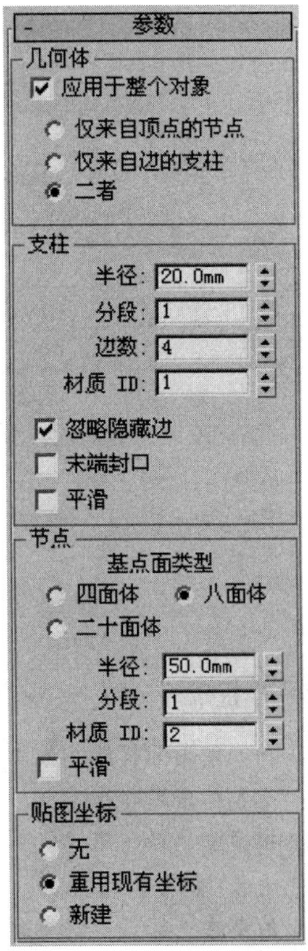

图 5-234　“晶格”修改器命令面板

假设创建一个栅格对象并使其激活，然后定位栅格对象，以便透过栅格看到3D空间中远处的立方体。现在使用2.5D设置，可以在远处立方体上从顶点到顶点捕捉一行，但该行绘制在活动栅格上。效果就像举起一片玻璃，并且在其上绘制远处对象的轮廓。

3D捕捉模式：这是默认设置，光标直接捕捉到3D空间中的任何几何体。3D捕捉用于创建和移动所有尺寸的几何体，而不考虑构造平面。

要将预览点用作捕捉点。

3ds Max9.0还提供了另外两种捕捉工具。

“角度捕捉切换”工具按钮：设置对象围绕指定轴旋转的增量（以度为单位）。

“百分比捕捉切换”工具按钮：设置缩放变换的百分比增量。

2. “晶格”修改器

“晶格”修改器是将图形的线段或边转化为圆柱形结构，并在顶点上产生可选的关节多面体。使用它可基于网格拓扑创建可渲染的几何体结构，或作为获得线框渲染效果的另一种方法。“晶格”修改器命令面板如图5-234所示。

“晶格”修改器命令面板各选项组说明如下。

“几何体”选项组：指定是否使用整个对象或选中的子对象，并显示它们的结构和关节这两个组件。

应用于整个对象——将“晶格”应用到对象的所有边或线段上。禁用时，仅将“晶格”应用到传送到堆栈中的选中子对象。默认设置为启用。

仅来自顶点的节点——仅显示由原始网格顶点产生的关节（多面体）。

仅来自边的节点——仅显示由原始网格线段产生的关节（多面体）。

二者——显示结构和关节。

(1)“支柱”选项组

提供影响几何体结构的控件。

半径——指定结构半径。

分段——指定沿结构的分段数目。当需要使用后续修改器将结构变形或扭曲时，增加此值。

边数——指定结构周界的边数目。

材质ID——指定用于结构的材质ID。使结构和关节具有不同的材质ID，这会很容易地将它们指定给不同的材质，结构默认为ID＃1。

忽略隐藏边——仅生成可视边的结构。禁用时，将生成所有边的结构，包括不可见边。默认设置为启用。

末端封口——将末端封口应用于结构。

平滑——将平滑应用于结构。

(2)“节点”选项组

提供影响关节几何体的控件。

基点面类型——指定用于关节的多面体类型。

四面体——使用一个四面体。

八面体——使用一个八面体。

二十面体——使用一个二十面体。

半径——设置关节的半径。

分段——指定关节中的分段数目。分段越多，关节形状越像球形。

材质 ID——指定用于关节的材质 ID。默认设置为 ID＃2。

平滑——将平滑应用于关节。

（3）"贴图坐标"选项组

确定指定给对象的贴图类型。

无——不指定贴图。

重用现有坐标——将当前贴图指定给对象。这可能是由"生成贴图坐标"，在创建参数中或前一个指定贴图修改器指定的贴图。使用此选项时，每个关节将继承它所包围顶点的贴图。

新建——将贴图用于"晶格"修改器。将圆柱形贴图应用于每个结构，圆形贴图应用于每个关节。

任务检测与评估

	检测项目	评分标准	分值	学生自评	教师评估
知识内容	认识"连接"命令	基本了解该命令的功能和作用	10		
	认识"捕捉开关"工具	基本了解该命令的功能和作用	10		
	认识"晶格"命令	基本了解该命令的功能和作用	10		
操作技能	对空调器机身使用"连接"命令来产生顶点，调整顶点来控制机身形状变化	能熟练使用该命令设计作品	20		
	使用"捕捉开关"工具按钮，调整空调装饰面板位置	能熟练使用该命令设计作品	20		
	使用"晶格"命令生成入风口栅栏	能熟练使用该命令设计作品	20		
	保存源文件，发布作品	保存源文件，并能多角度发布作品的最终效果图（JPG 格式）	10		

任务九 立式空调器——多边形建模

■ **任务目标** 通过综合建模来设计一个立式空调器，最终效果如图 5-235 所示（见彩插）。

■ **任务说明** 完成一个立式空调器的制作。其中空调器机身通过拖动多边形"顶点"来调整其弧度；空调出风口和入风口通过"挤出"功能生成；入风口和出风口扇叶都是先绘制出样条线，然后用"挤出"功能生成扇叶。

本任务操作步骤较多，涉及多种命令、工具按钮的配合使用，用户可以在本任务的基础上进行造型的创新设计，例如，对空调器机身、扇叶、液晶面板等都可以重新进行造型设计，制作出更加新颖、漂亮，造型独特的立式空调器。

图 5-235 立式空调器的效果图

实现步骤

01 启动 3ds Max 9.0 中文版，在菜单栏执行"自定义"→"单位设置"→"公制"→"毫米"命令。

02 首先制作立式空调器机身。在"命令面板"上执行"创建"→"几何体"→"扩展基本体"→"切角长方体"命令，在顶视图中创建出一个切角长方体，具体参数设置如图 5-236 所示。注意不选中"平滑"复选项。

03 进入前视图，在菜单栏执行"修改器"→"网络编辑"→"编辑网格"命令，在"命令面板"中选择"顶点"层级，如图 5-237 所示。

04 在主工具栏中右键单击"选择并移动"工具按钮 ✛，弹出"移动变换输入"对话框。在该对话框的"绝对：世界"选项组中可设置切角长方体的"顶点"坐标位置，如图 5-238 所示。

图 5-236 设置切角长方体参数

图 5-237 选择"顶点"层级

图 5-238 "移动变换输入"对话框

05 在前视图中框选第一行顶点，将 Z 轴坐标设置为 1420mm；框选第二行顶点，将 Z 轴坐标设置为 1100mm；框选第三行顶点，将 Z 轴坐标设置为 650mm；框选第四行顶点，将 Z 轴坐标设置为 90mm。其中第一行和第二行顶点之间位置是出风口，第三行和第四行顶点之间位置是入风口。调整顶点位置后如图 5-239 所示。

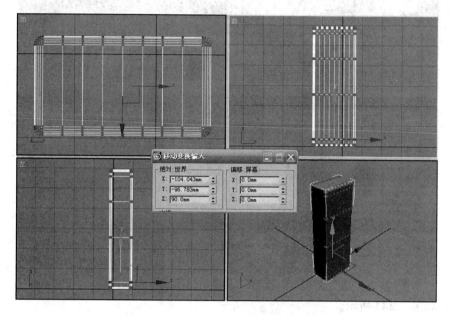

图 5-239　调整顶点位置

06 进入顶视图，调整立式空调器机身弧度和"宽度分段"间距。使用"选择并移动"工具按钮 ，逐一调整切角长方体下方顶点，先框选最中间的顶点，向下拖动；接着框选最中间三个顶点，向下拖动，依此类推。接着框选中间的七列顶点，使用"选择并均匀缩放"工具按钮，在 X 轴方向向右边拖动，使"宽度分段"间距扩大。调整顶点后，如图 5-240 所示。

07 接下来制作立式空调器的入风口和出风口。在"命令面板"中选择"多边形"层级，选择"选择"选项，选中"忽略背面"复选项，如图 5-241 所示。进入透视图，按下 F4 快捷键，以边面的形式显示图形。

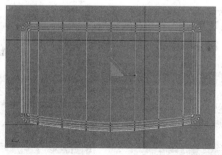

图 5-240　调整立式空调器机身弧度和"宽度分段"间距

图 5-241　选中"忽略背面"复选项

08 进入前视图，使用"选择对象"工具按钮 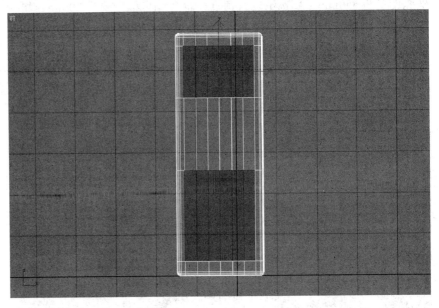，按住 Ctrl 键，同时框选入风口和出风口多边形，如图 5-242 所示。

图 5-242 框选入风口和出风口

09 在"命令面板"中执行"编辑几何体"→"挤出"→"–200mm"，如图 5-243 所示。

10 在菜单栏执行"修改器"→"网络编辑"→"平滑"命令，在"命令面板"中选中"自动平滑"复选项，设"阈值"为 20，如图 5-244 所示。

11 接下来制作立式空调器上方出风口的扇叶。进入顶视图，在"命令面板"上执行"创建"→"图形"→"样条线"→"矩形"命令，创建出一个矩形，具体参数设置如图 5-245 所示。

图 5-243 挤出入风口和出风口

12 在菜单栏执行"修改器"→"面片/样条线编辑"→"编辑样条线"命令，在"命令面板"中选中"分段"层级。选中矩形上方线段，在"命令面板"中执行"几何体"→"拆分"→"4"命令，如图 5-246 所示。返回"顶点"层级，使用"选择并移动"工具按钮 ，将左右两个"顶点"向下方拖动。

图 5-244 设置"平滑"参数

图 5-245 设置矩形参数

图 5-246 拆分矩形线段

13 选中矩形下方线段，在"命令面板"中执行"几何体"→"拆分"→"1"命令。返回"顶点"层级，使用"选择并移动"工具按钮 ✥，将"顶点"向下方拖动。调整后的空调扇叶的线条效果如图5-247所示。

14 选中空调扇叶线条，在"命令面板"中执行操作"修改"→"修改器列表"→"倒角"命令，扇叶倒角值的设置如图5-248所示。

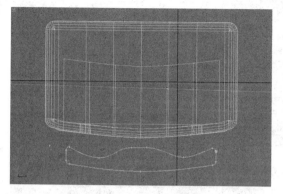

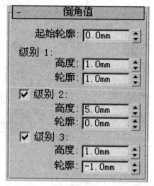

图5-247 空调扇叶线条效果　　　图5-248 空调扇叶倒角值
　　　　　　　　　　　　　　　　　　　　　的设置

15 进入顶视图，选中空调扇叶线条，使用"对齐"工具按钮 ◈，将其与空调器机身对齐，参数设置如图5-249所示。

16 将空调扇叶线条调整到空调器入风口线条位置。进入左视图，在主工具栏中用右键单击"选择并旋转"工具按钮 ↻，在弹出"旋转变换输入"对话框的"绝对：世界"栏中，将X值设置为"18"，调整扇叶角度，其效果如图5-250所示。

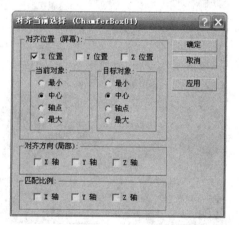

图5-249 空调器扇叶线条与空调器机身
　　　　　　 线条对齐

17 在左视图中，按住Shift键，同时使用"选择并移动"工具按钮 ✥，向下拖动空调器扇叶，在弹出的"克隆选项"对话框中将"副本数"设置为7，单击"确定"按钮，即可等距复制七个扇叶线条，如图5-251所示。

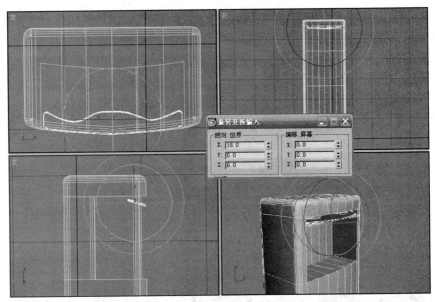

图 5-250　调整空调器扇
　　　　　叶位置和角度

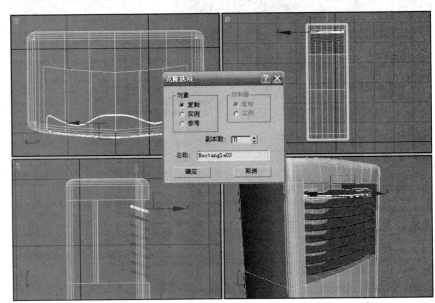

图 5-251　等距复制扇叶
　　　　　线条

图 5-252　矩形参数设置

18 进入左视图，在"命令面板"上执行"创建"→"图形"→"样条线"→"矩形"命令，创建出一个矩形，具体参数设置如图 5-252 所示。

19 参考本任务步骤 12~14，设计出如图 5-253 所示扇叶方向控制部件线条，并将其复制一份，放置到合适位置，其效果如图 5-253 所示。

20 接下来制作立式空调器下方入风口的扇叶线条。进入前视图，在"命令面板"上执行"创建"→"图形"→"样条线"→"矩形"命令，创建出一个矩形，具体参数设置如图 5-254 所示。

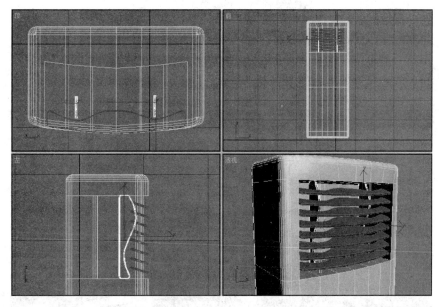

图 5-253　扇叶方向控制部件线条　　　图 5-254　矩形参数设置

21 参考本任务步骤 12 和步骤 13，设计出如图 5-255 所示入风口的扇叶线条。

22 选中入风口的扇叶线条，在菜单栏执行"修改器"→"网络编辑"→"挤出"命令，扇叶挤出参数设置如图 5-256 所示。

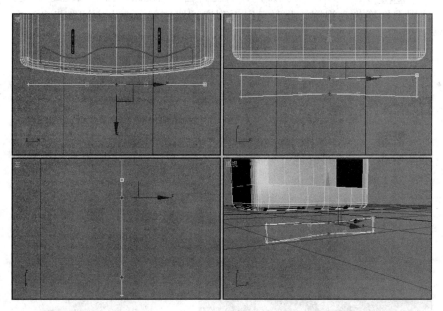

图 5-255　入风口的扇叶线条　　　图 5-256　扇叶挤出参数
　　　　　　　　　　　　　　　　　　　　　　设置

23 进入左视图，按住 Shift 键，同时使用"选择并移动"工具按钮 ⊕，向下拖动立式空调器入风口扇叶，在弹出的"克隆选项"对话框中将"副本数"设置为 8，单击"确定"按钮，即可等距复制八个扇叶，将扇叶调整好位置，如图 5-257 所示。

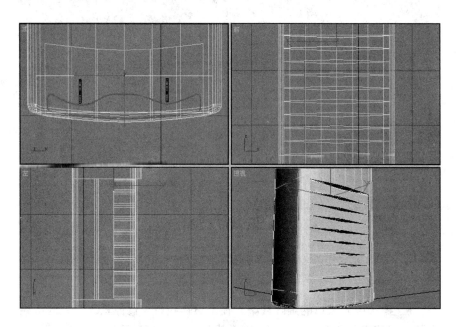

图 5-257 入风口的扇叶线条

24 接下来制作立式空调器底座。进入顶视图，按下快捷键 B，将该视图切换为底视图，此时可以看到空调器底部。选中空调器机身，在命令面板中选择"多边形"层级。

25 使用"选择对象"工具按钮 ⊾，按住 Ctrl 键，在底视图中将空调器底部中间部分选中，如图 5-258 所示。在"命令面板"中执行"编辑几何体"→"挤出"→"15mm"命令。

26 进入底视图，在"命令面板"上执行"创建"→"几何体"→"标准基本体"→"圆锥体"命令，创建出一个圆锥体，具体参数设置如图 5-259 所示。

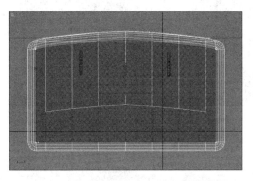

图 5-258 选中空调器底部中间部分线条

图 5-259 圆锥体参数设置

27 按住 Shift 键，同时使用"选择并移动"工具按钮 ⊕，拖动复制出三个圆锥体，将其放置于空调器底座四角位置，其效果如图 5-260 所示。

28 最后还需要制作立式空调器的液晶控制面板。进入前视图，在"命令面板"上执行"创建"→"图形"→"样条线"→"矩形"命令，创建出一个矩形，具体参数如图 5-261 所示。

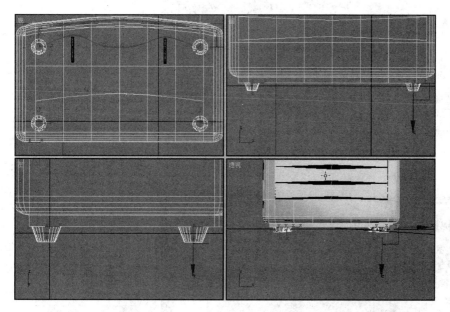

图 5-260 空调器底座线条   图 5-261 矩形参数设置

29 在菜单栏上执行"修改器"→"面片 / 样条线编辑"→"编辑样条线"命令，在命令面板中选中"顶点"层级。

30 选中矩形左边两个顶点，在"命令面板"中执行操作"几何体"→"圆角"命令。使用"圆角"命令将两个"顶点"向上方拖动，使其成为半圆。右边两个顶点执行同样操作。液晶控制面板样条线如图 5-262 所示。

31 选中液晶控制面板样条线，在菜单栏执行"修改器"→"网络编辑"→"挤出"命令，设置"挤出数量"为 50mm。将液晶控制面板调整到合适的位置，其中有一半嵌入空调器机身，如图 5-263 所示。

32 进入顶视图，选中空调器机身，在"命令面板"上执行"创建"→"几何体"→"复合对象"→"布尔"命令，打开"拾取布尔"卷展栏，选中"复制"命令，打开"参数"卷展栏，选中"差集 (A–B)"命令，如图 5-264 所示。单击"拾取操作对象 B"按钮，再用鼠标单击液晶控制面板，即可完成"布尔"命令。

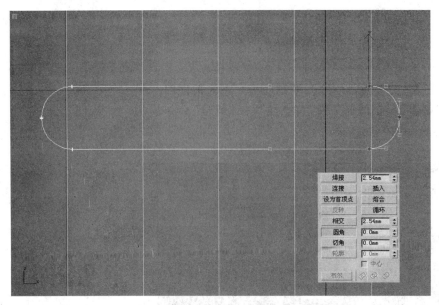

图 5-262　液晶控制面板样条线

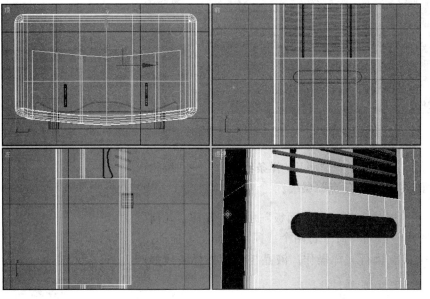

图 5-263　挤出液晶控制面板

图 5-264　执行"布尔"命令

33 在顶视图中使用"选择并移动"工具按钮 ⊹，将液晶控制面板线条向上拖动，让其和空调器机身产生凹陷效果，其效果如图5-265所示。

34 接着制作液晶显示屏。进入前视图，在"命令面板"上执行"创建"→"几何体"→"标准基本体"→"长方体"命令，创建出一个长方体，具体参数如图5-266所示。将其放置在液晶控制面板正上方。

35 进入前视图，在"命令面板"上执行"创建"→"几何体"→"扩展基本体"→"胶囊"命令，创建一个控制面板按钮线条，胶囊按钮参数设置如图 5-267 所示。

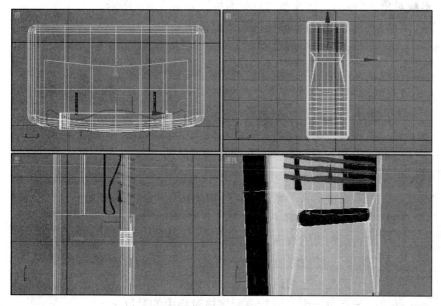

图 5-266　创建液
晶显示屏

图 5-265　在液晶控制面板线条上产生凹陷效果

图 5-267　胶囊按
钮参数设置

36 将按钮线条复制两份，分别放置在液晶显示屏线条两旁，调整好相应位置，其最终效果如图 5-268 所示。

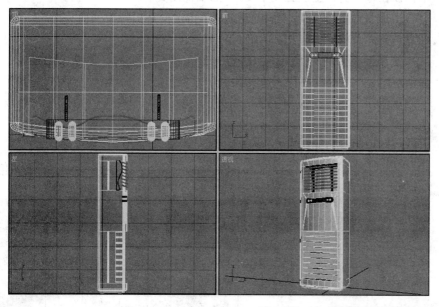

图 5-268　立式空调器的最终效果

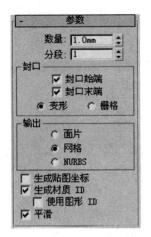

图 5-269 "挤出"修改器
命令面板

相关知识

"挤出"修改器：该修改器将深度添加到图形中，并使其成为一个参数对象。"挤出"修改器"命令面板"如图 5-269 所示。

"挤出"修改器命令面板各选项组说明如下。

数量——设置挤出的深度。

分段——指定将要在挤出对象中创建线段的数目。

(1) "封口"选项组

封口始端——在挤出对象始端生成一个平面。

封口末端——在挤出对象末端生成一个平面。

变形——在一个可预测、可重复模式下安排封口面，这是创建渐进目标所必要的。渐进封口可以产生细长的面，而不像栅格封口需要渲染或变形。如果要挤出多个渐进目标，应使用渐进封口的方法。

栅格——在图形边界上的方形修剪栅格中安排封口面，将产生一个由大小均等的面构成的表面，这些面可以被其他修改器很容易地变形。

(2) "输出"选项组

面片——产生一个可以折叠到面片对象中的对象。

网格——产生一个可以折叠到网格对象中的对象。

NURBS——产生一个可以折叠到 NURBS 对象中的对象。

生成贴图坐标——将贴图坐标应用到挤出对象中，默认设置为禁用状态。启用此选项时，"生成贴图坐标"将独立贴图坐标应用到末端封口中，并在每一封口上放置一个 1×1 的平铺图案。

生成材质 ID——将不同的材质 ID 指定给挤出对象侧面与封口。特别是当侧面 ID 为 3 时，封口 ID 为 1 和 2。

使用图形 ID——将材质 ID 指定给在挤出产生的样条线中的线段，或指定给在 NURBS 挤出产生的曲线子对象。

平滑——将平滑应用于挤出图形。

任务检测与评估

检测项目		评分标准	分值	学生自评	教师评估
知识内容	认识"移动变换输入"命令	基本了解该命令的功能和作用	10		
	认识"挤出"命令	基本了解该命令的功能和作用	10		
	认识"布尔"命令	基本了解该命令的功能和作用	10		

续表

检测项目		评分标准	分值	学生自评	教师评估
操作技能	对空调器机身进行"移动变换输入"设置。控制机身在场景中的绝对位置	能熟练使用该命令设计作品	20		
	使用"挤出"命令生成空调器出风口、入风口和扇叶	能熟练使用该命令设计作品	20		
	使用"布尔"命令制作液晶控制面板	能熟练使用该命令设计作品	20		
	保存源文件，发布作品	保存源文件，并能多角度发布作品的最终效果图（JPG格式）	10		

读书笔记

6

单元六　灯光的应用

单元导读

　　本单元主要介绍了 3ds Max 建模中灯光的应用。3ds Max 中的灯光是模拟真实灯光的对象，使用灯光对象可以改进场景的照明、通过逼真的照明效果要增强场景的真实感、或通过灯光投射阴影增强场景的真实感等。读者需要掌握不同种类的灯光对象用不同的方法投射灯光，模拟真实世界中不同种类的光源。

　　大多数 3ds Max 场景都使用两种光源：自然光和人工光源。自然照明场景一般是日光或月光，这种光从一个光源获取最重要的照明，而且一般是平行光。而人工照明场景通常有多个相似强度的光源。读者要了解选择哪种光取决于场景模拟自然照明还是人工照明。

单元内容

- 筒灯效果——目标聚光灯
- 台灯——泛光灯
- 天光——模拟天光
- 点、线、面光源

任务一 | 筒灯效果——目标聚光灯

任务目标 使用"目标聚光灯"命令来制作走廊筒灯的发光效果，其最终效果如图 6-1 所示。

任务说明 通过"目标聚光灯"的灯光特效来实现筒灯发光效果，制作中以"目标聚光灯"为主、泛光灯为辅，添加两种灯光并通过修改其参数、移动复制、调整视图角度来达到满意的效果。

图 6-1 走廊筒灯发光效果图

实现步骤

01 启动 3ds Max 9.0 中文版，执行"文件"→"打开"命令，选择"光盘"→"单元六 灯光的就用"→"任务一 筒灯效果——目标聚光灯"→"素材"文件夹下中的"走廊.max"文件。

02 单击视图右下角按钮 ，将所有视图调整为最大。

03 进入前视图，单击按钮 在"标准"下拉列表中选择"泛光灯"选项，在走廊的正上方位置左击即可生成泛光灯，如图 6-2 所示。

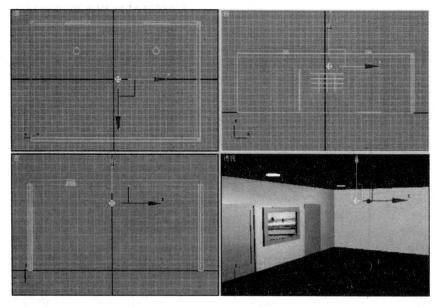

图 6-2 泛光灯生成

04 单击"修改"按钮 ，泛光灯参数设置如图 6-3 所示。

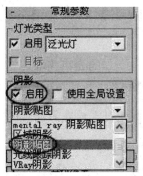
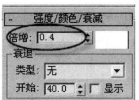

图 6-3　泛光灯参数的设置

05 通过 Alt+ 鼠标中键调节视图，其渲染效果如图 6-4 所示。

06 进入前视图，单击按钮 ▣，在"标准"下拉列表中，选择"目标聚光灯"选项，将筒灯确定为其主光源，在其下方沿 Z 轴方向拖出一盏目标聚光灯，如图 6-5 所示。

07 进入顶视图，对齐筒灯和目标聚光灯，移动目标聚光灯与筒灯中心重叠，如图 6-6 所示。

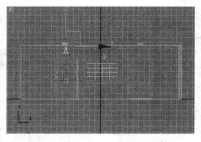
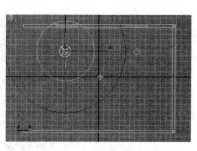

图 6-4　泛光灯渲染效果　　　图 6-5　目标聚光灯的生成　　　图 6-6　目标聚光灯与筒灯中心重叠

08 单击"修改"按钮 ▣，参数设置如图 6-7 所示。

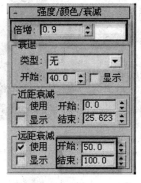

图 6-7　聚光灯修改参数设置

09 进入前视图，沿 Z 轴向正下方复制一盏目标聚光灯，如图 6-8 所示。

10 单击按钮 ▣，以便目标聚光灯小于第一盏灯的光束为准，将缩小的目标聚光灯的"倍增"改为 0.8，如图 6-9 所示。

11 同时选择两盏聚光灯并向右复制一组聚光灯，放在右筒灯的正下方，如图 6-10 所示。

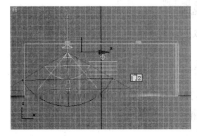 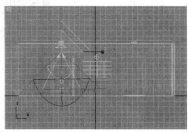 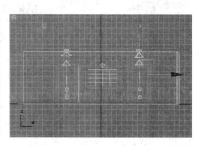

图 6-8　复制一盏目标聚光灯　　　图 6-9　缩小目标聚光灯　　　图 6-10　复制两盏聚光灯

12 按下快捷键 F9 快速渲染，其效果如图 6-11 所示。

图 6-11　渲染后的效果图

相关知识

目标聚光灯是最为常用的灯光类型，它的光线来自一点，沿着锥形延伸。光锥有两个设置参数，它们是光束和衰减。光束决定光锥中心区域最亮的地方，衰减决定从亮衰减到黑的区域。

选择好方便添加目标聚光灯的视图，沿主光源区向外拖动，修改光束和衰减、倍增，可看到效果，在移动时，必须同时选择光源和目标，才可以使目标聚光灯平行移动。

任务检测与评估

	检测项目	评分标准	分值	学生自评	教师评估
知识内容	认识"泛光灯"命令	基本了解该命令的功能和作用	10		
	认识"目标聚光灯"命令	基本了解该命令的功能和作用	20		
操作技能	通过对泛光灯的使用、参数的设置和调整来控制灯光的变化	能熟练使用该命令设计作品	20		
	通过对目标聚光灯的使用、参数的设置和调整来控制灯光的变化	能熟练使用该命令设计作品	40		
	保存源文件，发布作品	保存源文件，并能多角度发布作品的最终效果图（JPG 格式）	10		

任务二 | 台灯——泛光灯

■ **任务目标** 使用"泛光灯"命令来制作书房台灯的发光效果，其最终效果如图6-12所示。

■ **任务说明** 通过"泛光灯"的灯光特效来实现台灯的发光效果，制作中以"泛光灯"为主添加多盏灯光并修改其参数、移动和复制、调整视图角度来达到满意的效果。

图 6-12 书房台灯的效果图

实现步骤

01 启动 3ds Max 9.0 中文版，执行"文件"→"打开"命令，选择"光盘"→"单元六 灯光的就用"→"任务二 台灯——泛光灯"→"素材"文件夹下中的"书房.max"文件。

02 单击前视图，选择按钮 在"标准"下拉列表中，选择"泛光灯"选项，在书房的正中上方创建一盏泛光灯来照亮整个书房，如图6-13所示。

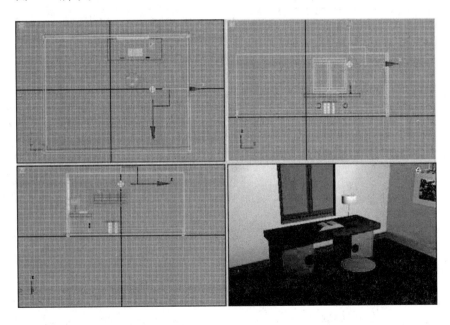

图 6-13 添加泛光灯

03 单击"修改"按钮 ，泛光灯参数设置如图 6-14 所示，此时室内的光线变暗。

04 进入透视图，选择按钮 在"标准"下拉列表中，选择"泛光灯"选项，在灯罩的中心位置左击，添加一盏泛光灯，如图 6-15 所示，并调节其在其他视图中的位置。

图 6-14 修改泛光灯参数

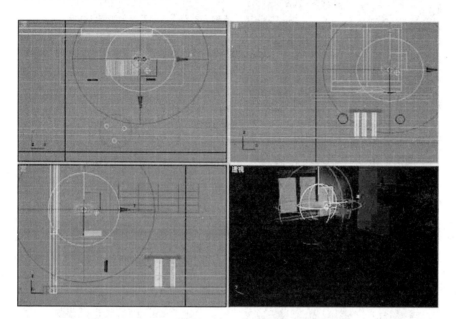

图 6-15 生成泛光灯

05 单击"修改"按钮 ，泛光灯参数设置如图 6-16 所示。

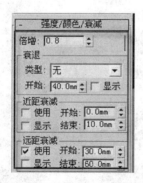

图 6-16 泛光灯参数的设置

06 通过单击 Alt+ 中键快捷键调节视图，其渲染效果如图 6-17 所示。

07 进入前视图，选择按钮 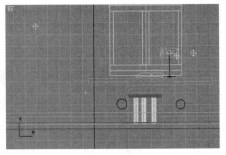，在"标准"下拉列表中，选择"泛光灯"选项，为室内添加两盏泛灯放在灯罩周围，调整其位置，如图 6-18 所示。

图 6-17 台灯的渲染效果

图 6-18 灯罩周围加两盏泛光灯

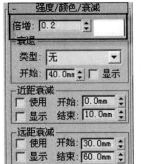

图 6-19 修改泛光灯参数

08 单击"修改"按钮 ，其参数设置如图 6-19 所示。

09 进入透视图，按下快捷键 F9，其效果如图 6-20 所示。

图 6-20 台灯渲染后的效果图

相关知识

泛光灯是一种最普通的灯光，同时也是系统灯光（系统设置了两盏泛光灯，它们一前一后设置在视图的前后，为创建造型体提供必要的照明）。一旦在视图中创建了用户自己设定的任何灯光，这两盏泛光灯将自动关闭，只有通过刚创建的灯光来对造型进行照明。

默认的泛光灯不会生成阴影，其渲染着色所需要的时间很短，效果不是很好。

任务检测与评估

检测项目		评分标准	分值	学生自评	教师评估
知识内容	认识默认的"泛光灯"	基本了解该命令的功能和作用	10		
	认识"泛光灯"命令	基本了解该命令的功能和作用	20		
操作技能	通过对泛光灯的使用、参数的设置和调整来控制灯光的变化	能熟练使用该命令设计作品	30		
	掌握多盏泛光灯灯光位置的调整	能熟练使用该命令设计作品	30		
	保存源文件，发布作品	保存源文件，并能多角度发布作品的最终效果图（JPG格式）	10		

任务三　天光效果——模拟天光

图 6-21　果盘的光照效果图

■ **任务目标**　使用"天光"命令来制作果盘的光照效果，其最终效果如图 6-21 所示（见彩插）。

■ **任务说明**　通过"天光"的特效来实现果盘光照效果，制作中以"天光"为主、目标聚光灯为辅助，添加两种灯光并修改其参数、移动、调整视图角度，以达到理想的效果。

实现步骤

01 启动3ds Max 9.0中文版，执行"文件"→"打开"命令，选择"光盘"→"单元六 灯光的就用"→"任务三 天光效果——模拟天光"→"素材"文件夹下中的"果盘 .max"文件。

02 单击视图右下角按钮 ⌖，将所有视图调整为最大。

03 进入前视图，选择按钮 ⌄ 在"标准"下拉列表中，选择"天光"选项，在前视图的任一位置左击即可生成，如图 6-22 所示。

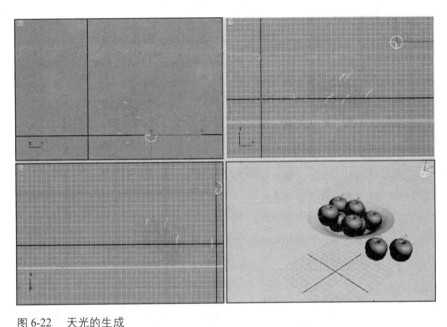

图 6-22　天光的生成

04 单击"修改"按钮 ✎，天光的参数设置如图 6-23 所示。

05 观看天光的效果，按下快捷键F9，其首次渲染效果如图 6-24 所示，将看不到任何光照的效果。

06 这时需要执行"渲染"→"高级照明"→"光跟踪器"命令，并设置高级照明选项卡。如图 6-25 所示。

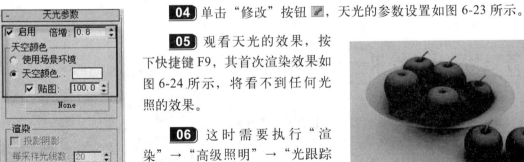

图 6-23　天光参数的设置

图 6-24　天光首次渲染效果

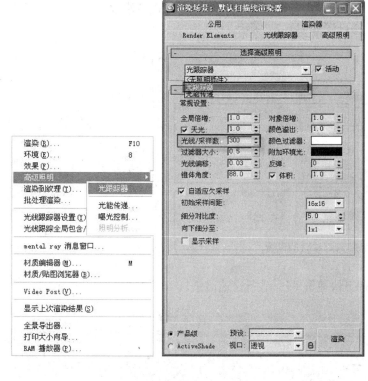

图 6-25　设置高级照明

07 按下快捷键 F9，可看到果盘和水果有漫反射的效果。

08 如果想要得到更好效果，可进入前视图，选择按钮 🔳 在"标准"下拉列表中，选择"目标聚光灯"选项，对准果盘部分拖动生成一盏目标聚光灯，如图 6-26 所示。

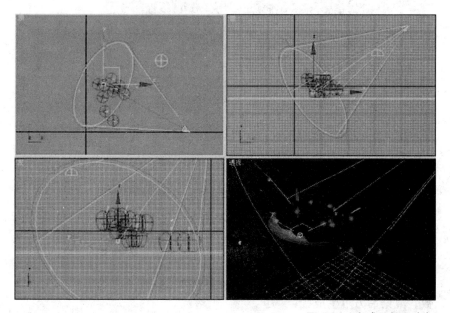

图 6-26　生成目标聚光灯

09 对目标聚光灯的位置稍稍调整，单击"修改"按钮 ，目标聚光灯参数的设置如图 6-27 所示。

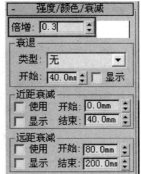

图 6-27　目标聚光灯参数的设置

10 按下快捷键 F9，进行快速渲染，得到效果图 6-28 所示。

图 6-28　果盘的最终效果图

相关知识

天光：天光在 3ds Max 中是作为高级灯光使用，它具有方向性，而且是从各个角度无效照射整个场景，因此对建立天光的位置没有特殊要求。

天光的操作：在视图中单击，同时要设定高级照明选择卡中的参数，渲染后方可生成。

任务检测与评估

检测项目		评分标准	分值	学生自评	教师评估
知识内容	认识"天光"命令	基本了解该命令的功能和作用	15		
	认识"高级照明"工具按钮	基本了解该工具按钮的功能和作用	10		
操作技能	掌握"天光"命令的使用	能熟练使用该命令设计作品	30		
	掌握光线跟踪的使用和特点	能熟练使用该命令设计作品	20		
	掌握"目标聚光灯"命令的使用和角度的调整	能熟练使用该命令设计作品	20		
	保存源文件,发布作品	保存源文件,并能多角度发布作品的最终效果图(JPG 格式)	5		

任务四 点、线、面光源

■ **任务目标** 使用光学度灯光下的"点、线、面光源"命令来添加房屋的灯光效果,其中点光源效果如图 6-29 所示。

■ **任务说明** 通过"点、线、面光源"的特效来实现房屋的灯光效果,其光源参数的设置主要是通过设置高级照明的应用来调整灯光的效果。

图 6-29 点光源的效果图

实现步骤

01 启动 3ds Max 9.0 中文版,执行"文件"→"打开"命令,选择"光盘"→"单元六 灯光的就用"→"任务四 点、线、面光源"→"素材"文件夹下中的"房屋 .max"文件。

02 单击视图右下角按钮 ，将所有视图调整为最大。

03 进入前视图，选择按钮 在"光度学"下拉列表中，选择"自由点光源"选项，在前视图的屋顶位置左击即可生成，同时在各视图中调整位置，如图 6-30 所示。

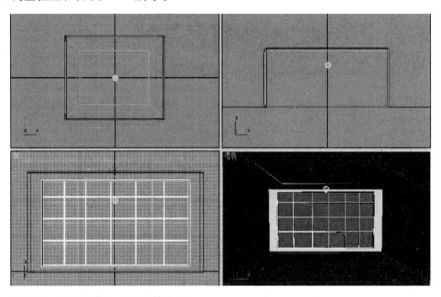

图 6-30 点光源的生成并调整位置

04 如果此时经过渲染后还看不到任何的效果，要执行"渲染"→"高级照明"→"光能传递"命令，弹出的选项卡如图 6-31 所示。

05 设置光能传递的参数如图 6-32 所示。

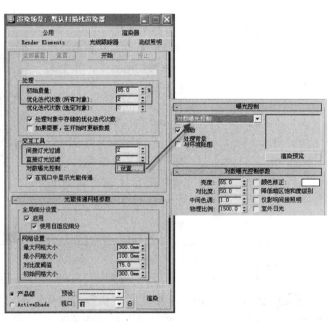

图 6-31 打开光能传递选项卡   图 6-32 光能传递参数的设置

06 单击"光能传递处理参数"卷展栏，开始进行光能传递，直到达到 85%，单击"停止"按钮，如图 6-33 所示。

07 再单击 F9 键，即可看到相应的效果。

08 如果想要得到更好的效果，进入顶视图，选择按钮 ，在"光度学"下拉列表中，选择"自由线光源"选项，在天花中间设置灯罩，如图 6-34 所示。

图 6-33　开始传递参数

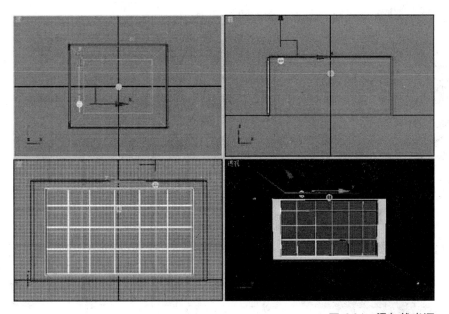

图 6-34　添加线光源

09 单击"修改"按钮 ，进入"修改面板"，修改其参数，如图 6-35 所示。

10 通过复制、移动、旋转能得到很多盏线光源，如图 6-36 所示。

小提示

在选择多个线光源时，容易选到其他物体，可把常用工具栏中的"全部"下拉列表切换为"L-灯光"下拉列表，这样选择的只能是灯光，同样，其他的几何体都可以这样切换。

图 6-35　参数修改

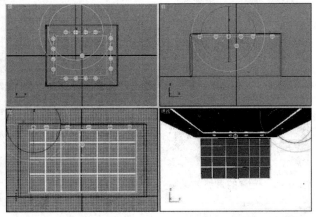

图 6-36　复制多个线光源

11 设置光能传递的参数，如图 6-32 和图 6-33，开始传递即可看到效果。

12 按 F9 快捷键，快速渲染，可看到天花与屋顶中间有灯光照射的效果，如图 6-37 所示。

13 为了在窗户的位置有光线进入，可以添加面光源，单击按钮 ，在"光度学"下拉列表中，选择"自由面光源"选项，在左视图窗户的外面增加面光源，其操作如图 6-38 所示。

14 设置面光源的参数如图 6-39 所示。

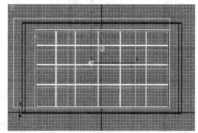

图 6-37　线光源的效果图　　　　图 6-38　添加面光源（白框）　　　图 6-39　面光源参数的设置

15 设置高级照明的效果，参考图 6-32 和图 6-33。

16 按下快捷键 F9，经渲染后得到如图 6-40 所示的效果。

图 6-40　光源的最终效果图

相关知识

光源可分为点光源、线光源、面光源，并各有其效果特性。点光源是灯光由光源向四面八方发散，如灯泡、灯杯、灯珠；线光源则是线形灯光或光源，如荧光灯管、霓虹灯管、线管灯等；面光源是由点或线光源群组而成的平面光源效果。

任务检测与评估

	检测项目	评分标准	分值	学生自评	教师评估
知识内容	认识"光学度"命令	基本了解该命令的功能和作用	10		
	认识"点、线、面光源"命令	基本了解该命令的功能和作用	30		
操作技能	掌握对"点、线、面光源"命令的设置和位置调整	能熟练使用该命令设计作品	30		
	掌握"高级照明"的应用和设置	能熟练使用该命令设计作品	20		
	保存源文件，发布作品	保存源文件，并能多角度发布作品的最终效果图（JPG 格式）	10		

读书笔记

7

单元七　V-Ray 的应用

单元导读

3ds Max 的渲染器一直是个软肋，所以很多公司都开发了 3ds Max 的渲染器插件。V-Ray 是由专业的渲染器开发公司 chaosgroup 开发的渲染软件，是目前业界最受欢迎的渲染引擎。V-Ray 渲染器有几大特点：真实性，完全可以得到照片级效果，阴影材质表现真实；全面性，完全可以胜任室内、建筑外观、建筑动画、工业造型、影视动画等各个领域；灵活性与高效性，可根据实际需要调控参数，从而自由控制渲染质量与速度，效率非常高。

本单元将着重介绍 V-Ray 渲染器的常见应用，读者需要了解这些应用的用途和使用方法。

单元内容

- V-Ray 的整体介绍
- V-Ray 的焦散效果
- V-Ray 灯光的使用
- V-Ray 室外日景

任务一 V-Ray 的整体介绍

■ **任务目标** 通过为客厅渲染来学习 V-Ray 渲染器的使用及参数设置。客厅渲染后的最终效果如图 7-1 所示。

■ **任务说明** 完成一个客厅渲染的制作。其中需要在场景中添加灯光，设置 V-Ray 渲染参数，使用 V-Ray 进行渲染，最后将文件进行保存。

图 7-1 客厅渲染后的最终效果图

本任务操作步骤较多，涉及多种命令、工具按钮的配合使用，用户可以在本任务的基础上进行参数调节，例如，对 V-Ray 渲染器上的发光贴图的基本参数进行自定义调节，制作出更加鲜明、漂亮的渲染效果。

实现步骤

01 启动 3ds Max 9.0 中文版。

02 选择"光盘"→"单元七 V-Ray 的应用"→"任务一 V-Ray 的整体介绍"→"源文件与效果图文件夹"，打开"客厅 .max"文件，这个场景的材质及摄影机已设置完成了。

03 打开"材质编辑器"工具按钮 ，此时发现材质球只要使用过的全部是黑色的，其效果如图 7-2 所示。出现这种现象，是因为没有指定 V-Ray 为当前渲染器，如果指定了，这种现象就自动消失了。

04 下面就先来指定 V-Ray 为当前渲染器，单击"渲染场景"工具按钮 ，然后将 V-Ray 指定为当前渲染器，如图 7-3 所示。此时的材质球就正常显示了，如图 7-4 所示。

05 进入透视图，按快捷键 C 进入摄像机视图，然后单击"快速渲染"工具按钮 ，进行快速渲染，此时会发现效果不理想，如图 7-5 所示，这是因为场景中没有设置参数及灯光。

06 下面就来设置一下 V-Ray 的渲染参数。打开"渲染场景"工具按钮 ，在打开的"渲染场景"窗口中，选择"渲染器"选项卡，设置"全局开关"、"图像采样"、"间接照明"、"发光贴图"等参数，如图 7-6 所示。

图 7-2　V-ray 渲染器指定前显示
的效果

图 7-3　将 V-Ray 指定为当前渲染器

图 7-4　V-ray 渲染器指定后的显示
效果

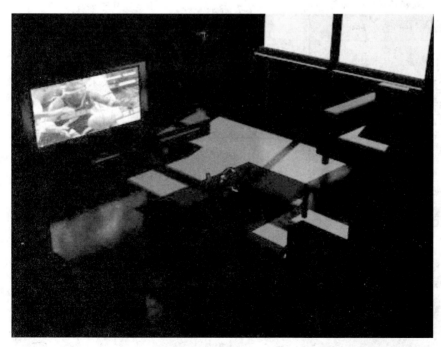

图 7-5　渲染效果

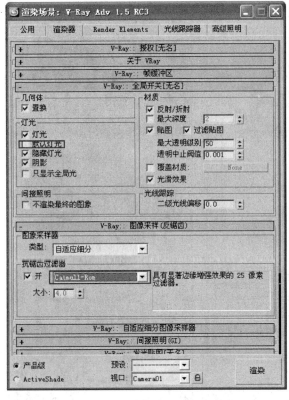

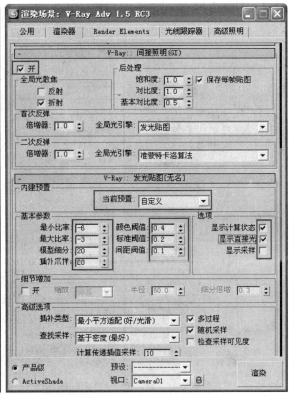

图 7-6 设置 V-ray 的渲染参数 (一)

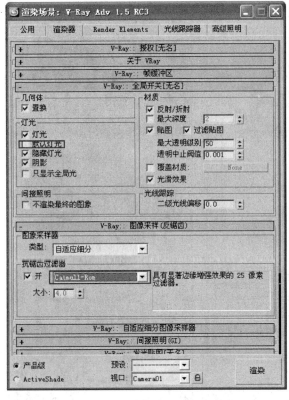

图 7-7 设置 V-ray 的渲染参数 (二)

07 再设置"环境"、"颜色映射"的参数，如图 7-7 所示。

08 进入摄像机视图，单击"快速渲染"工具按钮 ，进行快速渲染，此时会发现如图 7-8 所示的效果。从渲染效果来看不够理想，画面出现了大量的黑斑，整体的亮度还不够。

09 下面就来改变这些现象。在"命令面板"上执行"创建"→"灯光"→"V-Ray"→"VR 灯光"命令，在前视图中单击并拖动光标，创建一盏"VR 灯光"，调整参数，灯光的颜色调整为淡蓝色，将它移动到窗口的位置。在顶视图中沿 Y 轴进行镜像，如图 7-9 所示。

图 7-8　进行快速渲染后的效果

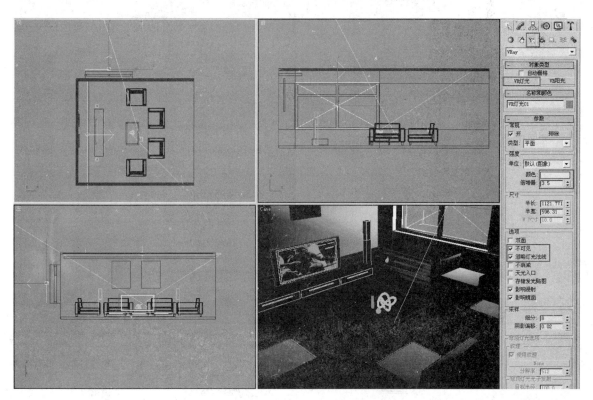

图 7-9　VR 灯光的位置

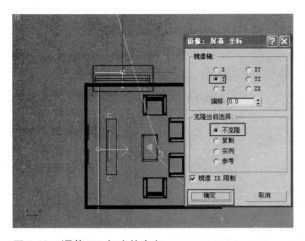

图 7-10 调整 VR 灯光的方向

10 此时会发现 VR 灯光的箭头方向向室外照射,需要将 VR 灯光的照射方向进行调整。在顶视图中单击"镜像"工具按钮 ,然后单击 VR 灯光,沿 Y 轴进行镜像,如图 7-10 所示。

11 单击"渲染场景"工具按钮 ,打开"渲染场景"窗口,调整"发光贴图"卷展栏下的参数,调整采样参数,如图 7-11 所示。

12 参数设置完成后,单击"公用"选项卡,就可以开始渲染光子图了,可以先将尺寸设置得小一些,如 320×240 即可,如图 7-12 所示。

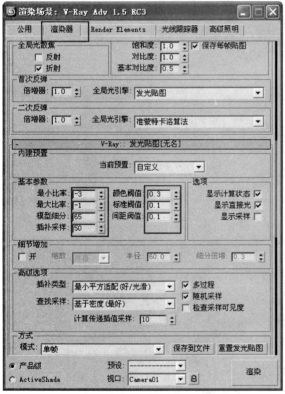

图 7-11 调整采样参数　　　　图 7-12 设置渲染尺寸

13 单击"渲染"按钮,开始渲染,其渲染效果如图 7-13 所示。

图 7-13　渲染效果

14 如果感觉满意，就可以将光子图保存起来，然后再渲染尺寸大一点的图，这样速度比较快。单击"渲染场景"工具按钮 ，执行"渲染场景"→"渲染器"命令，在"发光贴图"卷展栏中单击"保存到文件"按钮，如图 7-14 所示。

图 7-14　保存光子图

15 在弹出的"保存发光贴图"对话框中选择一个路径，命名为"客厅发光贴图"，单击"保存"按钮，如图 7-15。

16 在模式右侧的窗口中选择"从文件"，单击"浏览"按钮，在弹出的对话框中选择刚才保存的"客厅发光贴图 .vrmap"文件，如图 7-16 所示。

图 7-15　为发光贴图确认路径

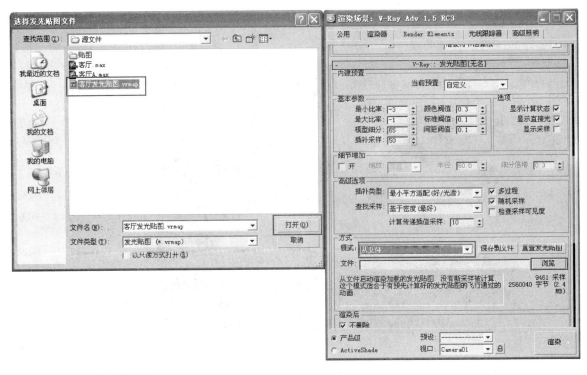

图 7-16　打开保存的光子图

图 7-17　设置渲染尺寸

17 单击"公用"选项卡，设置输出的尺寸为 2000×1500，单击"渲染"按钮，开始渲染，如图 7-17 所示。

18 最终渲染的效果如图 7-18 所示。

19 单击"保存位图"按钮 ，在弹出的"浏览图像供输出"对话框，首先指定一个文件的路径，将文件命名为"客厅"，保存类型为 *.tif 格式，将渲染后的图进行保存，如图 7-19 所示。

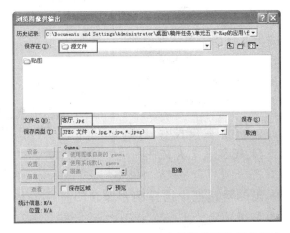

图 7-19　将渲染的图片保存起来

20 执行"文件"→"另存为"命令，将此线架文件保存为"客厅练习 A.max"文件。

图 7-18　最终渲染的效果

相关知识

1．V-Ray 的安装

V-Ray 的安装版本有两个，其中一种是英文版，另一种是中文版。这里推荐安装英文版，这样能使 V-Ray 使用更加稳定。

2．在 V-Ray 平台基础上的应用

基于 V-Ray 内核开发的有 V-Ray for 3ds Max、Maya、Sketch Up、Rhino 等诸多版本，为不同领域的优秀 3D 建模软件提供了高质量的图片和动画渲染。除此之外，V-Ray 也可以提供单独的渲染程序，方便使用者渲染各种图片。

V-Ray 是一套完整的渲染引擎，它提供了全面的渲染解决方案，在最新的版本 V-Ray 1.5 RC2 中拥有以下主要功能特性。

1) V-Ray：具有 Indirect Illumination 间接照明（全局光照）。

2) 储存 Photo Map（光子贴图）的快速渲染方法。

3) 神奇的 Caustics 焦散效果。

4) V-Ray 的特效摄影机。

5) 自带的七种 V-Ray 材质类型。

6) V-Ray 程序贴图中能独立使用的 HDRI 贴图类型。

7) 专用的四种 V-Ray 物体的创建。

8) 提供真实面光源效果的 V-Ray 专用灯光以及特殊的 V-Ray 阴影。

9) 实用方便的 V-Ray DisplacementMod 置换修改器。

V-Ray 还有很多其他的功能，包括 Depth of Field（景深效果），但在室内效果中应用得很少，所以这里只作简单的介绍。

3．VrayMtl

V-Ray 渲染器提供了一种特殊的材质——VrayMtl。在场景中使用该材质能够获得更加准确的物理照明（光能分布）、更快的渲染、反射和折射参数调节更方便。使用 VrayMtl，可以应用不同的纹理贴图，控制其反射和折射，增加凹凸贴图和置换贴图，强制直接全局照明计算，选择用于材质的 BRDF。

🔲 任务检测与评估

	检测项目	评分标准	分值	学生自评	教师评估
知识内容	认识"VR 灯光"命令	基本了解该命令的功能和作用	10		
	认识"V-Ray 渲染参数"	基本了解该参数的功能和作用	10		
	使用"V-Ray"命令进行渲染	基本了解该命令的功能和作用	10		
操作技能	使用"VR 灯光"命令添加灯光	能熟练使用该命令设计作品	20		
	使用"V-Ray 渲染器"进行渲染	能熟练使用该命令设计作品	20		
	使用"V-Ray 渲染参数"调节"VR 渲染器"	能熟练使用该命令设计作品	20		
	将文件另存为	保存源文件，并能多角度发布作品的最终效果图（JPG 格式）	10		

任务二 | V-Ray 的焦散效果

■ 任务目标 通过为一个简单的小场景渲染来学习 V-Ray 渲染器的使用，V-Ray 的焦散效果如图 7-20 所示。

■ 任务说明 通过完成一个简单的小场景渲染来学习 V-Ray 渲染器的使用。其中需要在场景中添加 V-Ray HDRI(高动态范围贴图)

图 7-20　小场景效果图

以提高渲染效果；调节 V-Ray 渲染器参数，在调节过程中主要进行 V-Ray 焦散参数的设置；最后渲染最终效果图。

用户可以在本任务的基础上进行参数调节，例如，在 V-Ray 渲染器上，对 VR 焦散参数进行自定义调节，制作出更加鲜明、漂亮的渲染效果。

实现步骤

01 启动 3ds Max 9.0 中文版。

02 打开"光盘"→"单元七 V-Ray 的应用"→"任务二 V-Ray 的焦散效果"→"源文件与效果图"文件夹下的"焦散 .max"文件，这个场景的材质、灯光及摄影机已设置完成了。

03 单击"材质编辑器"工具按钮 ，在"环境和效果"对话框中进行操作，在"环境贴图"中单击"使用贴图"按钮，然后添加"VRayHDRI"高动态范围贴图"，打开"材质 / 贴图"→"VRayHDEI"→"源文件"→"hdri09.hdr"文件，如图 7-21 所示。

04 然后将选择的环境贴图拖动到材质球中，材质球必须为 VRayHDRI 材质，以实例方式添加贴图，如图 7-22 所示为调节倍增值和贴图类型。

05 单击"渲染场景"工具按钮 ，打开"渲染场景"窗口选择"渲染器"选项卡，设置各项的参数，如图 7-23 所示。

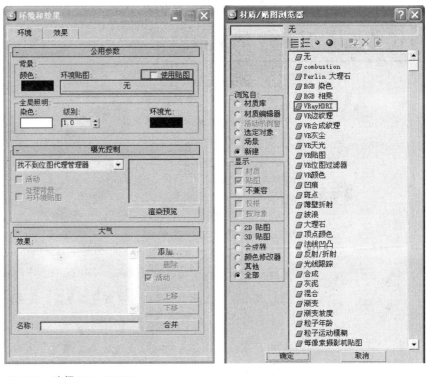

图 7-21　选择 VRayHDRI

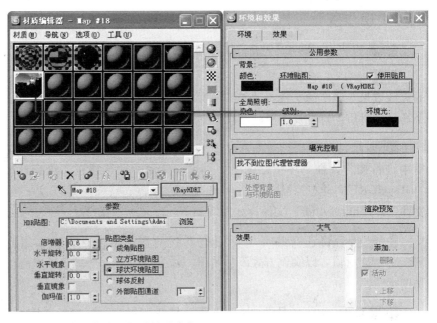

图 7-22　用实例方式添加到材质球中

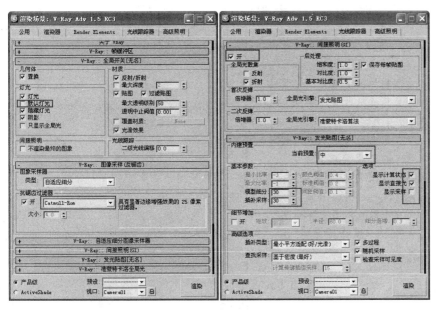

图 7-23　在"渲染场景"窗口中设置参数

06 按快捷键 F9 或单击"快速渲染"工具按钮 ，进行快速渲染摄影机视图，其渲染的效果如图 7-24 所示。

图 7-24　进行"快速渲染"后的渲染的效果

07 打开"焦散"卷展栏，选中"开"复选项，然后设置"倍增器"的值为 4，如图所示 7-25 所示。

小提示

"倍增器"的参数主要是控制焦散效果的明亮度。倍增器的数值越大，焦散效果越亮；数值越小，焦散效果越暗。

如果对场景中的光亮度、对比度不满意，可将"V-Ray 发光贴图"中的"内建预设"设置为"自定义"，而在本教程中不推荐初学者将"内建预设"设置为"自定义"。

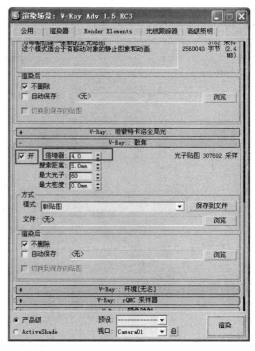

图 7-25　调整焦散参数

08 按 F9 快捷键或单击"快速渲染"工具按钮 ，进行快速渲染摄影机视图，最终的渲染后的效果如图 7-26 所示。

09 执行"文件"→"另存为"命令，将此线架文件保存为"焦散效果 A.max"文件。

图 7-26　最终的渲染效果

相关知识

"焦散"：在 V-Ray 中要实现焦散功能，仅对"焦散"卷展栏进行设置是不够的，必须具有焦散所支持的材质类型和灯光类型，并在物体属性中设置使用焦散，才可以实现焦散效果。

"倍增值"：控制焦散的强度，焦散强度是一个全局控制参数，对场景中的所有产生焦散大小的光源都有效。如果需要不同的光源产生不同强度的焦散，需要用局部参数设置，需要注意的是这个参数与局部参数的效果是叠加的。

"搜寻距离"：当 V-Ray 追踪撞击在物体表面的某些点的某个光子时，会自动搜寻位于周围区域同一平面上的其他光子，实际上这个搜寻区域是一个中心位于初始光子位置的圆形区域，其半径就是由这个搜寻距离确定的。

"最大光子数"：当 V-Ray 追踪撞击在物体表面的某些点的某个光子时，也会将周围区域的光子计算在内，然后根据这个区域的光子数量来均分照明。如果光子的实际数量超过了最大光子数的设置，V-Ray 也只会按照最大光子数来计算。

"最大密度"："最大密度"控制光子的最大密集程度，默认值为 0，表示使用系统内定的密度，较小的取值会使焦散看起来非常的锐利，但必须增加灯光属性中的焦散细分。

"模式"：选项组与全局光照渲染引擎中的模式选项组十分相似，提供了两种模式，如图 7-27 所示。

图 7-27　模式选项组

"新的贴图"：选用这种模式的时候，光子贴图将会被重新计算，其结果将会覆盖先前渲染过程中使用的焦散光子贴图。

"从文件"（从文件）：允许用户导入先前保存的焦散光子贴图来计算。

"保存到文件按钮"（保存到文件按钮）：保存到文件按钮，可以将当前使用的焦散光子贴图保存在指定文件夹中。

"在渲染之后"：选项组主要是控制渲染器在渲染结束时如何控制内存中的焦散贴图。

"不删除"：默认为选中状态，作用是将渲染后的焦散贴图从内存中清除，一般保持默认状态，不进行修改。但在用单帧渲染大尺寸的动画，就要不选中这个参数，以节约内存资源。

"自动保存"：选中"自动保存"复选项后，单击 Browse（浏览），指定保存的目录和文件名，然后渲染器会自动保存渲染过的焦散贴图文件。

"转化为保存的贴图文件"：选中"自动保存"复选项后，此参数才会被激活，选中这个参数后，相当于使用 From file 文件模式，以加快渲染速度。

任务检测与评估

检测项目		评分标准	分值	学生自评	教师评估
知识内容	认识 V-RayHDRI（高动态范围贴图）命令	基本了解该命令的功能和作用	10		
	认识 V-Ray 焦散参数设置	基本了解该命令的功能和作用	10		
	认识各 V-Ray 焦散参数的作用	基本了解该命令的功能和作用	10		
操作技能	设置 V-RayHDRi（高动态范围贴图）	将背景设置成高动态范围贴图	20		
	设置 V-Ray 渲染器参数，使渲染效果出现变化	能熟练使用该命令设计作品	20		
	设置 V-Ray 焦散参数，使渲染效果出现变化	能熟练使用该命令设计作品	20		
	保存源文件，发布作品	保存源文件，并能多角度发布作品的最终效果图（JPG 格式）	10		

任务三 V-Ray 灯光的使用

任务目标 通过设置一个客厅充满阳光的效果，学习"VR 阳光"及"平面光"的使用及参数的设置。V-Ray 灯光的使用效果如图 7-28 所示。

任务说明 通过设置一个客厅充满阳光的效果，学习"VR 阳光"及"平面光"命令的使用及参数的设置。其中需要使

图 7-28 客厅充满阳光的表现效果

用"VR 阳光"命令来生成阳光效果；使用 V-Ray"平面光模"拟天空光；使用 V-Ray 进行渲染，最后将文件进行保存。

实现步骤

01 启动 3ds Max 9.0 中文版。打开"光盘"→"单元七 V-Ray 的应用"→"任务三 V-Ray 灯光的使用"→"源文件与效果图"文件夹下的"V-Ray 灯光的使用 .max"文件。这个场景的材质已经设置完成了，下面就用这个客厅讲述一下怎样采用白天和阳光来表现出整个场景的阳光气息。首先创建一架 VR 物理摄影机，进入顶视图，执行"创建"→"摄像机"→"VRay"→"VR 物理摄影机"命令，创建出一架 VR 物理摄影机，其位置及参数设置如图 7-29 所示。

图 7-29　VR 物理摄影机的位置及参数设置

02 下面来创建 VR 阳光，进入顶视图，执行"创建"→"灯光"→"V-Ray"→"VR 阳光"命令，创建出一盏"VR 阳光"，设置"大小倍增器"的值为 3，其位置及参数设置如图 7-30 所示。当场景中的摄像机和阳光的大体参数已经设置完毕后，需要看一下阳关在场景中所照射位置，需要设置一个简单的渲染参数来快速渲染出阳光的位置。

03 单击"材质编辑器"工具按钮，打开"材质编辑器"窗口，选择一个未使用的材质球，调整一个灰度为 220 的 V-Ray 基本材质，单击"渲染场景"工具按钮，将调制好的材质拖动到"全局开关"卷展栏下的"覆盖材质"右边的按钮上，在"图像采样（反锯齿）"卷展栏下的"类型"右侧的窗口中选择"固定"选项，关闭"抗锯齿过滤器"选项，关闭"间接照明"选项，以提高渲染速度，如图 7-31 所示。

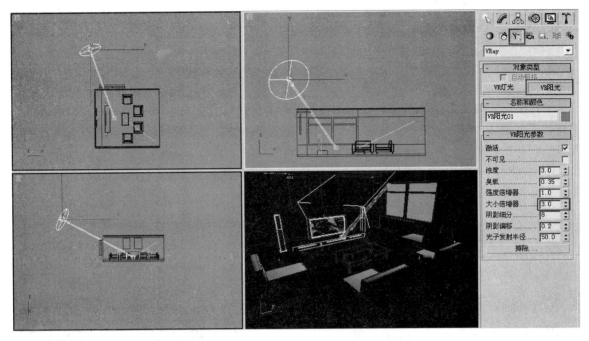

图 7-30 "VR 阳光"的位置及参数设置

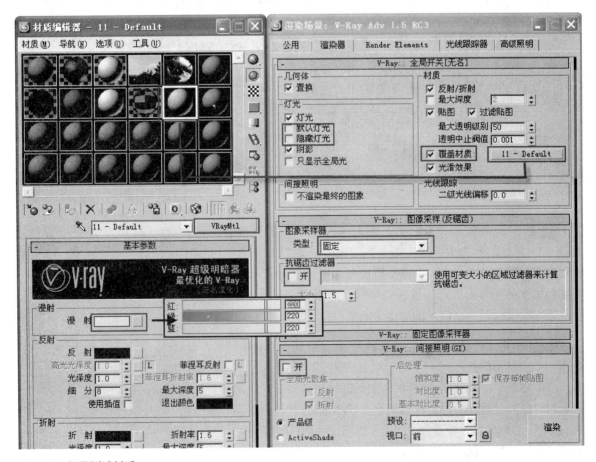

图 7-31 场景测试材质

04 快速渲染摄影机视图，渲染效果如图7-32所示。观察阳光的位置，能感觉出阳光位置所体现出来的时刻大概是上午10点左右，已经达到表现的目的。

图7-32　渲染的测试效果

　　下面来创建一盏V-Ray平面光源，进入前视图，执行"创建"→"灯光"→"V-Ray"→"VR阳光"命令，创建出一盏"VR阳光"，位置及参数设置如图7-33所示。

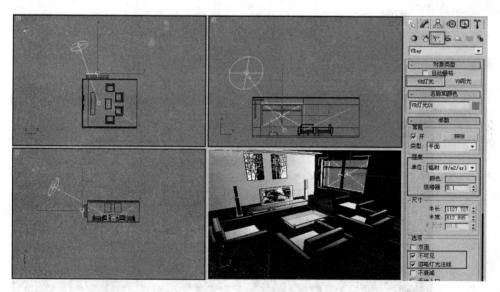

图7-33　设置V-Ray灯光

05 接下来对刚才的渲染的参数进行修改，方便观察场景中的灯光照明，现在就可以去掉全局材质了，采用场景中物体自身的材质；同时再去掉材质的反射模糊效果，这样可以提高测试的渲染速度。调整一下"全局开关"、"图像采集"、"间接照明"、"发光贴图"、"灯光缓冲"等参数，如图 7-34 所示。

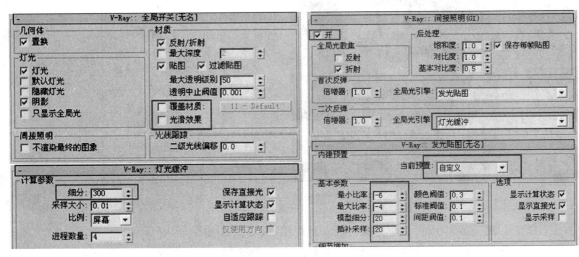

图 7-34 设置 VR 渲染参数

06 快速渲染摄影机视图，渲染效果如图 7-35 所示。大体效果已经确认以后，下一步就是需要把灯光和渲染的参数提高，以完成最终的渲染。

图 7-35 摄影机视图的
渲染的效果

07 选择靠近窗户的 V-Ray 平面光源，把灯光默认的"细分"值 8 改成 20，如图 7-36 所示。

08 设置一下成图的尺寸为 1500×1125，如图 7-37 所示。

图 7-36 设置"细分"参数

09 设置"全局开关"、"图像采样"、"发光贴图"参数，如图 7-38 所示。

10 设置"灯光缓冲"、"环境"、"采集器"、"颜色映射"参数，如图 7-39 所示。

图 7-37 调整渲染图图像的尺寸

11 其他参数保持测试渲染时的参数即可，接下来就可以渲染出图了，经过一段时间的渲染，最终效果如图 7-40 所示。

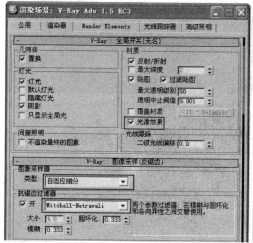

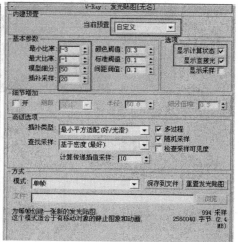

图 7-38 设置 V-Ray 的最终渲染参数（一）

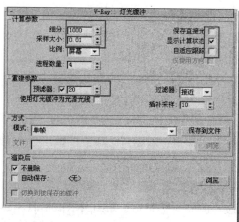

图 7-39 设置 V-ray 的最终渲染参数（二）

图 7-40　渲染的最终效果图

12 执行菜单栏"文件"→"另存为"命令，将此线架文件保存为"卧室阳光 A.max"文件。

□ 相关知识

如果在渲染时出现白屏可以尝试在"V-Ray 发光贴图"中选择重置发光贴图。

灯光：决定是否使用全局灯光。也就是说这个选项是 V-Ray 场景中直接灯光的总开关，需要注意的是这里不包括 3ds Max 中默认灯光。默认的时候是选中的，如果要取消选中的话，系统将不能计算设置的任何灯光。

默认灯光：这个选项决定是否使用 3ds Max 中的默认灯光。在 3ds Max 中在场景创建灯光后，默认灯光将会自动失效。使用 V-Ray 渲染时不是这样的，如果没有取消对这个选项的选中，即使在场景中创建了灯光，但是 V-Ray 仍然能够计算默认的灯光。注意在渲染时是要取消默认灯光的选中的。

间接照明：该选项组主要控制间接光照效果。

"灯光缓存渲染引擎"：灯光缓存渲染引擎和光子贴图引擎很相似，都是产生光子，并计算光子在场景中来回反弹的光子微粒，但它没有光子贴图渲染引擎那么多的限制，灯光缓存是追踪摄影机中可见的场景，来对可见的场景部分进行光线反弹的。

任务检测与评估

	检测项目	评分标准	分值	学生自评	教师评估
知识内容	认识"VR 阳光"命令生成阳光效果	基本了解该命令的功能和作用	10		
	认识"VR 平面光"模拟天空光	基本了解该命令的功能和作用	10		
	认识"VR 间接照明"及"灯光缓冲"命令中各参数的使用	基本了解该命令的功能和作用	10		
操作技能	设置物理摄像机	能熟练使用该命令设计作品	10		
	设置"VR 阳光"命令模拟阳光照明效果	能熟练使用该命令设计作品	10		
	使用"VR 灯光"命令，利用"平面光"模拟天空光效果	能熟练使用该命令设计作品	20		
	设置"VR 间接照明"及"灯光缓冲"命令参数，使渲染效果出现变化	能熟练使用该命令设计作品	20		
	保存源文件，发布作品	保存源文件，并能多角度发布作品的最终效果图（JPG 格式）	10		

任务四　V-Ray 室内阳光效果

图 7-41　客厅阳光的表现效果

■ **任务目标**　通过设置一个客厅的阳光效果，学习 VR 室内阳光的渲染效果及 VR 渲染参数对室内环境的影响。V-Ray 室内阳光效果如图 7-41 所示。

■ **任务目标**　通过设置一个卧室的阳光效果，学习 VR 室内阳光的渲染效果及 VR 渲染参数对室内环境的影响。其中需要使用"VR 阳光"命令来生成阳光效果；在 VR 渲染器中对室内环境影响的重点参数进行详细的介绍，这需要初学者对 VR 渲染器有初步了解；最后将文件进行保存。

□ 实现步骤

01 启动 3ds Max 9.0 中文版。打开"光盘"→"单元七 V-Ray 的应用"→"任务四 V-Ray 室内阳光效果"→"源文件与效果图"文件夹下的"V-Ray 室内阳光效果 .max"文件。这个场景的材质及摄像机已经设置完成了。

02 下面就用这个文件讲述在场景中阳光对室内环境的影响。首先进入顶视图,执行"创建"→"灯光"→"VRay"→"VR 阳光"命令,创建出一盏"VR 阳光",设置"大小倍增器"为 3,其位置及参数如图 7-42 所示。

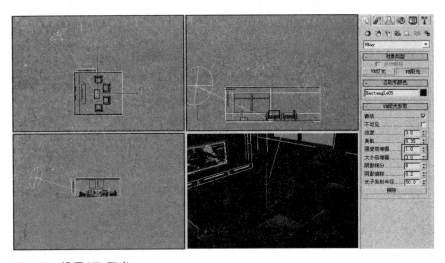

图 7-42　设置 VR 阳光

03 单击"快速渲染"工具按钮 ，打开快速渲染摄影机视图,渲染效果如图 7-43 所示。观察阳光的位置,能感觉出来阳光位置所体现出来的时刻大概在上午 10 点左右,已经达到表现的目的。但此时发现渲染出来的图片有大量死黑现象,这是因为在 VR 渲染中有一个 GI(间接照明)的概念,而在实际生活中也一样,光的照明并不是由一次照明完成的,光在传播的过程中需要经过无数次的反射,无数次光的减弱从而最终消失。而 VR 则将阳光的反射分为一次反射和二次反射。

04 接下来对 VR 渲染器进行参数的修改,此时重点介绍两个重要的参数。单击"渲染场景"工具按钮 ，打开"渲染器场景"对话框,进入"渲染器"选项卡,打开"VR 间接照明"卷展栏,在默认的情况下"VR 间接照明"是关闭的,首先把它打开,在"VR 间接照明"中有一个"首次反弹"和"二次反弹"的选项,这两个选项是用来控制阳光反射的参数。调整一下"VR 间接照明"、"发光贴图"的参数,如图 7-44 所示。

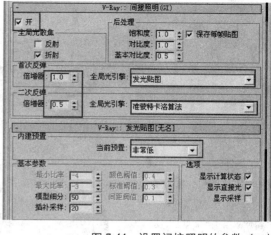

图 7-43　快速渲染的效果　　　　　　　图 7-44　设置间接照明的参数（一）

05 单击"快速渲染"工具按钮 ，打开快速渲染摄影机视图，其渲染效果如图 7-45 所示。

06 接下来对刚才的渲染参数进行修改，与之前渲染的效果作对比，观察场景中的阳光照明。调整"间接照明"的参数，如图 7-46 所示。

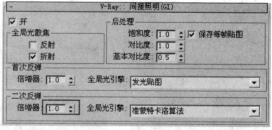

图 7-45　快速渲染的效果　　　　　　　图 7-46　设置间接照明的参数（二）

07 单击"快速渲染"工具按钮 ，打开快速渲染摄影机视图，渲染效果如图 7-47 所示。能够发现这次渲染的时候画面的死黑现象已经消失，调整了"二次反弹"后渲染出来的效果明显比上一次渲染的室内效果亮多了，这就是 VR 渲染器的 GI（间接照明）概念。

08 下面介绍"发光贴图"，打开"发光贴图"其中有一个"内建预设"选项，其值设置得越高，渲染效果就越细，而出图的速度也会越慢，而在日常的渲染出图时没有需要把"内建预设"的值设置到中等以上，而这个参数需要用户在日常实践中累计经验。下面来设置"反光贴图"的参数，如图 7-48 所示。

图 7-47 调整"二次反弹"后渲染的效果

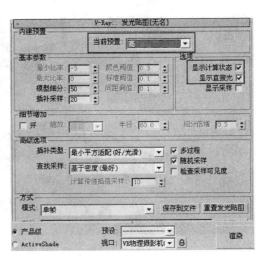

图 7-48 设置发光贴图的参数

09 单击"快速渲染"工具按钮 ，打开快速渲染摄影机视图，渲染效果如图 7-49 所示。能够发现画面上出现了大量的黑斑，这是因为渲染时，渲染器采集的细节高了，画面得到光照的细节则增多，所以说并不是"内建预设"设置得越高，得到的效果就越好。

10 大体效果已经确认以后，下一步就需要把灯光和渲染的参数提高，完成最终的渲染。设置一下成图的尺寸为 1500×1125，如图 7-50 所示。

图 7-49 调整"内建预设"参数后的渲染的效果

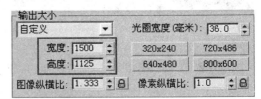

图 7-50 调整渲染图图像尺寸

11 设置"全局开关"、"图像采样"、"发光贴图"等参数，如图 7-51 所示。

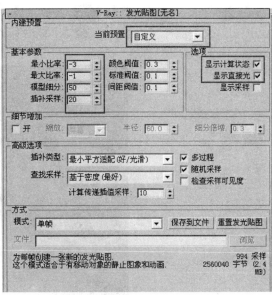

图 7-51　设置 V-Ray 的最终渲染参数（一）

12 设置"灯光缓冲"、"环境"、"采集器"、"颜色映射"等参数，如图 7-52 所示。

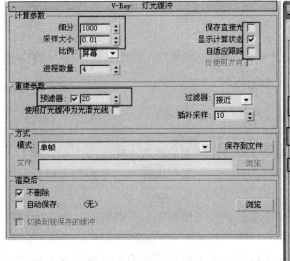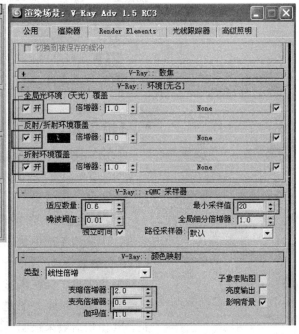

图 7-52　设置 V-Ray 的最终渲染参数（二）

小提示

"灯光缓冲"是一个隐藏选项卡必须要在"简介照明"卷展栏中把"二次反射"的渲染引擎选择为"灯光缓冲"才能实现。

13 其他参数保持测试渲染时的参数即可，接下来就可以渲染出图了，经过一段时间的渲染，最终效果如图 7-53 所示。

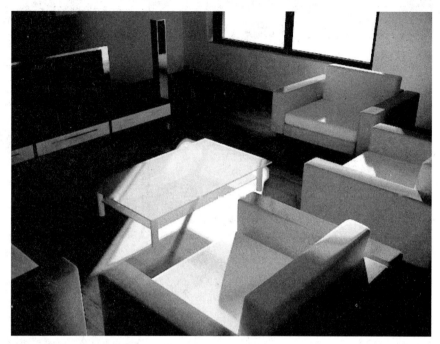

图 7-53 渲染的最终效果图

14 执行菜单栏"文件"→"另存为"命令，将此文件保存为"V-Ray 室内阳光效果 A.max"文件。

相关知识

"On"：全局照明的开关，选中后下面的参数才能激活。

"全局光照焦散"：该（全局光照焦散）选项卡主要控制全局由间接照明产生的焦散效果。

"反射焦散"：选中此选项后，当间接光照射镜面表面时会产生反射焦散，默认为不选中状态。

"折射焦散"：选中此选项后，场景中间接照明透过透明物体时产生光线聚焦现象，会在阴影中间产生亮点。

"后加工处理"：该选项卡主要对间接照明在最终渲染前进行额外修正，其使用后效果很明显。

"饱和度"：控制渲染出的图像的饱和度，系统默认值为1，其值在一定程度上可以控制色溢，使图像变得更清晰。

"对比度"：控制渲染出的图像颜色的对比度，系统默认值为1，一般不作修改。

"基础对比度"：主要控制渲染出的图像明暗的对比度，系统默认值为0.5，一般不作修改。

"初次反弹"：控制当材质点包含在摄影机中可见或光线透过反射/折射物体表面时产生的初次漫反射反弹。

"倍增值"：针对初级反弹的全局倍增值，其数值越高场景越亮，反之则越暗。

"全局光照引擎"：在初次反弹中共有四种渲染引擎，分别是："反光贴图渲染引擎"、"Photon 光子贴图渲染引擎"、"准蒙特卡罗渲染引擎"和"灯光缓存渲染引擎"，这四种在初次反弹和第一次反弹中可以任意搭配使用。

"发光贴图渲染引擎"：只计算场景中某些特定点的间接光照，对附近的区域进行插值计算，其在最终图像质量相同的情况下运算速度要快于其他三种渲染引擎，也是默认的初次反弹渲染引擎。

"光子贴图渲染引擎"：光子贴图在渲染时产生光子，并让光子模拟真实光源在场景中来回反弹，然后在渲染时追踪这些来回反弹的光子微粒，并渲染输出成最终的图像。

"准蒙特卡罗渲染引擎"：会计算每个材质点的全局光照，其渲染速度非常慢，但渲染结果也是最精确，尤其在渲染具有大量细节的场景时，是一种非常优秀的渲染引擎。

"灯光缓存渲染引擎"：灯光缓存渲染引擎和光子贴图引擎很相似，都是产生光子，并计算光子在场景中来回反弹的光子微粒，但它没有光子贴图渲染引擎那么多的限制，灯光缓存是追踪摄影机中可见的场景，对可见的场景部分进行光线反弹。

"二次反弹"：该选项卡主要控制光线在完成初次反弹后的漫反射的全局限制。

"倍增值"：其作用和初次反弹的倍增值作用一样，可控制二次反弹的全局。倍增值越高，场景越亮，反之则越暗。

任务检测与评估

	检测项目	评分标准	分值	学生自评	教师评估
知识内容	认识"VR阳光"命令对室内环境的影响	基本了解该命令的功能和作用	10		
	认识"VR间接照明"命令各参数的作用	基本了解该命令的功能和作用	10		
	认识"发光贴图"命令各参数的使用	基本了解该命令的功能和作用	10		
操作技能	设置"VR阳光"命令模拟阳光照明效果	能熟练使用该命令设计作品	20		
	设置"VR间接照明"命令的参数	能熟练使用该命令设计作品	10		
	设置"发光贴图"命令的参数，使渲染效果出现变化	能熟练使用该命令设计作品	10		
	设置VR各参数优化渲染效果	能熟练使用该命令优化设计	20		
	保存源文件，发布作品	保存源文件，并能多角度发布作品的最终效果图（JPG格式）	10		

8

单元八　项目实训

单元导读

　　通过前面的学习，读者将已经基本熟悉 3ds Max 的操作技能，熟练掌握 3ds Max 的各项建模功能，本单元将综合之前所学习的知识，进行室内场景建模。本单元主要通过客厅、卧室和洗手间三个重要的室内场景的制作，使读者能熟悉较大型场景的模型搭建，读者需要能综合运用前面所学习的各项命令技能。

单元内容

- 客厅的制作
- 卧室的制作
- 洗手间的制作

任务一 | 客厅的制作

任务目标 客厅也叫起居室，是主人与客人会面的地方，也是房子的门面。客厅的摆设、颜色都能反映主人的性格、特点、眼光、个性等。客厅宜用浅色，让客人有耳目一新的感觉。下面将使用所学的知识综合应用，来实现现代客厅的制作效果。

图 8-1 客厅的最终效果图

任务说明 运用如下的知识点来进行操作，客厅最终的渲染效果图 8-1 所示（见彩插）。

1）掌握矩形工具、编辑样条线的应用。

2）掌握挤出、扫描修改器的灵活应用。

3）掌握文件合并工具。

4）掌握 Vary 渲染器的应用。

5）掌握材质球的赋予。

6）掌握灯光的设置和添加。

□ 实现步骤

01 启动 3ds Max 9.0 中文版，执行"自定义"→"单位设置"→"毫米"命令。

02 首先开始对地面、围墙、屋顶的创建。在"命令面板"中选择图形按钮，在"样条线"下拉列表中，选择"矩形"选项，在顶视图中创建矩形如图 8-2 所示，设置长宽参数如图 8-3 所示。

03 执行菜单栏"修改器"→"网格编辑"→"挤出"命令，并修改参数如图 8-4 所示，同时为其命名为"地面"。

04 单击捕捉工具按钮，设置选项如图 8-5 所示。

图 8-2 创建矩形

图 8-3 设置矩形长和宽的参数

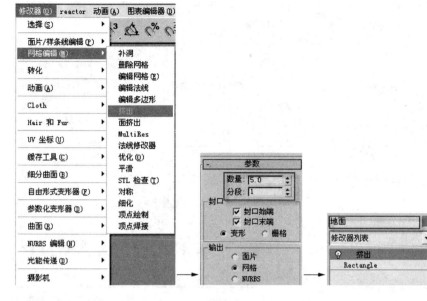

图 8-4　设置"挤出"命令的参数

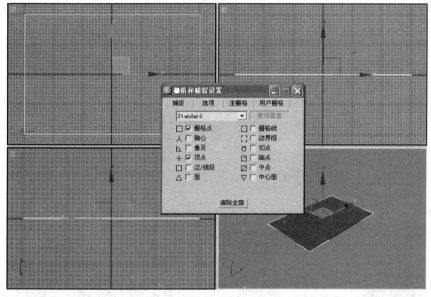

图 8-5　打开捕捉工具并设置选项

05 在"命令面板"中选择"几何体"按钮 ⊙，在"AEC 扩展"下拉列表中，选择"墙"选项，在顶视图中沿矩形的边框画出三面墙如图 8-6 所示，并命名为"围墙"。

06 进入"修改面板"，设置墙的参数如图 8-7，得到的效果如图 8-8 所示。

07 在透视图中选择地面，沿 Z 轴向上并复制一个地面作为屋顶，如图 8-9，命名为"屋顶"。单击右键让其对象隐藏。

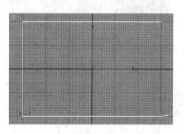

图 8-6　创建三面墙

图 8-7　设置墙的参数

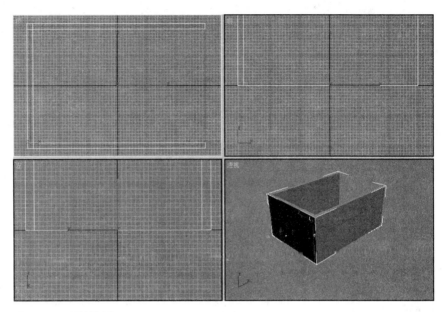

图 8-8　三面墙效果

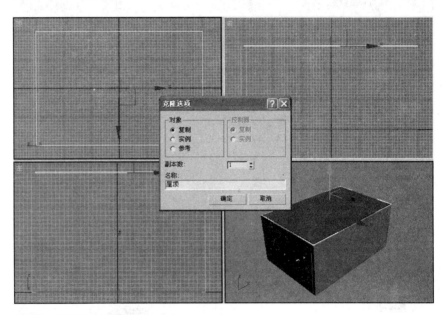

图 8-9　复制地面为屋顶

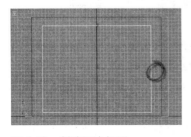

图 8-10　创建两个矩形

08 接下来的步骤是创建窗边墙、窗户、玻璃。首先选择图形按钮 ，在"样条线"下拉列表中，选择"矩形"选项，打开捕捉工具按钮 ，并设置为捕捉边。进入左视图，创建两个矩形，如图 8-10 所示。

09 分别选择两个矩形，用右键单击选择转换为可编辑样条线。选择外矩形，用右键单击选择内矩形，这样两个矩形变为一个整体。

10 从"修改面板"中选择可编辑样条线下的样条线，进入前视图，将两条样条线进行重合，如图 8-11 所示。

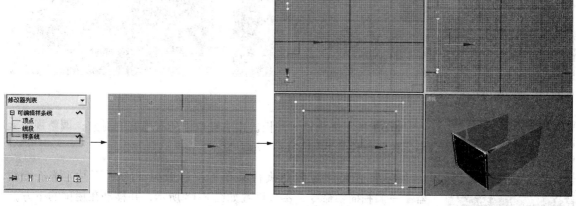

图 8-11　重合两个矩形

11 选择菜单栏"修改器"→"网格编辑"→"挤出"，效果如图 8-12 所示。

12 旋转透视图，隐藏其他对象，只剩含窗的一边，如图 8-13 所示。

13 进入"修改面板"，执行"编辑样条线"→"样条线"命令，单击刚挤出对象，在透视图中复制内框，并修改参数，如图 8-14 所示，让其作为窗框。

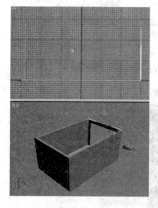
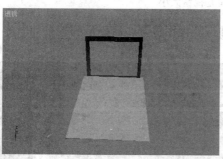
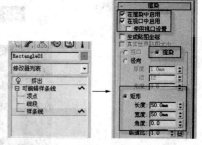

图 8-12　添加"挤出"工具　　　图 8-13　隐藏其他对象　　　图 8-14　设置复制内框

14 执行"可编辑样条线"→"线段"命令，按 Shift 键复制线段到所要的地方，如图 8-15 所示。

15 进入左视图，单击几何体按钮 ◉ ，在"标准基本体"下拉列表中，选择"平面"命令，沿窗框的边创建平面，命名为"玻璃"，如图 8-16 所示。

图 8-15　复制线段步骤

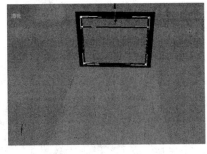

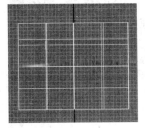

图 8-16　创建平面

16 接下来创建天花板。击右键取消所有隐藏的对象，调整视窗大小，其参数设置如图 8-17 所示。

17 进入顶视图，执行菜单栏"修改器"→"面片 / 样条编辑器"→"扫描"命令，参数设置如图 8-18 所示，并移动在屋顶的下方。

小提示

旋转透视图，用组合键 Alt+ 中键可快速旋转。

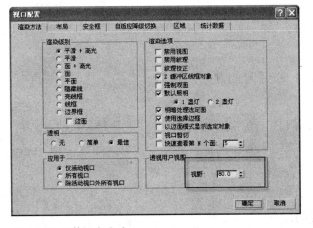

图 8-17　调整视窗大小

图 8-18　天花板参数

18 调整视图位置，渲染后的效果如图 8-19 所示。

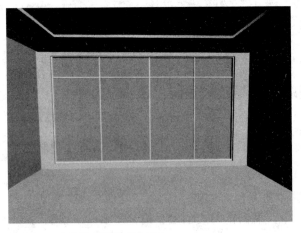

图 8-19　渲染天花板的效果图

19 然后添加地面、围墙、屋顶、天花板、玻璃材质。按快捷键 F10，设置渲染器为 Vary 渲染器，如图 8-20 所示。

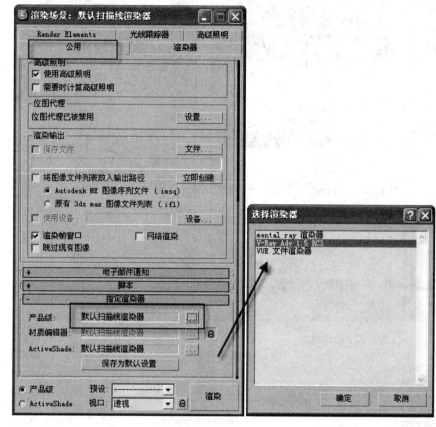

图 8-20　设置 Vary 渲染器

20 选择地面对象，按快捷键 M 为其添加材质，如图 8-21 所示。

21 选择玻璃对象，按快捷键 M 为其添加材质，如图 8-22 所示。

22 选择围墙对象，按快捷键 M 为其添加材质，如图 8-23 所示。

23 选择屋顶对象，按快捷键 M 为其添加材质，如图 8-24 所示。

24 最后设置灯光效果。在客厅的中间部分添加泛光灯，参数设置如图 8-25 所示。

25 在顶视图中，向天花板的部位添加多盏线光源，并调整参数。

26 往客厅中添加液晶电视、沙发、茶几、空调和台灯等图形。选择"文件"菜单中的合并，从素材中依次选择液晶电视、沙发、茶几、空调和台灯图形，通过旋转、移动和复制来调整位置和角度。对每一个添加的对象要进行成组和命名，以便于管理。

27 环境贴图如图 8-26 所示。

图 8-21　地面材质设置

图 8-22　玻璃材质

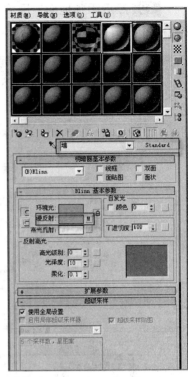

图 8-23　围墙材质

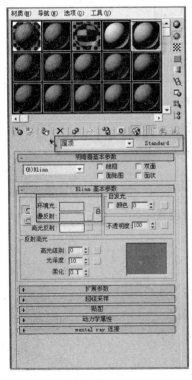

图 8-24　屋顶材质

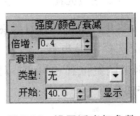

图 8-25　设置泛光灯参数

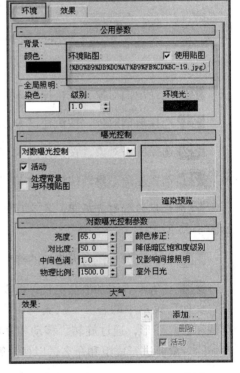

图 8-26　环境贴图

28 按下快捷键 F9 快速渲染，得到效果如图 8-27 所示。

图 8-27 客厅渲染后的效果图

□ 相关知识

"扫描"修改器：用于沿着基本样条线或 NURBS 曲线路径挤出横截面。类似于"放样"复合对象，但它是一种更有效的方法。通过"扫描"修改器可以处理一系列预制的横截面，例如角度、通道和宽法兰。也可以使用你自己的样条线或 NURBS 曲线作为在 3ds Max 中创建或从其他 MAX 文件导入的自定义截面。

"扫描"修改器（操作）：在透视视口中创建一条直线，将"扫描"修改器应用于直线。直线会呈现角挤出的形状。打开"内置截面"列表并选择一个不同的截面。现在会沿着直线的长度进行新的截面扫描。

▢ 任务检测与评估

	检测项目	评分标准	分值	学生自评	教师评估
知识内容	认识"修改器"下的常用命令	基本了解该命令的功能和作用	10		
	认识"Vary渲染器"命令的作用	基本了解该命令的功能和作用	10		
操作技能	掌握矩形工具、编辑样条线的应用	能熟练使用该命令设计作品	10		
	掌握挤出、扫描修改器的应用	能熟练使用该命令设计作品	10		
	掌握文件合并工具	能熟练使用该命令设计作品	10		
	掌握Vary渲染器的应用	能熟练使用该命令设计作品	10		
	掌握材质球的赋予	能熟练使用该命令设计作品	10		
	掌握灯光的设置和添加	能熟练使用该命令设计作品	10		
	Photoshop后期处理	能熟练使用该命令设计作品	10		
	渲染保存源文件,发布作品	保存源文件,并能多角度发布作品的最终效果图(JPG格式)	10		

任务二　卧室的制作

■ **任务目标**　使用"线"、"矩形"、"轮廓"、"挤出"、"布尔"、"捕捉"、"对齐"、"弧"、"修剪"、"附加"、"焊接"等命令来制作一间卧室，其最终效果如图 8-28 所示。

■ **任务说明**　完成一间卧室的制作。其中墙体、窗框等主要是通过对绘制出的矩形执行"轮廓"、"挤出"等命令完成；门洞、飘窗洞主要通过使用"布尔"等命令来设计完成；

图 8-28　卧室的最终效果图

踢脚线是通过捕捉线后进行"轮廓"、"挤出"等命令完成；吊顶是通过捕捉线、弧后执行"附加"、"修剪"、"焊接"等命令来完成。

在整个任务的制作过程中，要注意各个部分要符合人体工程学尺寸规范。

实现步骤

01 启动 3ds Max 9.0 中文版，在菜单栏上执行"自定义"→"单位设置"→"公制"→"毫米"命令。

02 制作卧室的平面造型。在顶视图中，执行"创建"→"图形"→"样条线"→"矩形"命令，绘制一个矩形，在"参数"卷展栏中将长度修改为 7000mm，将宽度修改为 5000mm，即卧室大小为 7m×5m。在视图区单击鼠标滚轮，将定位点定位到视图区，按 Z 键最大化显示当前对象，即最大化显示矩形，如图 8-29 所示。

03 制作卧室内 3m×3m 的卫生间，在本任务中只给出卫生间的空间位置，不考虑卫生间内的具体陈设。在顶视图中，执行"创建"→"图形"→"样条线"→"矩形"命令，绘制一个矩形，在"参数"卷展栏中将"长度"修改为 3000mm，将"宽度"也修改为 3000mm，即大小为 3m×3m 的卫生间。按 W 键切换到"选择并移动"操作，再按 S 键打开"捕捉开关"，使用默认的顶点捕捉方式，将光标移动到代表卫生间的小矩形的右上角，当出现蓝色十字时按下鼠标左键，不松手拖动到代表卧室的大矩形的右上角，当小矩形被吸附到大矩形的右上角时，松开鼠标左键，其效果如图 8-30 所示。

> **小提示**
>
> 也可以使用"对齐"命令将小矩形对齐到大矩形的右上角。
>
> 请用户自行练习使用"对齐"命令，将小矩形对齐到大矩形的右上角的操作。

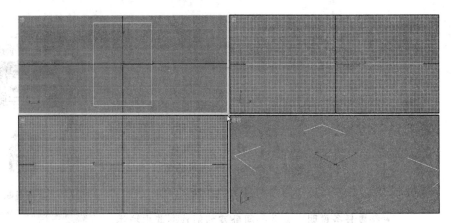

图 8-29　7m×5m 的卧室

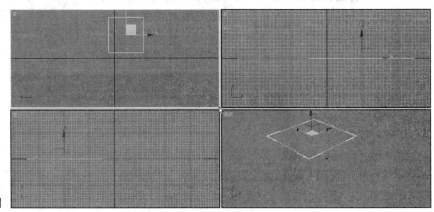

图 8-30　3m×3m 的卫生间

04 将卫生间所占空间从卧室中挖去不要。按 S 键关闭"捕捉开关"功能。切换至"修改面板"，执行"修改器列表"→"编辑样条线"命令，单击"编辑样条线"修改器前面的"+"号，展开修改器堆栈，选择"顶点"层级，框选小矩形上方的两个顶点，在 Y 轴方向上向上拖动，再框选小矩形右侧的两个顶点，在 X 轴方向上向右拖动。其效果如图 8-31 所示。

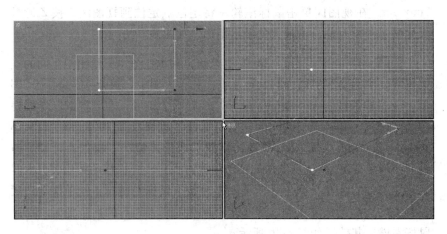

图 8-31　移动顶点位置

05 单击"几何体"卷展栏下的"附加"按钮，将鼠标移动到大矩形的边框处变成十字附加状态时单击大矩形，将两个矩形合并为同体对象。再次单击"附加"按钮，退出"附加"操作状态。单击"编辑样条线"修改器堆栈中的"样条线"选项，进入"样条线"层级。

06 单击大矩形变成红色选中状态，单击"几何体"卷展栏下"布尔"按钮后的"差集"选项，单击"布尔"按钮使之变为凹陷的选中状态，将鼠标移动到小矩形的边框位置，变成十字差集布尔状态时单击小矩形，对小矩形进行布尔操作，其效果如图 8-32 所示。再次单击"样条线"选项，退出样条线层级。

小提示

有时，使用布尔操作后没有效果，这时可以重新改变一下小矩形上方及右侧顶点的位置，注意尽量是超出大矩形的边界更多的位置，然后再重新进行布尔操作。

除了使用"布尔"操作挖掉卫生间之外，也可以使用"修剪"样条线的方法将卫生间的位置修剪掉。注意使用"修剪"操作之后，需要将大矩形与小矩形交接处的处于分离状态的顶点分别框选进行焊接。通过在"顶点"层级时单击交接处的顶点后，沿 X 轴和 Y 轴向外移动，可以看出交接处的顶点是否处于分离状态。

还可以使用"相交"命令在两个矩形交接处添加顶点，再切换到"分段"层级将多余的分段删除，最后将交接处的顶点进行焊接。

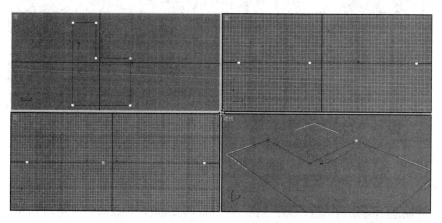

图 8-32　对小矩形进行"布尔"操作

07 制作卧室墙体。按住 Shift 键单击进行"布尔"操作后的小矩形之后的大矩形，在弹出的"克隆选项"对话框中选择对象类型为"复制"，"副本数"设为 1，单击"确定"按钮，原地不动复制一份线条。

08 选择"编辑样条线"修改器下的"样条线"层级，复制出来的大矩形正好处于红色选中状态。在"几何体"卷展栏下的"轮廓"按钮后的文本框中，输入 −240mm 后按"回车"键，给出墙体厚度，其效果如图 8-33 所示。再次单击"样条线"选项，退出样条线层级。

小提示

轮廓值同样是正值或是负值所出现的效果会因法线方向不同而不同，因此要以实际轮廓效果为准。此处，要保证室内空间为 7m×5m，因此要向外进行"轮廓"操作。

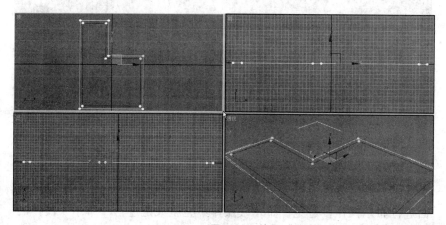

图 8-33　使用"轮廓"命令得到的墙体厚度

09 执行"修改"→"修改器列表"→"挤出"命令，在"参数"卷展栏中设置数量为2800mm，即墙体的高度，其效果如图8-34所示。

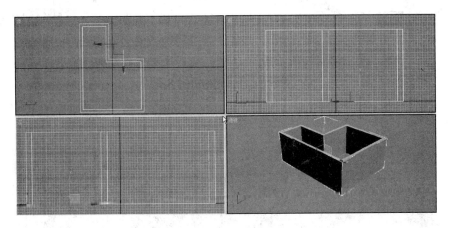

图8-34 挤出墙体高度

10 制作地面和房顶。按下Shift+G组合键，隐藏三维对象，只显示另一个矩形。单击选中矩形，执行"修改"→"修改器列表"→"挤出"命令，在"参数"卷展栏中设置数量为-100mm，即挤出地面的效果。再次按下Shift+G组合键，显示三维对象。按住Shift键单击地面线条，并原地不动复制一份，对齐到墙体顶端作为房顶，其效果如图8-35所示。

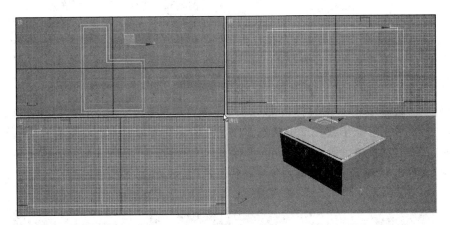

图8-35 卧室框架效果

11 制作卧室的门洞。在前视图中，执行"创建"→"图形"→"样条线"→"矩形"命令，绘制一个矩形，在"参数"卷展栏中将"长度"修改为2050mm，将"宽度"修改为800mm，即门洞的大小为2m×0.8m，多出来50mm是为了后面进行布尔操作时不出错，也可以设为其他值。

12 执行"修改"→"修改器列表"→"挤出"命令，在"参数"卷展栏中设置数量为400mm，比墙体厚度240mm多，也是为了方便后面进行布尔操作，避免"布尔"操作不完整或是进行"布尔"操作后出现很多烂面的情况。

13 单击主工具栏中的"对齐"按钮，在顶视图中，单击墙体，在弹出的"对齐当前选择"对话框中，依次选中"X位置"、"最小对齐最小"复选项；选中"Y位置"、"最大对齐最大"复选项，选中"Z位置"、"最小对齐最小"复选项，单击"确定"按钮。对齐到墙体的左上角的墙角位置，效果如图8-36所示。

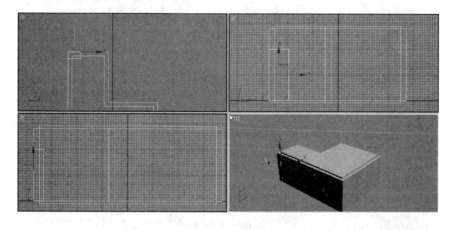

图 8-36　对齐

14 在主工具栏中右击"选择并移动"按钮，在弹出的"移动变换输入"对话框中对"偏移：世界：X"输入840mm；在"偏移：世界：Y"中输入80mm；在"偏移：世界：Z"中输入 –50mm，其效果如图8-37所示。

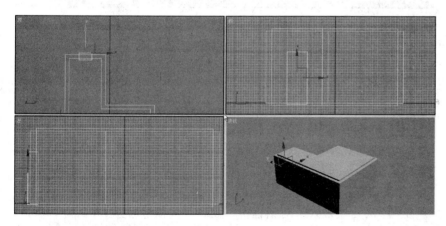

图 8-37　移动

15 单击选中墙体线条，执行"创建"→"几何体"→"复合对象"→"布尔"命令，在"参数"卷展栏中选择"差集（A–B）"命令，在"拾取布尔"卷展栏中选择"移动"命令，单击"拾取操作对象B"按钮，单击门洞位置的对象，布尔出卧室的门洞，其效果如图8-38所示。

16 制作卧室门的门套。在前视图中，执行"创建"→"图形"→"样条线"→"矩形"命令，打开顶点捕捉，在门洞位置捕捉出一个矩形，其效果如图8-39所示。

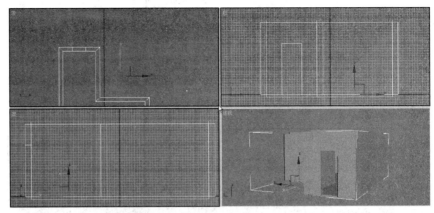

图 8-38　布尔出门洞

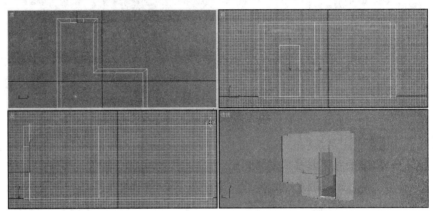

图 8-39　捕捉矩形

17 执行"修改"→"修改器列表"→"编辑样条线"命令，选择"分段"层级，选中下面的分段并按 Delete 键删除。切换到"样条线"层级，对剩余部分设置"向内轮廓"为 5mm。再切换回"分段"层级，只保留内侧分段，其余分段全部删除，其效果如图 8-40 所示。

18 切换到"样条线"层级，选中剩余样条线，设置"向外轮廓"为 80mm。再次单击"样条线"选项，退出"样条线"层级。执行"修改"→"修改器列表"→"挤出"命令，在"参数"卷展栏中设置"数量"为 260mm。在顶视图中，右击主工具栏中的"选择并移动"按钮，在弹出的"移动变换输入"对话框中，设置"偏移：世界：Y"为 250mm。效果如图 8-41 所示。

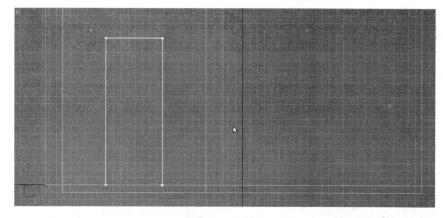

图 8-40 门套样条线只保
留内侧分段

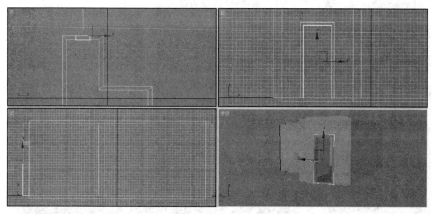

图 8-41 卧室门门套

19 制作卧室的踢脚线。在顶视图中，执行"创建"→"图形"→"样条线"→"线"命令，打开"2.5 维捕捉开关"，使用"顶点捕捉"方式在拐角及门套两端依次单击捕捉出顶点，最后回到第一个顶点时，在弹出的"是否闭合样条线"对话框中单击"是"按钮捕捉出墙角线条，其效果如图 8-42 所示。

20 单击修改器列表中的 Line 修改器前的"+"，展开其堆栈，单击"线段"选项，单击选中门套内的线段并按 Delete 键删除。切换到"顶点"层级，框选门套两侧的两个顶点，右击主工具栏中的"选择并移动"按钮，在弹出的"移动变换输入"对话框中设置"偏移：世界：Y"为10mm。之所以要移动 10mm，是因为捕捉顶点时捕捉在了门套的位置，门套要比墙体向外突出 10mm，因此要移动 10mm，正好回到墙体的位置，其效果如图 8-43 所示。

21 切换到"样条线"层级，单击选中墙角线，设置"向内轮廓"为 10mm。退出"样条线"层级，执行"修改器列表"→"挤出"命令，输入"数量"为 70mm。卧室里通常铺设木地板，配套踢脚线一般较低，不像客厅等处通常铺设瓷砖时，配套踢脚线在 120mm 左右，其效果如图 8-44 所示。

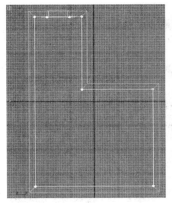

图 8-42　捕捉墙角线　　　图 8-43　移动顶点

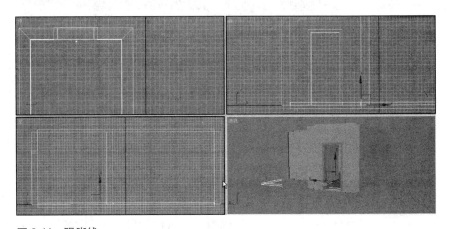

图 8-44　踢脚线

小提示

除了使用"轮廓"、"挤出"的方法制作踢脚线，也可以使用绘制踢脚线截面形状后进行放样或者倒角剖面等方法制作。

22 制作飘窗。在前视图中，执行"创建"→"几何体"→"标准基本体"→"长方体"命令，创建"长度"为 2400mm、"宽度"为 2100mm、"高度"为 400mm 的长方体。单击主工具栏中的"对齐"按钮，在顶视图中单击墙体线条，在 X 位置、Y 位置、Z 位置均选择"最小对齐最小"选项，即对齐到墙角的位置，其效果如图 8-45 所示。

23 在顶视图中，右击主工具栏中的"选择并移动"工具按钮 ✛，在弹出的"移动变换输入"对话框中设置"偏移：世界 :X"为 1040mm、"偏移：世界 :Y"为 –80mm、"偏移：世界 :Z"为 300mm，其效果如图 8-46 所示。

24 单击选中墙体线条，执行"创建"→"几何体"→"复合对象"→"布尔"命令，在"参数"卷展栏中选择"差集（A–B）"命令，在"拾取布尔"卷展栏中选择"移动"命令，单击"拾取操作对象 B"按钮，单击刚才移动到飘窗位置的长方体线条，进行"布尔"操作得到飘窗洞，其效果如图 8-47 所示。

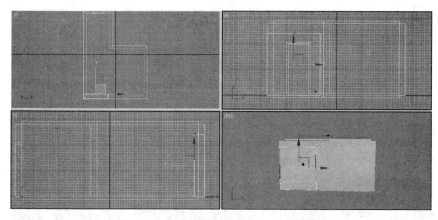

图 8-45　对齐到墙角

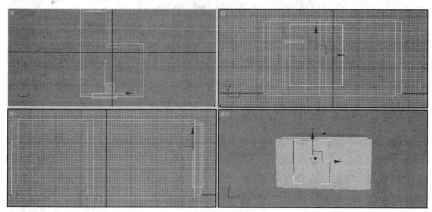

图 8-46　移动到飘窗位置

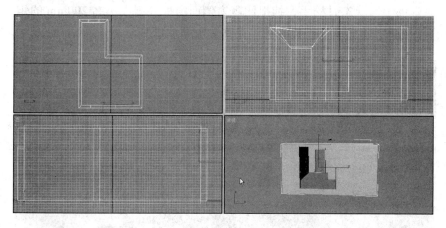

图 8-47　"布尔"操作得
　　　　　到的飘窗洞

　　25　制作飘窗窗台。在顶视图中，执行"创建"→"几何体"→"标准基本体"→"长方体"命令，创建"长度"为800mm、"宽度"为2100mm、"高度"为200mm的长方体。按W键切换到"选择并移动"操作。在主工具栏中的"捕捉开关"按钮上按住鼠标左键拖动鼠标，切换到三维捕捉。按S键打开捕捉开关，右击捕捉开关，只选中"顶点捕捉"复选项，在顶视图中，光标指向新创建的长方体的左上角的顶点位置时，会观察到蓝色十字形状，按下鼠标左键向通过"布尔"操作得到的飘窗洞的左上角的顶点位置拖动，当该处出现蓝色十字时松开鼠标左键，将长方体移至飘窗洞顶部位置。按住 Shift 键不放并单击长方体，原地不动复制一份长方体。右击主工具栏中的"选择并移动"按钮 ⊹，在弹出的"移动变换输入"对话框中设置"偏移：世界：Z"为 2200mm，将复制出的那个长方体移至飘窗窗台的位置，其效果如图 8-48 所示。

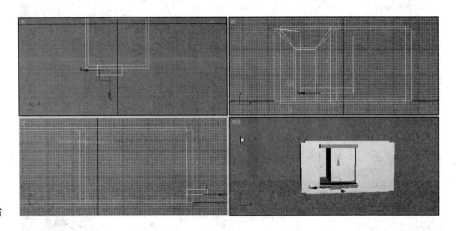

图 8-48　飘窗窗台

26 制作飘窗侧面窗框。在左视图中，执行"创建"→"图形"→"样条线"→"矩形"命令，在三维顶点捕捉状态下，将鼠标移至飘窗顶板顶部与墙体外侧交接的顶点位置，当光标变成蓝色十字状态时按下鼠标左键向右下角拖动，当拖动到飘窗窗台外侧的上端顶点位置时，光标变成蓝色十字状态时松手，捕捉比飘窗侧面窗框外围大小高 200mm 的矩形。再次按 S 键关闭捕捉开关，其效果如图 8-49 所示。

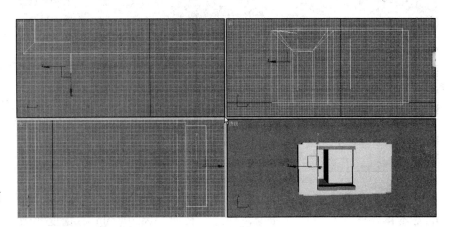

图 8-49　捕捉飘窗侧面
　　　　　窗框

27 在左视图中，执行"修改"→"修改器列表"→"编辑样条线"命令，选择"分段"层级，单击选中矩形上端的分段，右击主工具栏中的"选择并移动"按钮 ⊹，在弹出的"移动变换输入"对话框中设置"偏移：世界：Y"为 –200mm，将矩形修正为侧面窗框大小，其效果如图 8-50 所示。

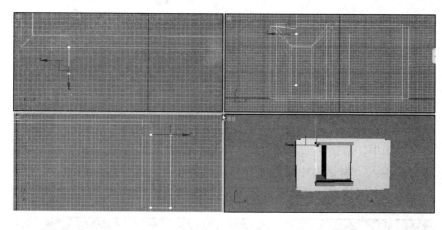

图 8-50　移动分段

28 切换到"样条线"层级，单击矩形，选中矩形样条线，在"几何体"卷展栏中输入"轮廓值"为 50mm，矩形的"向内轮廓"的宽度为 50mm，其效果如图 8-51 所示。

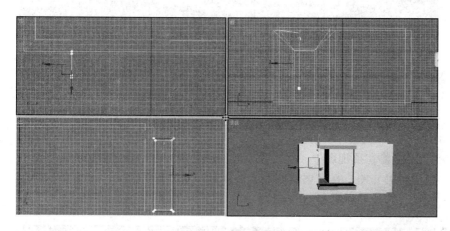

图 8-51　进行"轮廓"操作得到窗框宽度

29 再次单击"样条线"选项，退出样条线层级。执行"修改"→"修改器列表"→"挤出"命令，设置"数量"为 –40mm，向飘窗内部挤出侧面窗框的厚度，其效果如图 8-52 所示。

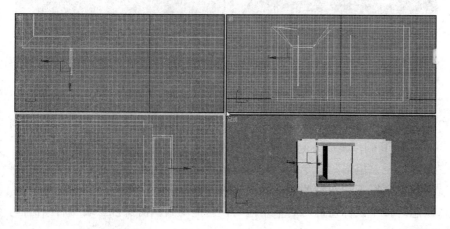

图 8-52　挤出窗框厚度

30 制作侧面窗玻璃。在左视图中，执行"创建"→"图形"→"样条线"→"矩形"命令，在三维顶点捕捉状态下，将鼠标移至窗框左上角内侧的顶点位置，当光标变成蓝色十字状态时按下鼠标左键向右下角拖动，当拖动到窗框右下角内侧的顶点位置光标变成蓝色十字状态时松手，捕捉出侧面窗玻璃大小的矩形。再次按 S 键关闭捕捉开关。执行"修改"→"修改器列表"→"挤出"命令，设置"挤出"数量为 –15mm。在左视图中，右击主工具栏中的"选择并移动"按钮 ✛，在弹出的"移动变换输入"对话框中设置"偏移：世界：Z"为 –12.5mm，将玻璃移至窗框正中间位置，其效果如图 8-53 所示。

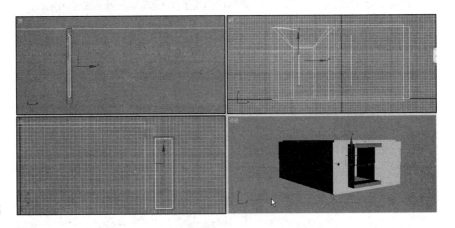

图 8-53 侧面窗玻璃

31 在顶视图中，将窗框原地不动复制一份。将复制出的窗框对齐到窗台另一侧。再将玻璃原地不动复制一份，对齐到另一侧窗框的中心位置，其效果如图 8-54 所示。

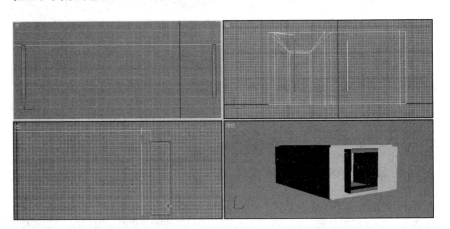

图 8-54 另一侧窗框
及玻璃

32 制作飘窗外侧窗框。在前视图中，执行"创建"→"图形"→"样条线"→"矩形"命令，切换到三维顶点捕捉状态下，将光标移至左上角飘窗顶板下端与左侧窗框内侧交接的顶点位置，当光标变成蓝色十字状态时按下鼠标左键向右下角拖动，当拖动到飘窗窗台上端与右侧窗框内侧交接的顶点位置时，光标变成蓝色十字状态时松手，捕捉出外侧窗框外围大小的矩形，如图 8-55 所示。

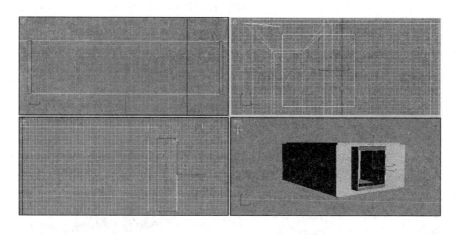

图 8-55　捕捉外侧窗框大
小矩形

33 在前视图中，执行"修改"→"修改器列表"→"编辑样条线"命令，选择"分段"层级，选中矩形上端的分段，右击主工具栏中的"选择并移动"按钮 ⊕，在弹出的"移动变换输入"对话框中设置"偏移：世界：Y"为 –1550mm，将矩形修正为外侧下部窗框的大小。

34 切换到"样条线"层级，单击矩形，选中矩形样条线，在"几何体"卷展栏中输入"轮廓值"为 50mm，设置矩形向内轮廓的宽度为 50mm。再次单击"样条线"选项，退出样条线层级。执行"修改"→"修改器列表"→"挤出"命令，设置"挤出"数量为 –40mm，向飘窗内部挤出外侧下部窗框的厚度，其效果如图 8-56 所示。

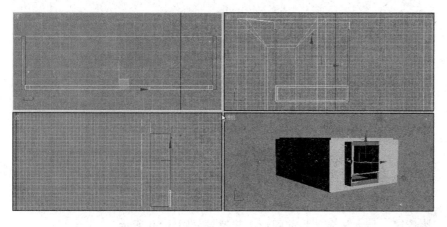

图 8-56　外侧下部窗框

35 在前视图中，执行"创建"→"图形"→"样条线"→"矩形"命令，在三维顶点捕捉状态下，将鼠标移至窗框左上角内侧的顶点位置，当光标变成蓝色十字状态时，按下鼠标左键向右下角拖动，当拖动到窗框右下角内侧的顶点位置时，光标变成蓝色十字状态时松手，捕捉出窗玻璃大小的矩形。

36 执行"修改"→"修改器列表"→"挤出"命令，设置"挤出"数量为 –15mm。在顶视图中，单击主工具栏中的"对齐"按钮 ，单击飘窗外侧下部窗框的边框线，为在 Y 位置中心对齐中心，将玻璃对齐至窗框正中间位置，其效果如图 8-57 所示。

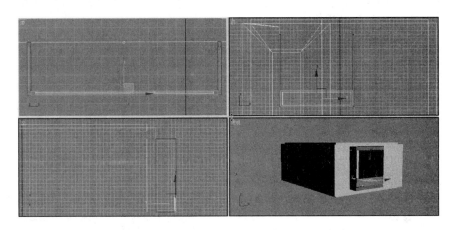

图 8-57 飘窗外侧下部窗玻璃

37 用同样的方法制作出飘窗外侧上部的窗框及玻璃，其完成效果如图 8-58 所示。

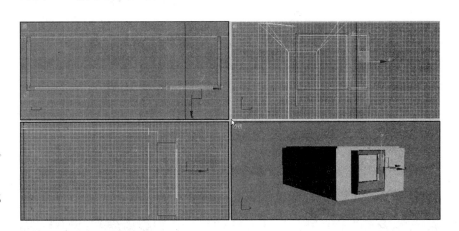

图 8-58 飘窗外侧上部窗框及玻璃

38 同时选中飘窗所有的玻璃，赋予透明材质，其效果如图 8-59 所示。

39 制作吊顶。在前视图中，原地不动复制一份地的线条。在"修改器"列表中，删除"挤出"修改器。按组合键 Shift+G，隐藏三维对象。按 Z 键，最大化显示当前图形，其效果如图 8-60 所示。

图 8-59　为玻璃赋透明
材质

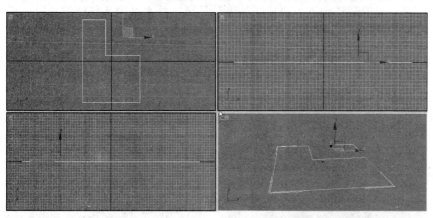

图 8-60　用于制作吊顶

40 在顶视图中，执行"创建"→"图形"→"样条线"→"线"命令，在顶点捕捉状态下，将光标移动到卫生间左下角拐角位置处变成蓝色十字状态时单击捕捉出一个顶点，按住Shift键不松手，向下移动鼠标，快到底部边时单击，松开Shift键，右击结束绘制，绘制出的直线1如图8-61所示。

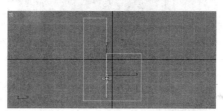

图 8-61　绘制直线 1

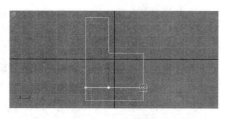

图 8-62　绘制直线 2

41 右击主工具栏中的"捕捉开关"按钮 ，在弹出的"栅格和捕捉设置"对话框中选中"边/线段"复选项。在顶视图中，执行"创建"→"图形"→"样条线"→"线"命令，将光标移至左侧线距离下部线1m距离的位置出现蓝色方框时，单击捕捉出第一个顶点。

42 按住 Shift 键不松手，向右移动光标到直线段 1 出现蓝色方框时，单击捕捉出第二个顶点。再向右移动光标到右侧线出现蓝色方框时，单击捕捉出第三个顶点。松开 Shift 键，右击结束绘制。绘制出的直线 2 效果如图 8-62 所示。

小提示

　　为什么复制地来制作吊顶，而不是复制卧室顶来制作吊顶。因为后面会在顶视图中绘制吊顶造型，而地就是在顶视图制作而成的，与后面绘制的图形处于同一栅格面上。若使用卧室顶来制作，会产生前后图形不共平面的情况，挤出后会形成像漏斗一样的形态。

小提示

可以精确设置直线2的位置。此处为了简化操作，直接通过观察栅格，大概定出直线2的位置。要想精确设置直线2在底部线靠上1m的位置，可以将直线1绘制得略长，在底部线的位置捕捉出直线2，向上移动1m即可。

43 单击选中直线1，按Delete键删除。右击主工具栏中的"捕捉开关"按钮 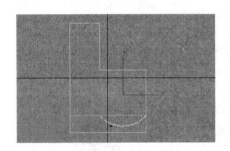，在弹出的"栅格和捕捉设置"对话框中选中"顶点"选项。在顶视图中，执行"创建"→"图形"→"样条线"→"弧"命令，将光标移至直线2的第二个顶点的位置出现蓝色十字时，按下鼠标左键不松手向右侧拖动到第三个顶点位置，出现蓝色十字时松开鼠标左键，移动鼠标到弧线合适位置处单击绘制出如图8-63所示的弧线。

44 关闭捕捉开关。在顶视图中单击选中复制地得到的图形，在"修改面板"中单击"编辑样条线"修改器，在"几何体"卷展栏中，单击"附加"按钮，单击直线2，单击弧线，附加为同体对象。再次单击"附加"按钮，退出附加状态。选择"分段"层级，单击选中弧线内的分段，按Delete键删除。再单击选中下端分段，按Delete键删除。切换到"样条线"层级，单击"几何体"卷展栏中的"修剪"按钮，单击左侧线下端部分修剪掉，再单击右侧线下端部分修剪掉。分别框选直线2的第一个顶点、第二个顶点、第三个顶点位置的顶点，单击"几何体"卷展栏中的"焊接"按钮，将分离的顶点焊接在一起，其最终效果如图8-64所示。

小提示

绘制弧线时要观察好光标状态。在绘制弧线时，一定要注意最后在移动光标到弧线合适位置处时，不要在弧线以外位置出现蓝色十字。

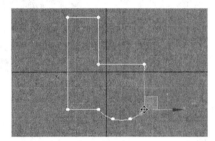

图 8-63　绘制弧线　　　　　　　　图 8-64　修剪造型

小提示

有时在做修剪操作时，会遇到修剪不掉的情况，要将视图放大显示，检查一下直线2与左侧线或右侧线是否没有接触在一起。可通过在水平轴上移动直线2的顶点位置，使直线2越过左侧线或右侧线再进行修剪。

有时会漏做焊接操作或是做了焊接操作但没有焊接上，后面做挤出操作后会发现吊顶是镂空的现象，因此要单击顶点进行移动，检查分离的顶点是否焊接上了，再按Ctrl+Z组合键恢复顶点位置即可。

45 在顶视图中，执行"创建"→"图形"→"样条线"→"椭圆"命令，在弧线上方绘制一个椭圆。再执行"创建"→"图形"→"样条线"→"矩形"命令，在卧室入门吊顶位置绘制一个矩形。按W键切换到"选择并移动"操作，按住Shift键向下拖动复制出4份矩形，将最下面的一份长度加大，调整位置，其效果如图8-65所示。

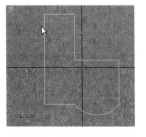

图 8-65　绘制椭圆及矩形

46 将所有图形附加成同体对象。挤出 100mm，再次按组合键 Shift+G，显示三维对象。在透视图中，沿 Z 轴方向向上移动 2700mm。在透视图中右击，在弹出的快捷菜单中选择"隐藏未选定对象"命令，观察吊顶，其效果如图 8-66 所示。

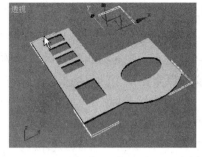

图 8-66　吊顶

47 全部取消隐藏，由飘窗向卧室内观察，其整体效果如图 8-67 所示。

小提示

此处为了简化操作，没有精确设置椭圆和矩形的尺寸及位置。

用户在制作时，可以设定尺寸，并使用对齐或移动的方法精确定位。

图 8-67　卧室的整体效果

□ 相关知识

　　卧室模型建出来后，用户可以将前面制作的空调器、吊灯等模型文件合并进来，也可以再制作卧室内的其他常见摆设模型或从网上下载模型文件以丰富整个卧室场景。

　　请用户试着赋材质，打灯光、打摄像机后渲染输出，在 PhotoShop 中作后期处理，完成最终效果图。

□ 任务检测与评估

	检测项目	评分标准	分值	学生自评	教师评估
知识内容	认识"修剪"命令	基本了解该命令的功能和作用	10		
	认识"焊接"命令	基本了解该命令的功能和作用	10		
操作技能	使用"布尔"命令构造挖去卫生间的卧室平面形状	能熟练使用该命令设计作品	20		
	使用"布尔"命令制作出门洞并使用"捕捉"矩形进行"轮廓"、"挤出"、"移动"等操作，做出门套	能快速制作门洞及门套	10		
	通过"捕捉"线后进行"轮廓"、"挤出"等操作，制作踢脚线	能熟练制作踢脚线	10		
	使用"布尔"命令制作出飘窗洞并进行"移动"长方体、"捕捉"矩形操作后，使用"轮廓"、"挤出"、"对齐"等方法制作飘窗	能熟练制作飘窗	20		
	通过"捕捉"线、"捕捉"弧、"附加"、"修剪"、"焊接"等操作制作吊顶	能熟练制作吊顶	20		

任务三 洗手间的制作

■ **任务目标** 本任务是对所学三维知识的一个综合应用。

■ **任务说明** 运用如下的知识要点来操作，达到洗手间最终效果，如图8-68所示（见彩插）。

1）掌握文件合并工具。

2）掌握"挤出"修改器的应用。

3）掌握材质球的赋予。

4）掌握灯光的设置和添加。

5）掌握镜子的反光制作。

6）掌握水面效果的制作。

7）掌握室内植物的添加。

图8-68 洗手间的效果图

实现步骤

01 首先开始地面、围墙和屋顶的创建。启动3ds Max 9.0中文版，执行"自定义"→"单位设置"→"毫米"命令。

02 选择按钮 ，在"样条线"下拉列表中，选择"矩形"选项，在顶视图中画出矩形，如图8-69所示。

03 从菜单栏或修改器中选择"挤出"命令，并进行参数设置，如图8-70所示。此时已完成地面创建。

04 调整矩形的比例大小，单击"捕捉开关"按钮 ，选项设置如图8-71所示。

05 选择按钮 ，在"AEC扩展"下拉列表中，选择"墙"选项，在顶视图中沿矩形的边框画出墙的三面，如图8-72所示。

06 在透视图中选择地面，沿Z轴向上并复制一个地面作为屋顶，如图8-73所示。

07 接着添加地面、围墙和天花材质。在透视中选中地面，按下快捷键M，打开材质球并对其进行设置，如图8-74所示。

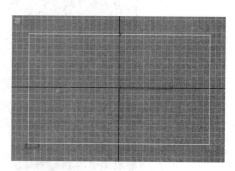

图8-69 创建矩形

> **小提示**
>
> 在房间很黑的情况下，要添加一盏泛光灯来照亮房间，在介绍泛光灯的章节中有详细说明。

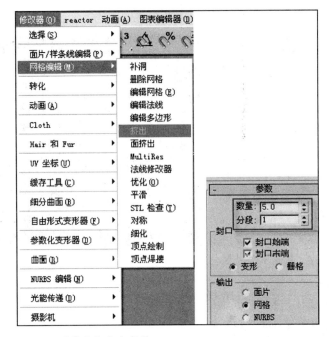

图 8-70 "挤出"命令参数

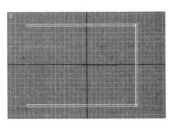

图 8-71 打开捕捉工具并设置
选项

图 8-72 创建三面墙

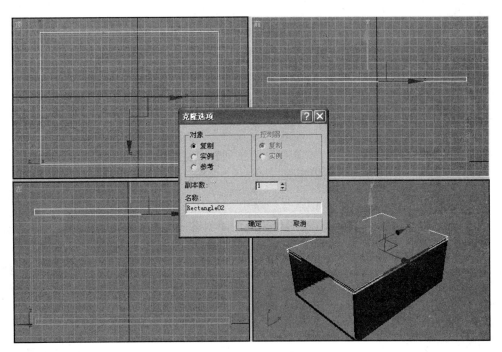

图 8-73 创建屋顶

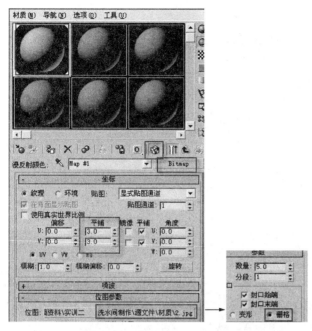

图 8-74　为地面添加材质并进行参数设置

08 渲染透视图，如图 8-75 所示。

09 使用上面相同的方法为墙面添加材质并设置相同的参数，渲染效果图如图 8-76 所示。

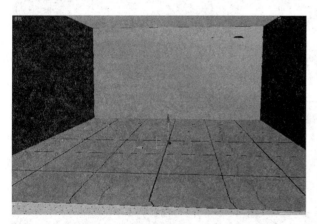

图 8-75　渲染地面后的效果图

图 8-76　渲染围墙的效果图

10 添加吸顶灯。执行"文件"→"合并"命令，从素材中选择吸顶灯，如图 8-77 所示。

11 吸顶灯是提前做好的素材，只用添加就可以，调整在图中的位置和大小，如图 8-78 和图 8-79 所示。

12 为室内添加坐便器。执行"文件"→"合并"命令，从素材中选择坐便器。合并文件的操作和步骤 10 中的操作相同。

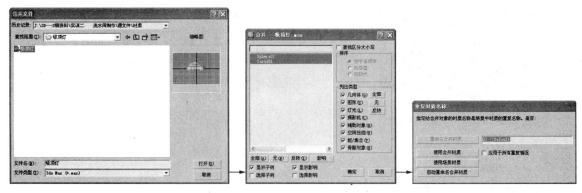

图 8-77 合并吸顶灯

小提示

吸顶灯的制作用圆环和半球制作，对半球设置为自发光。

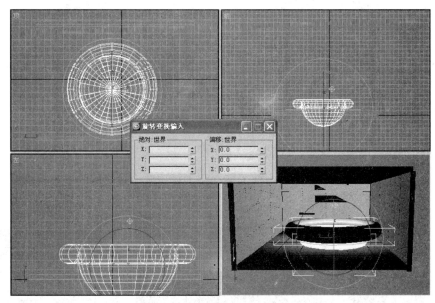

图 8-78 旋转缩放吸顶灯

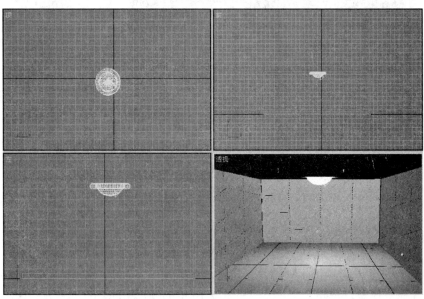

图 8-79 调整吸顶灯位置

13 调整坐便器的大小和方向、位置，如图 8-80 所示。

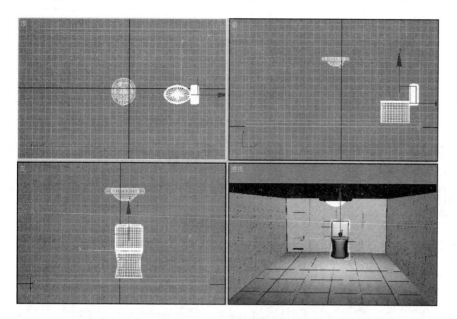

图 8-80　调整坐便器的大小、方向和位置

14 选中坐便器为其设置颜色为白色，效果如图 8-81 所示。

15 添加浴盆。执行"文件"→"合并"命令，从素材中选择浴盆。合并文件的操作和步骤 10 中的操作相同。

16 选中浴盆并调整大小和位置，如图 8-82 所示。

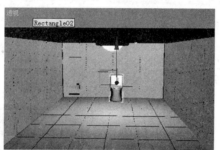

图 8-81　为坐便器上色

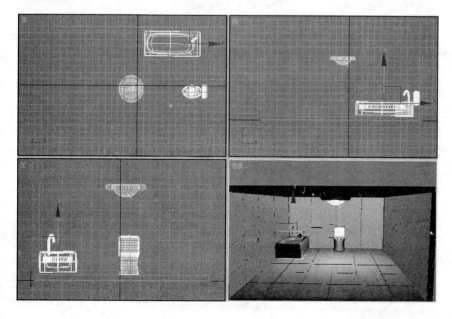

图 8-82　浴盆的调整

17 按下快捷键 M，为浴盆中的水设置参数，参数设置如图 8-83 所示。

18 观察水的变化，如图 8-84 所示。

19 添加洗手盆和镜子。执行"文件"→"合并"命令，从素材中选择洗手盆。合并文件的操作和步骤 10 中的操作相同。

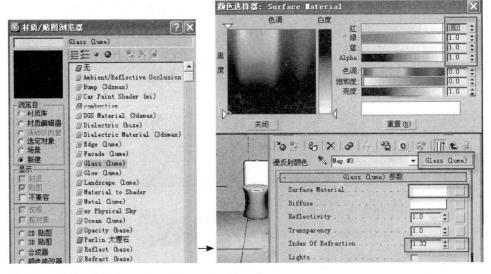

图 8-83 设置水的参数

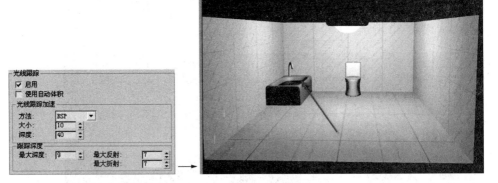

图 8-84 观察水的变化

20 调整洗手盆的位置和方向，如图 8-85 所示。

21 在前视图中添加长方体，并调整位置和大小，命名为镜子。

22 为镜子设置参数如图 8-86 所示。

23 添加装饰板和添加目标聚光灯。进入前视图，在镜子的上方创建长方体装饰板并进行比例大小的调整。

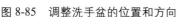

图 8-85 调整洗手盆的位置和方向

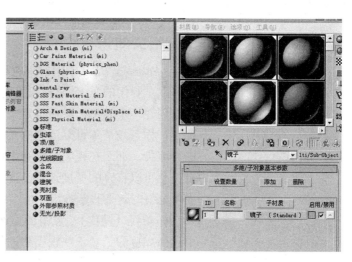

图 8-86 设置镜子参数

24 在前视图中，沿装饰板下方添加两盏目标聚光灯，并调整方向和参数，如图 8-87 所示。

25 渲染设置。为了达到更好的渲染效果，设置渲染参数如图 8-88 所示。

26 按下快捷键 F9，最终的渲染效果图如图 8-89 所示。

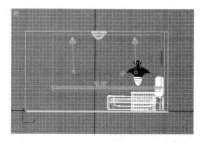

图 8-87 添加目标聚光灯

图 8-88 设置渲染参数

图 8-89 最终的渲染效果图

相关知识

样条线：是二维图形，它是一个没有深度的连续线（可以是开的，也可以是封闭的）。创建样条线对建立三维对象的模型至关重要。例如，可以创建一个矩形，然后再定义一个厚度来生成一个盒子。在默认的情况下，样条线是不可以渲染的对象。这就意味着如果创建一个样条线并进行渲染，那么在视频帧缓存中将不显示样条线。但是，每个样条线都有一个可以打开的厚度选项。这个选项对创建霓虹灯的文字、一组电线或者电缆的效果非常有用。

样条线（操作）：点击图形面板，从菜单列表中选择样条线，并从中选择相应的工具。在视图中进行创建，并结合其中的右键的转换为可编辑样条线等配合使用。可发挥其强大的作用。

任务检测与评估

	检测项目	评分标准	分值	学生自评	教师评估
知识内容	认识"材质球"中反光效果和水的应用	基本了解该命令的功能和作用	10		
	认识"渲染"命令的调整	基本了解该命令的功能和作用	10		
操作技能	掌握文件合并工具	能熟练使用该命令设计作品	10		
	掌握挤出修改器的应用	能熟练使用该命令设计作品	10		
	掌握材质球的赋予	能熟练使用该命令设计作品	10		
	掌握灯光的设置和添加	能熟练使用该命令设计作品	10		
	掌握镜子的反光制作	能熟练使用该命令设计作品	10		
	掌握水面效果的制作	能熟练使用该命令设计作品	10		
	室内植物的添加	能熟练使用该命令设计作品	10		
	渲染保存源文件，发布作品	保存源文件，并能多角度发布作品的最终效果图（JPG格式）	10		